2016 黄河河情咨询报告

黄河水利科学研究院

黄 河 水 利 出 版 社

· 郑 州 ·

内 容 提 要

本书为2016年黄河河情年度咨询总结,共分两部分内容,第一部分综合咨询报告,第二部分专题研究报告。主要内容包括:2016年黄河河情变化特点、2016年西柳沟流域水沙情势调查分析、2016年窟野河水沙情势、"2016·8"泾河高含沙洪水特点及在渭河下游的冲淤特性、近50 a宁蒙河道风沙入黄量及未来发展趋势,以及关于近期开展黄河调水调沙、黄河流域推行河长制的有关建议等。

本书可供黄河流域管理工作者、水利及生态科学研究人员、大专院校相关专业师生阅读参考。

图书在版编目(CIP)数据

2016黄河河情咨询报告/黄河水利科学研究院编著
. —郑州:黄河水利出版社,2022.2
ISBN 978-7-5509-3235-7

Ⅰ.①2… Ⅱ.①黄… Ⅲ.①黄河-含沙水流-泥沙
运动 - 影响 - 河道演变 - 研究报告 - 2016 Ⅳ.①TV152

中国版本图书馆CIP数据核字(2022)第028879号

组稿编辑:王路平 电话:0371-66022212 E-mail:hhslwlp@163.com
　　　　　田丽萍 　　　　　66025553 　　　　　912810592@qq.com

出 版 社:黄河水利出版社　　　　　　　　　　网址:www.yrcp.com
　　　　　地址:河南省郑州市顺河路黄委会综合楼14层　邮政编码:450003
发行单位:黄河水利出版社
　　　　　发行部电话:0371-66026940、66020550、66028024、66022620(传真)
　　　　　E-mail:hhslcbs@126.com
承印单位:广东虎彩云印刷有限公司
开本:787 mm × 1 092 mm　1/16
印张:21.25
字数:490千字
版次:2022年2月第1版　　　　　　　　　　印次:2022年2月第1次印刷
定价:170.00元

《2016黄河河情咨询报告》编委会

《2016黄河河情咨询报告》编写组

2016 咨询专题设置及负责人

序号	专题名称	负责人
1	2016 年黄河河情变化特点	尚红霞
2	2016 年西柳沟流域水沙情势调查分析	侯素珍　郭　彦
3	2016 年窟野河水沙情势	侯素珍　胡　恬
4	"2016·8"泾河高含沙洪水特点及在渭河下游的冲淤特性	许琳娟　张翠萍
5	关于近期开展黄河调水调沙的建议	李小平　王　婷
6	近 50 a 来宁蒙河道风沙入黄量特点及未来发展趋势	郑艳爽
7	关于黄河流域推行河长制建议报告	岳瑜素

前　言

2016年除泾渭河(指泾河、渭河,下同)、北洛河和龙三干流外(指龙门至三门峡区间,下同),黄河流域降雨普遍偏丰,汛期发生了6次较大的降雨过程。但是头道拐以下干流水量、沙量均明显偏少,全年没有发生编号洪水。而泾河支流马莲河出现较高含沙量水流,含沙量高达916 kg/m³。这些局部暴雨洪水的水沙特点反映了黄河流域不同地区水沙变化的多样性。

在长期持续小水条件下,河情也出现了一些新的变化特点:①潼关高程连续4 a持续升高;②全年来沙包括下游河道能够输送的中细泥沙在内全部淤积在小浪底水库库区;③艾山—利津河段基本上未冲刷;④下游河道长期小水送溜不力、河势趋弯,部分河段有向畸形河湾发展的趋势,桃花峪—花园口河段工程脱河的局面没有得到明显改善;⑤十大孔兑的西柳沟等局地发生暴雨洪水,淤地坝损毁严重。

本年度共安排7个研究专题,包括:2016年黄河河情变化特点、2016年西柳沟流域水沙情势调查分析、2016年窟野河水沙情势、"2016·8"泾河高含沙洪水特点及在渭河下游的冲淤特性、关于近期开展黄河调水调沙的建议、近50 a来宁蒙河道风沙入黄量及未来发展趋势、黄河流域推行河长制的有关建议等。

取得的主要认识有以下几点:

(1)2016年黄河流域汛期降雨量357.9 mm,较1956—2015年汛期平均降雨量320.13 mm偏多11.8%,但总体上仍属于枯水少沙年,未出现黄河编号洪水。尤其是主要产沙区的河龙区间(河口镇—龙门,下同),汛期降雨量较多年同期平均降雨量偏多48%,而水量、沙量分别偏少18%和80%。降雨与产流产沙的不一致性成为近年来黄河流域突出的水文情势。

(2)2016年汛后潼关高程较上年抬升0.28 m。自2013年以来,潼关高程持续抬升,其主要原因:一是连续枯水;二是三门峡水库非汛期按318 m水位控制运用,淤积部位上移,不利于汛期冲刷;三是近年桃汛期洪水洪峰和洪量减少,影响了淤积部位冲刷下移。

(3)小浪底水库库区支流纵剖面倒坡现象依然严重,造成支流库区淤积加重,迫切需要采取措施进行综合治理。

(4)黄河下游河道总体上呈现全年冲刷的态势,汊3断面以上主槽共冲刷0.457亿 m³,其中汛期冲刷0.313亿 m³,非汛期冲刷0.144亿 m³,但冲刷沿程分布不均,具有"上冲下淤"的特点,在时间上的分布与空间分布不对应。非汛期高村以上冲刷,而其下淤积;汛期艾山以上冲刷而其下淤积。目前,下游平滩流量均在4 000 m³/s以上,其中花园口以上河段可达7 000 m³/s以上,而孙口河段最小,约为4 200 m³/s。

（5）受水沙减少和潮汐等因素影响，河口段河道呈现溯源淤积的特征。小浪底水库运用以来，利津以下河口段河道累积冲刷约 0.534 亿 m^3，河口延伸速率由原来多年平均的 1.4 km/a 降至 0.3 km/a，黄河三角洲浅海海岸都是蚀退的。

（6）在黄河流域水沙明显减少的总体态势下，局地暴雨仍可导致高含沙洪水发生。2016 年十大孔兑的西柳沟，黄河中游的窟野河、泾河均出现了高含沙洪水。如西柳沟最大含沙量可达 1 240 kg/m^3；泾河可达 916 kg/m^3，且汛期平均含沙量在 403～837 kg/m^3；渭河最大含沙量也达到 750 kg/m^3，局地更高。同时，诸如西柳沟流域还发生了多座淤地坝损毁，水土保持措施减沙作用降低。因此，对黄河流域局地暴雨洪水应引起高度重视。

（7）2016 年小浪底水库未开展调水调沙，给库区及下游河道的河床演变带来了一定影响，主要表现在库区细泥沙淤积比例大，加速了拦沙库容淤损，且淤积物抗冲性能增加；下游河道冲刷强度减弱，局部河段水位抬升；下游河道河势变化明显，主流弯曲系数增大，畸形河势发育。

（8）1965—2014 年宁蒙河段干流风沙入黄量为 1 023 万 t/a，而其中 2006—2014 年只有 478 万 t/a。风沙量减少的原因主要是近年来该河段两岸植被覆盖度增加、平均风速降低、土地利用变化等。在不同河段，各种影响作用的大小不同，例如宁夏河段主要受气候影响，石嘴山—巴彦高勒河段主要受气候、土地利用双因素影响，巴彦高勒—三湖河口河段则主要受土地利用方式的影响。

在研究成果基础上，提出了 2017 年黄河小浪底水库调水调沙的方案建议，以及调整桃花峪—花园口河段河势的建议，提出了建立黄河水利委员会（简称黄委，下同）河长制工作平台及流域网络治理机制的相关建议。

2016 年完成年度咨询总报告 1 份，跟踪专题研究报告 7 份。

本报告主要由时明立、姚文艺、李勇、尚红霞、李小平、侯素珍、王婷、郑艳爽、张晓华、许琳娟、张翠萍、郭彦、胡恬、张宝森、岳瑜素、谢志刚、孙赞盈、郭秀吉、王万占、张明武、杨吉山、肖培青、申震洲、王平、林秀芝、田世民、曲少军、张超凡、丰青、蒋思奇、彭红、谢志刚、田治宗等完成，其他人员不再一一列出，敬请谅解。

姚文艺负责报告审修和统稿。

黄委国际合作与科技局（简称国科局，下同）、黄河水利科学研究院（简称黄科院，下同）领导高度重视年度咨询及跟踪研究工作，先后 6 次组织召开 2016 年的咨询选题、阶段成果、初步成果咨询会，为顺利完成年度咨询工作提供了保障。其中，国科局分别组织召开选题咨询会和阶段成果汇报会，项目组及各专题负责人认真听取了黄委各职能部门领导和专家的意见及建议；黄科院领导先后 4 次听取了年度咨询选题、阶段成果的汇报（1次选题汇报、1 次专题汇报、1 次项目汇报、1 次向院党委汇报）；工作过程中项目负责人及时组织主要技术骨干对各专题工作进行检查、指导和技术把关。工作过程中得到了潘贤娣、赵业安、刘月兰、王德昌等专家的指导和帮助，黄委其他相关部门、单位的领导和专家也给予了大力支持,在此一并表示感谢!

另外,在国科局、水土保持局、水文局、黄河上中游管理局和地方主管部门的大力支持下,各专题组还先后 5 次赴西柳沟、罕台川、窟野河、马莲河、渭河及小北干流河段进行现场调研,了解情况、收集资料,为研究工作的顺利开展提供了强有力的支持。

另外,需要说明的是,在咨询报告编制阶段,因缺少咨询年度的水文整编资料,部分数据采用的是日报汛资料,故分析结果和其后根据整编资料分析的成果可能会有一定差异。

在本书编写过程中,参考了大量的成果文献,因多种原因,除已著录的参考文献外,还有不少文献未能标出,敬请相关作者给予谅解,并表示歉意和感谢!

黄河水利科学研究院
黄河河情咨询项目组
2021 年 2 月

目 录

第一部分　综合咨询报告

第一章 黄河流域水沙特点

一、汛期降雨特点

根据雨情报汛资料分析,2016 年 7—10 月汛期黄河流域降雨量 357.9 mm,与 2015 年汛期降雨量 229.0 mm 相比偏多 56.3%,与多年(统计到 2015 年)均值 320.13 mm 相比偏多 11.8%,特别是三门峡以下整体偏多。与多年同期相比,山陕区间(指山西、陕西区间,下同)偏多 51.7%,兰托区间(指兰州—托克托,下同)区间偏多 36.1%,汾河、三小区间(指三门峡—小浪底,下同)、沁河、小花干流(指小浪底—花园口,下同)偏多 15%~20%,兰州以上、大汶河、黄河下游偏多不到 15%,泾渭河、北洛河、龙三干流(指龙门—三门峡,下同)偏少 20%~26%(见图 1-1)。

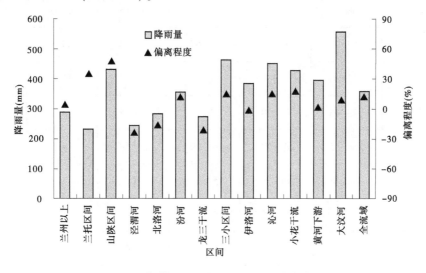

图 1-1 汛期黄河流域各区间降雨量及偏离程度

二、干支流水沙特点

唐乃亥、兰州、头道拐、龙门、潼关、花园口和利津等水文站年水量分别为 134.72 亿 m³、235.46 亿 m³、116.38 亿 m³、141.61 亿 m³、168.70 亿 m³、178.16 亿 m³、77.49 亿 m³(见表 1-1),与多年平均(1950—2015 年)均值相比,偏少 24%~74%;主要支流控制水文站华县(渭河)、河津(汾河)、洑头(北洛河)、黑石关(伊洛河)、武陟(沁河)来水量分别为 30.03 亿 m³、8.69 亿 m³、2.01 亿 m³、12.95 亿 m³、5.35 亿 m³,与多年平均值相比,偏少 12%~74%(见表 1-1)。

表 1-1　黄河流域主要控制水文站水沙量

水文站	全年		汛期		汛期占年比例(%)	
	水量 (亿 m³)	沙量 (亿 t)	水量 (亿 m³)	沙量 (亿 t)	水量	沙量
唐乃亥	134.72	0.042	70.85	0.035	52.6	83.3
兰州	235.46	0.149	92.52	0.134	39.3	89.9
石嘴山	182.30	0.238	73.90	0.155	40.5	65.1
头道拐	116.38	0.164	43.21	0.108	37.1	65.9
龙门	141.61	1.231	63.76	1.088	45.0	88.4
潼关	168.70	1.087	77.56	0.916	46.0	84.3
三门峡	157.63	1.115	71.67	1.110	45.5	99.6
小浪底	163.86	0	58.12	0	35.5	
花园口	178.16	0.060	67.90	0.025	38.1	41.7
高村	154.55	0.178	61.09	0.068	39.5	38.2
艾山	132.42	0.191	57.58	0.092	43.5	48.2
利津	77.49	0.102	45.04	0.084	58.1	82.4
华县	30.03	0.407	11.45	0.395	38.1	97.1
河津	8.69	0.003	6.54	0.003	75.3	100
湫头	2.01	0.027	1.17	0.026	58.2	96.3
黑石关	12.95	0	5.00	0	38.6	
武陟	5.35	0.002	4.57	0.002	85.4	100
进入下游	182.16	0.002	67.69	0.002	37.2	100

注:四站为龙门、华县、河津、湫头,进入下游为小浪底、黑石关、武陟。

　　干流沙量主要控制水文站头道拐、龙门、潼关、花园口和利津年沙量分别为 0.164 亿 t、1.231 亿 t、1.087 亿 t、0.060 亿 t、0.102 亿 t(见表 1-1),与多年平均相比,偏少 65%以上;主要支流控制水文站华县(渭河)、河津(汾河)、洑头(北洛河)、武陟(沁河)来沙量分别为 0.407 亿 t、0.003 亿 t、0.027 亿 t、0.002 亿 t,与多年平均相比,偏少 86% 以上。

三、河口镇—龙门区间水沙特点

2016 年主要来沙区河口镇—龙门区间(河龙区间)汛期降雨量 432 mm,实测水量 20.6 亿 m³,实测沙量 1.057 亿 t(见图 1-2),与多年平均相比,降雨量偏多 48%、水量偏少 18%、沙量偏少 80%。相同降雨量条件下,2016 年水量较 1975 年以前减少 60%[见图 1-3 (a)],沙量较 1975 年以前减少 90%[见图 1-3(b)],2016 年水沙关系符合 2000 年以来的变化规律[见图 1-3(c)]。

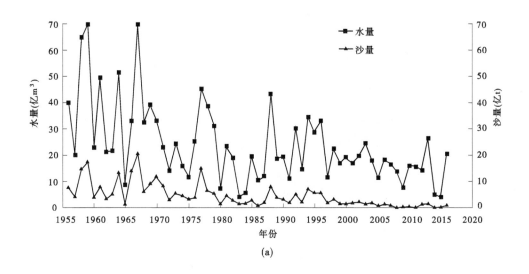

(a)

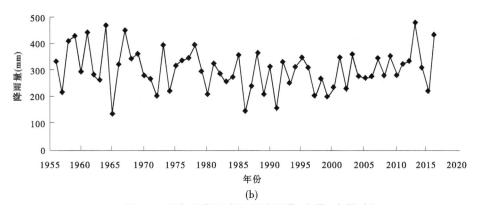

(b)

图 1-2 历年汛期河龙区间降雨量、水量、沙量过程

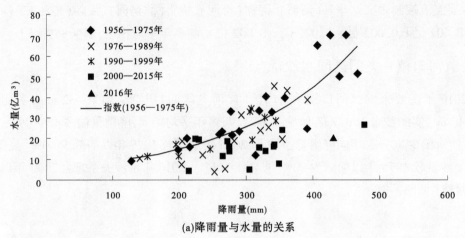

(a)降雨量与水量的关系

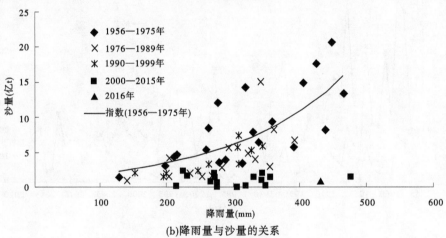

(b)降雨量与沙量的关系

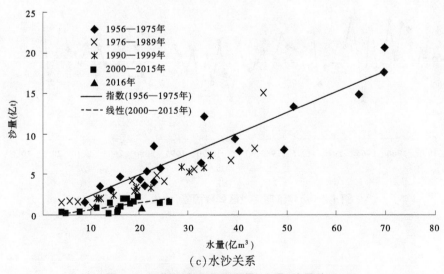

（c）水沙关系

图1-3　汛期河龙区间降雨量、水量、沙量关系

四、干支流洪水特点

2016 年黄河流域干流未出现编号洪水,潼关、花园口全年最大流量分别为 2 450 m³/s 和 1 690 m³/s(见图 1-4)。受局地性暴雨影响,部分支流出现了多年未见的较大洪水,如十大孔兑中的西柳沟龙头拐水文站 8 月 17 日 14 时 54 分洪峰流量 2 760 m³/s,为 1989 年以来最大洪水;窟野河流域降雨量 717.7 mm,为有实测降雨资料以来的最大值;皇甫川上游纳林川沙圪堵水文站 8 月 18 日 3 时 12 分洪峰流量 3 030 m³/s,为 2003 年(3 930 m³/s)以来最大洪水,皇甫水文站 8 月 18 日 6 时 36 分洪峰流量 2 290 m³/s,为 2012 年(4 720 m³/s)以来最大洪水;汾河河津水文站 7 月 24 日 20 时 18 分洪峰流量 480 m³/s,为该站 1996 年以来最大洪水;泾河支流马莲河也发生了洪水,洪德水文站洪峰流量 656 m³/s,最大含沙量高达 916 kg/m³。

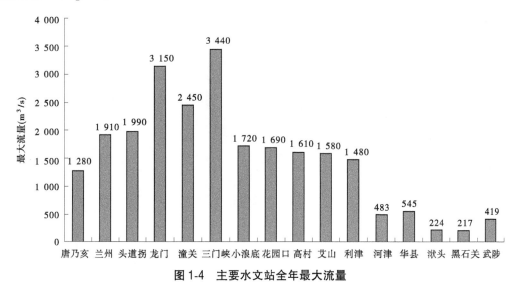

图 1-4 主要水文站全年最大流量

五、水库运用情况

截至 2016 年 11 月 1 日,黄河流域 8 座主要水库蓄水总量 260.68 亿 m³,与上年同期相比,8 座主要水库蓄水总量增加 4.29 亿 m³,主要是小浪底水库增加 12.45 亿 m³。龙羊峡水库、刘家峡水库和小浪底水库蓄水量分别为 169.26 亿 m³、30.12 亿 m³、42.32 亿 m³,合计占蓄水总量的 93%,其中龙羊峡水库蓄水总量占调节库容(193.6 亿 m³)的 87%,刘家峡水库蓄水总量占正常水位下库容(1998 年库容)的 72%,小浪底水库蓄水总量占 275 m 以下库容的 44%。

三门峡水库全年入库水量为 168.70 亿 m³,入库沙量为 1.085 亿 t,出库水量为 157.63 亿 m³,排沙为 1.115 亿 t,所有排沙过程均发生在汛期。两次敞泄过程 4 d 内共排沙 0.638 亿 t,占汛期排沙总量的 57.3%,敞泄期平均排沙比 326%。

小浪底水库全年入库沙量为 1.115 亿 t,主要集中在汛期两场洪水,两场洪水入库沙量 0.877 亿 t,占年入库沙量的 79%。洪水期入库泥沙以细泥沙为主,达到 0.534 亿 t,占入库沙量的61%。

截至 2017 年 6 月 1 日,黄河流域 8 座主要水库蓄水总量 229.52 亿 m³,其中龙羊峡水库、刘家峡水库、万家寨水库、三门峡水库和小浪底水库蓄水量分别为 147.28 亿 m³、30.8 亿 m³、3.23 亿 m³、4.57 亿 m³、32.85 亿 m³。

六、主要认识

(1)2016 年汛期流域降雨量较 1956—2015 年均值 320.13 mm 偏多 11.8%,其中河龙区间偏多 48%;与多年(1956—2015 年)平均相比,水沙量均不同程度偏少,潼关水量 168.70 亿 m³,沙量 1.087 亿 t,花园口和利津水沙量均为近期较小值。

(2)截止 2016 年 11 月 1 日,黄河流域 8 座主要水库蓄水总量 260.68 亿 m³,较 2015 年同期增加 4.29 亿 m³。三门峡水库入库 1.085 亿 t,排沙 1.115 亿 t,小浪底水库没有排沙。

第二章　水库及下游河道冲淤变化

一、三门峡水库库区冲淤及潼关高程变化

三门峡水库运用水位非汛期原则上仍按不超过 318 m 控制,汛期原则上仍按平水期控制水位不超过 305 m、流量大于 1 500 m³/s 敞泄排沙的运用方式。潼关以下库区非汛期淤积 0.271 亿 m³,汛期冲刷 0.030 亿 m³(见图 2-1),年内淤积 0.241 亿 m³,与上年相比,2016 年汛期冲刷量更小,非汛期淤积量也有所减少。

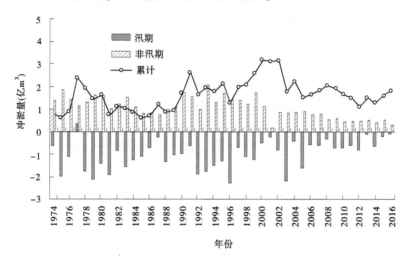

图 2-1　潼关以下干流河段历年冲淤量变化

小北干流非汛期冲刷 0.119 亿 m³,汛期淤积 0.241 亿 m³(见图 2-2),年内淤积 0.122 亿 m³。与上年相比,2016 年非汛期冲刷量较小,汛期淤积量变化不大。

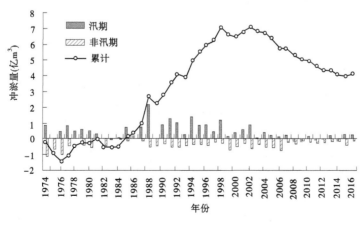

图 2-2　小北干流河段历年冲淤量变化

2016 年汛后潼关高程为 327.94 m,较上年抬升 0.28 m(见图 2-3)。非汛期淤积抬升
0.35 m,桃汛期潼关高程抬升 0.02 m;汛期流量过程小、径流量少,潼关高程仅冲刷 0.07 m。

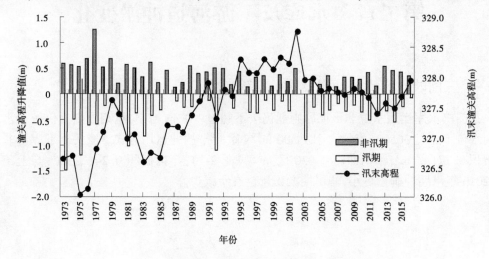

图 2-3　历年潼关高程变化

潼关高程 2013 年以来持续抬升,初步认为主要有 3 个方面原因:

(1)连续枯水年份,汛后潼关高程与年径流量具有较好的关系,径流量减少时潼关高
程抬升(见图 2-4),2013—2016 年平均水量仅 227.9 亿 m³,只有多年平均的 67%,2016 年
只有多年平均的 50%。

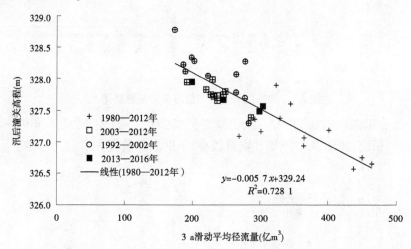

图 2-4　历年汛后潼关高程与水量关系

(2)非汛期淤积部位偏上,非汛期 318 m 控制运用以来,非汛期的淤积部位下移至黄
淤 33 以下,重心在黄淤 18—黄淤 32,黄淤 33 以上基本不淤积。与 2003—2012 年相比,
2013—2016 年非汛期淤积部位偏上(见图 2-5),不利于汛期冲刷。

(3)桃汛期洪水作用降低,2006 年以来利用桃汛洪水冲刷降低潼关高程试验证明,桃
汛期流量较大、坝前水位降低到 312~313 m 时,库区淤积的部分泥沙可以推移到黄淤 26
以下,汛期敞泄时容易被洪水冲刷挟带,而 2016 年桃汛洪水洪峰和水量减少,坝前最低水

位 316.7 m,非汛期除桃汛期有 2 d 略低外,均在 317 m 以上,平均为 317.75 m,影响非汛期淤积部位的下移。

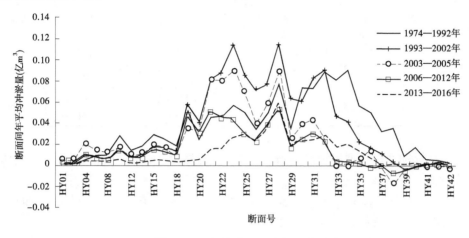

图 2-5 三门峡库区不同断面冲淤量

建议继续优化桃汛洪水过程,冲刷降低潼关高程,桃汛期大流量时坝前水位降低到 312～313 m,以改善非汛期的淤积部位,有利于汛期的冲刷。

二、小浪底水库库区冲淤变化

2016 年全库区淤积量为 1.323 亿 m³,淤积全部集中于 4—10 月,该时期淤积量为 1.702 亿 m³,其中干流淤积量占 75%,淤积主要集中在 HH38(距坝 64.83 km)断面以下库段。

目前,水库已经淤积 32.495 亿 m³,其中干流占 80%;水库 275 m 高程下总库容为 94.965 亿 m³,其中干流库容为 48.768 亿 m³,支流库容为 46.197 亿 m³。2016 年小浪底水库无泥沙出库,三角洲顶点与上年相比变化不大(见图 2-6、表 2-1)。

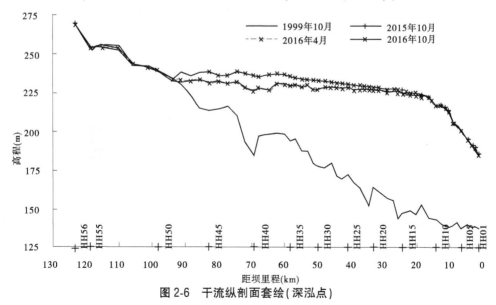

图 2-6 干流纵剖面套绘(深泓点)

表 2-1   干流纵剖面三角洲淤积形态要素

时间 （年-月）	顶点		坝前淤积段	前坡段		洲面段	
	距坝里 程（km）	深泓点 高程（m）	距坝里 程（km）	距坝里 程（km）	比降 （‰）	距坝里 程（km）	比降 （‰）
2015-10	16.39	222.35	0~2.37	2.37~ 16.39	22.9	16.39~ 93.96	1.35
2016-10	16.39	222.59	0~2.37	2.37~ 16.39	22.9	16.39~ 91.51	2.06

部分支流纵剖面仍呈现一定的倒坡，拦门沙坎仍然存在，如畛水 2015 年 10 月，沟口对应干流滩面高程为 223.6 m，而畛水内部 4 断面仅 212.8 m，高差达到 10.8 m（见图 2-7），沟口滩面高程 223.6 m 以下畛水库容约 1.1 亿 m³。东洋河、西阳河、沇西河（见图 2-8）也不同程度存在拦门沙坎（见表 2-2）。

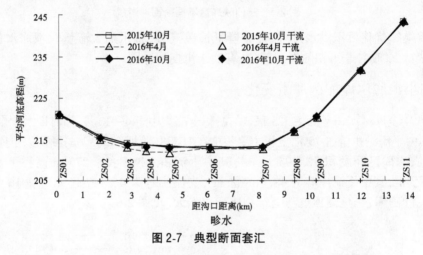

图 2-7   典型断面套汇

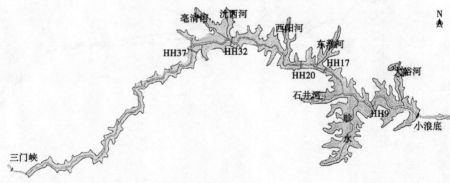

图 2-8   典型支流位置

表 2-2　各支流拦门沙坎参数

支流名称	支流口干流滩面高程(m)	最低点		高差(m)
		断面位置	高程(m)	
大峪河	198.2	DY03	194.8	3.4
畛水	223.6	ZS06	212.8	10.8
石井河	225.3	SJH02	224.2	1.1
东洋河	229.2	DYH05	224.9	4.3
西阳河	231.2	XYH03	228.8	2.4
沇西河	234.8	YXH02	232.5	2.3

三、下游河道冲淤及过流能力变化

2016 年小浪底、黑石关和武陟水文站的水量分别为 163.86 亿 m³、12.95 亿 m³ 和 5.35 亿 m³,则进入下游(小浪底、黑石关、武陟 3 处水文站之和)的水量为 182.16 亿 m³,东平湖向黄河加水 1.05 亿 m³。小浪底水库全年基本未排沙,进入下游的沙量为 0.002 亿 t,利津沙量 0.102 亿 t。下游未发生洪水,花园口最大流量仅 1 690 m³/s。

全年汊 3 以上河段共冲刷 0.457 亿 m³(主槽),其中非汛期冲刷 0.313 亿 m³,汛期冲刷 0.144 亿 m³(见表 2-3)。从冲淤的沿程分布看,具有"上冲下淤"的特点,高村以上河道冲刷,非汛期高村以下河段总体淤积;汛期艾山以上河段冲刷,艾山以下河段发生淤积。就整个运用年来看,艾山—泺口河段以及利津以下河段淤积,其他河段冲刷。

表 2-3　2016 运用年下游河道断面法主槽冲淤量计算成果　　(单位:亿 m³)

河段	非汛期	汛期	运用年	占全下游比例(%)
西霞院—花园口	−0.123	−0.046	−0.169	37.0
花园口—夹河滩	−0.112	−0.003	−0.115	25.2
夹河滩—高村	−0.137	0.007	−0.130	28.4
高村—孙口	0.025	−0.083	−0.058	12.7
孙口—艾山	0.014	−0.028	−0.014	3.1
艾山—泺口	0	0.019	0.019	−4.2
泺口—利津	−0.015	−0.023	−0.038	8.3
利津—汊 3	0.035	0.013	0.048	−10.5
西霞院—利津	−0.348	−0.157	−0.505	110.5
西霞院—汊 3	−0.313	−0.144	−0.457	100
占运用年比例(%)	68.5	31.5	100	

自 1999 年 10 月小浪底水库投入运用至 2016 年汛后,全下游主槽共冲刷 20.533 亿

m³,其中利津以上冲刷 19.926 亿 m³。冲刷主要集中在夹河滩以上河段,夹河滩以上河段长度占全下游的 26%,冲刷量为 12.208 亿 m³,占全下游的 59%;夹河滩以下河段长度占全下游的 74%,冲刷量为 8.325 亿 m³,只占全下游的 41%,冲刷量上多下少,沿程分布不均。从 1999 年汛后以来各河段主槽冲淤面积看,花园口以上河段冲刷 4 480 m²,花园口—夹河滩河段冲刷超过了 6 601 m²,而艾山以下尚不到 1 000 m²(见图 2-9)。

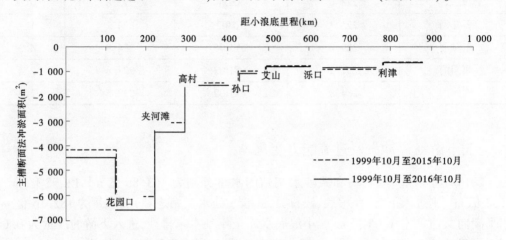

图 2-9 1999 年汛后至 2016 年汛后黄河下游主槽冲淤面积

小浪底水库运用以来,非汛期高村以上每年冲刷、高村—艾山冲淤交替、艾山—利津每年淤积(见图 2-10(a));汛期高村以上每年冲刷,自 2002 年高村—艾山一直冲刷,艾山—利津 2015 年以前每年冲刷,2015—2016 年冲刷不明显(见图 2-10(b))。

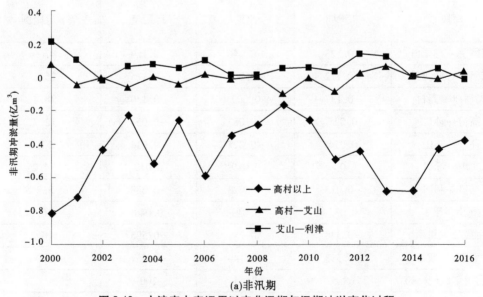

(a)非汛期

图 2-10 小浪底水库运用以来非汛期与汛期冲淤变化过程

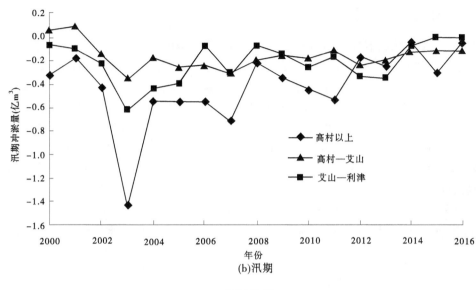

(b)汛期

续图 2-10

2016年下游最大流量不到 2 000 m³/s。为了说明汛期的水位变化情况,将 2016 年最大流量的水位,分别与上年调水调沙洪水的涨水期和落水期的同流量水位相比,计算其变化,列于表 2-4。可以看到利津和夹河滩同流量水位没降反升。

图 2-4　同流量水位变化

水文站	2016 年最大流量	与 2015 年相比水位变化(m)	
	(m³/s)	涨水期	落水期
花园口	1 670	-0.10	-0.11
夹河滩	1 530	0.04	0.19
高村	1 660	-0.18	-0.18
孙口	1 450	0.09	-0.24
艾山	1 600	-0.03	-0.24
泺口	1 560	0.05	-0.01
利津	1 530	0.22	0.01

2017 年汛前各水文站的警戒流量分别为 7 200 m³/s(花园口)、6 800 m³/s(夹河滩)、6 100 m³/s(高村)、4 350 m³/s(孙口)、4 250 m³/s(艾山)、4 600 m³/s(泺口)和 4 650 m³/s(利津)。

经综合分析论证,在不考虑生产堤挡水作用时,黄河下游各河段平滩流量为:花园口以上河段一般大于 7 000 m³/s;花园口—高村为 6 000~7 000 m³/s;高村—艾山以及艾山以下均在 4 200 m³/s 以上。孙口上下的彭楼—陶城铺河段为全下游主槽平滩流量较小的河段,最小值为 4 200 m³/s。

四、黄河河口海岸冲淤演变

(1)2016 年利津以下河口河道淤积 0.048 亿 m³,其中利津—清 4、清 4—清 7、清 7—汉 3 分别为 0.032 1 亿 m³、0.005 5 亿 m³、0.010 6 亿 m³,年均淤积面积分别为 45 m²、43 m²、93 m²,清 7 以下河段呈现溯源淤积特征。2000—2016 年利津以下河口河道冲刷 0.533 8 亿 m³,其中利津—清 4、清 4—清 7、清 7—汉 3 分别冲刷 0.496 7 亿 m³、0.034 4 亿 m³、0.002 7 亿 m³,年均冲刷面积分别为 46 m²、18 m²、2 m²,呈现沿程冲刷的特点。

(2)小浪底水库运用以来,河口年均沙量为 1.2 亿 t,河口延伸速率从清水沟流路"96·8"改汊前的 1.4 km/a 降至 0.3 km/a(见图 2-11)。除行河河口附近海岸向海淤进外,黄河三角洲浅海海岸都是蚀退的。清水沟老沙嘴附近海岸蚀退 8 km,-2 m 等深线蚀退面积 59 km²;刁口河附近海岸蚀退 4 km,-2 m 等深线蚀退面积 52 km²(见图 2-12)。

(3)目前,西河口 10 000 m³/s 水位约为 10.4 m,低于此处设防水位(12.0 m)1.6 m。

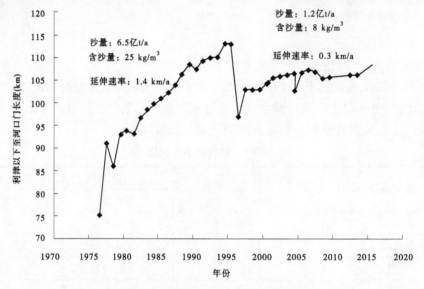

图 2-11　黄河河口利津—口门的河长

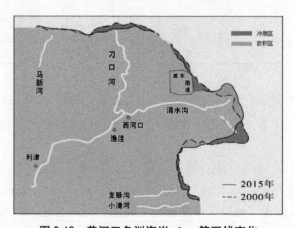

图 2-12　黄河三角洲海岸-2 m 等深线变化

第三章　近期中下游径流泥沙关系变化

20世纪50年代,黄河流域6个水文站(龙门、华县、河津、洑头、黑石关、武陟)(简称6站,下同)年均水沙量分别为480.9亿 m³和18.24亿 t(见表3-1、表3-2)。中下游河道淤积泥沙量4.35亿 t,其中下游河道淤积量3.61亿 t,占6站沙量18.24亿 t的19.8%,通过中下游河道输送到河口(利津水文站)的水沙量分别占6站的96.5%和72.4%。

表3-1　黄河中下游水量年均时空分布

时段 (年-月)	6站 水量 (亿 m³)	区间耗水量(亿 m³)		水库蓄水量(亿 m³)		下游 引水量 (亿 m³)	利津 水量 (亿 m³)
		潼关 以上	潼关—三门峡	龙羊峡 刘家峡	小浪底		
1950-11—1960-10	480.9	-4.5	2.9			27.8	463.9
1960-11—1964-10	594.5	-0.1	4.6			38.4	627.6
1964-11—1973-10	429.2	12.0	-8.2	5.5		39.7	397.2
1973-11—1980-10	398.4	1.1	2.5	-0.2		87.1	306.5
1980-11—1985-10	484.9	-3.3	6.6	-0.1		95.2	388.2
1985-11—1999-10	284.9	0.7	5.3	11.2		100.7	154.4
1950-11—1999-10	413.3	1.3	2.0	4.2		67.0	346.4
1999-11—2016-10	265.1	13.7	11.2	1.4	2.1	85.1	155.4

表3-2　黄河中下游泥沙年均时空分布

时段 (年-月)	6站沙量 (亿 t)	冲淤量(亿 t)				下游 引沙量 (亿 t)	利津 沙量 (亿 t)
		潼关 以上	潼关—三门峡	小浪底水库	下游 河道		
1950-11—1960-10	18.24	0.74	0	0	3.61	1.07	13.21
1960-11—1964-10	17.43	2.77	11.62	0	-5.78	0.79	11.23
1964-11—1973-10	17.14	3.05	-1.33	0	4.44	1.10	10.73
1973-11—1980-10	12.01	-0.05	0.27	0	1.47	1.85	8.23
1980-11—1985-10	8.31	-0.05	-0.27	0	-0.96	1.23	8.76
1985-11—1999-10	7.99	1.12	0.16	0	2.24	1.30	4.01
1950-11—1999-10	13.14	1.24	0.76	0	1.83	1.25	8.80
1999-11—2016-10	2.73	-0.19	-0.06	2.29	-1.64	0.39	1.19

20世纪60年代以后,黄河治理开发程度不断提高,部分径流、泥沙被拦蓄在干支流

水库里,同时由于沿黄引水引沙量明显增加,进入河口地区的水沙比例逐渐减少。干支流骨干水库汛期蓄水、非汛期泄水,明显改变了水沙量的年内分配。同时汛期的蓄水量大于非汛期的泄水量,也使得干流年径流量有所减少。特别是 20 世纪 80 年代以后,这种变化趋势更加明显。

1985—1999 年,流域年均径流、泥沙(6 站)分别为 284.9 亿 m³ 和 7.99 亿 t,较多年均值(1950—1999 年)分别偏少 31.1% 和 39.2%;下游引水引沙量分别占该时段年均水沙量的 35.3% 和 16.3%,中游河道径流量损耗占 2.1%,中下游河道淤积泥沙量占 44.1%,其中下游河道淤积占 28.0%,入海水量和泥沙仅占 6 站的 54.2% 和 50.2%,较 20 世纪 50 年代约分别减少了 43 个、22 个百分点。

1999—2016 年,流域年均径流、泥沙(6 站)分别为 265.1 亿 m³ 和 2.73 亿 t,较 1950—1999 年均值 413.3 亿 m³ 和 13.14 亿 t 分别偏少 35.9% 和 79.2%;下游引水引沙量分别占 6 站的 32.1% 和 14.3%;中游河道径流量损耗占 6 站的 9.4%,中下游河道淤积泥沙量占 6 站的 14.7%,其中小浪底水库淤积 2.29 亿 t,而下游河道冲刷 1.64 亿 t;入海径流和泥沙只占 6 站的 58.6% 和 43.6%。

第四章　2016年典型支流暴雨及洪水水沙变化

2016年受局地暴雨影响,黄河流域部分支流出现了多年未见的较大高含沙洪水,是黄河水沙情势变化过程中的新情况。

一、西柳沟水沙情势

(一)洪水情势

2016年8月16—18日,内蒙古自治区鄂尔多斯市局部地区发生特大暴雨,部分淤地坝水毁。针对暴雨洪水及其带来的溃坝问题,进行了现场查勘和调研。西柳沟暴雨集中、洪量大,对干流的影响也最大。

1.降雨特点

降雨过程共有2场,主要集中在十大孔兑的西柳沟、罕台川,发生在8月16日22时至18日5时。第1场降雨从8月16日22时至17日14时,第2场降雨从8月17日21时至8月18日5时。第1场降雨历时长、强度大,最大3 h、6 h、12h降雨量大多发生在第1场降雨;第2场降雨相对历时短、强度小。

根据水文系统雨量站资料(见表4-1),西柳沟流域3个雨量站中,高头窑雨量站最大3 h、6 h、12 h降雨量分别为60 mm、96 mm、181.6 mm,属特大暴雨,最大24 h降雨量228.6 mm,是有实测资料以来的最大值。柴登壕雨量站最大3 h、6 h降雨量分别为46.4 mm、70.4 mm,之后减弱,属大暴雨,最大24 h为109.8 mm,为第2大值。位于沙漠出口处的龙头拐雨量站24 h降雨量为86.4 mm,排第4位。位于西柳沟和罕台川流域边界的青达门雨量站,最大3 h、6 h降雨量分别为50 mm、92 mm,24 h为143 mm,属大暴雨。流域最大24 h雨量平均为143 mm,为多年平均的3.1倍,为历年最大值。

表4-1　"8·17"暴雨各雨量站雨强统计　　　　　　　　(单位:mm)

测站名称	3 h	6 h	12 h	24 h	场次
龙头拐	34.1	36.8	43.4	86.4	89.6
柴登壕	46.4	70.4	79.3	109.8	139.5
高头窑	60	96	181.6	228.6	248.6
青达门	50	92	118	143	143

2.洪水特点

受降雨影响,西柳沟出现了1989年以来的最大洪水。龙头拐水文站8月17日10时流量开始起涨,18日14:38基本结束,持续时间约29 h,17日15时许出现洪峰流量2 760 m³/s,为有实测资料以来的第5位,相应最大含沙量为149 kg/m³。流量和含沙量过程如图4-1所示,其中有4次较大含沙量过程,第一个洪峰和沙峰为降雨产流汇流的结果,第二个峰为降雨和溃坝的共同影响,之后的沙峰和洪峰过程受淤地坝溃决的影响。

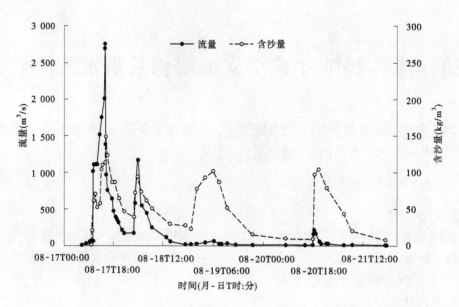

图 4-1 "8·17"洪水过程

与 1989 年相比,2016 年洪峰流量只有 1989 年 6 940 m^3/s 的 40%;最大含沙量不到 1989 年 1 240 kg/m^3 的 12%,也远小于 1990 年以前年最大含沙量平均值 800 kg/m^3。

2016 年洪水期的径流量和输沙量分别为 6 381 万 m^3 和 496.5 万 t。与 1989 年洪水相比(见表 4-2),本次洪水过程呈现降雨量大、径流量大,洪峰小、含沙量低、输沙量少的特点。

表 4-2 西柳沟典型场次洪水水沙特征值

年份	时间 (月-日)	雨量站	场次降雨量 (mm)	平均雨量 (mm)	洪峰流量 (m^3/s)	最大含沙量 (kg/m^3)	次洪径流量 (万 m^3)	次洪输沙量 (万 t)
2016	08-16~20	龙头拐	89.6	159.2	2 760	149	6 381	496.5
		柴登壕	139.5					
		高头窑	248.6					
1989	07-21	龙头拐	105.9	106.6	6 940	1 240	7 275	4 016
		柴登壕	67					
		高头窑	147					

西柳沟年径流量为 7 176 万 m^3,为有实测资料以来第 4 大值,是 1989 年以来出现的最大径流量;年输沙量为 499 万 t,是 2003 年以来出现的最大输沙量;2000 年之前西柳沟多年平均年径流量为 3 123 万 m^3,年输沙量为 521 万 t,相对而言,2016 年西柳沟径流量较往年偏大、输沙量偏少。

3. 淤地坝溃坝现象

截至 2014 年,十大孔兑共有淤地坝 365 座,其中西柳沟 113 座,位于降雨中心的有 96 座,控制流域面积 208 km^2,设计总库容 4 203 万 m^3,设计拦泥库容 2 206 万 m^3。

此次暴雨过程,共造成达拉特旗 19 座淤地坝垮坝(见图 4-2),其中骨干坝 12 座、中型坝5座、小型坝2座,全部分布在西柳沟和罕台川流域,占淤地坝总数的11%。其中西柳沟流域溃坝14座,其中骨干坝11座、中型坝2座、小型坝1座,占暴雨中心淤地坝总数的15%,控制流域面积61.56 km²。

淤地坝溃决的原因,一是暴雨洪水超出设计标准;二是降雨中心的淤地坝大部分为"两大件"工程;三是工程结构和管护方面的问题。

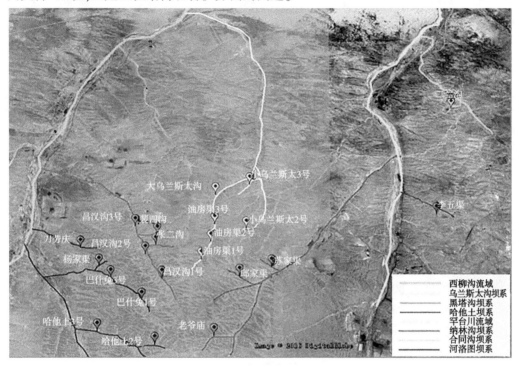

图4-2 淤地坝溃坝分布图

(1)超标准洪水造成的漫决。淤地坝设计标准为5~30 a一遇,8月17日的强降雨产生的洪水进入坝区后,短时间内洪量超出滞洪库容,致使洪水漫过坝顶,逐步将坝体淘刷冲毁,从而产生溃决。漫顶溃坝多发生在8月17日产汇流期,如西柳沟支沟乌兰斯太沟上的油房渠1号、2号、3号骨干坝。

(2)淤地坝工程多为"两大件",没有设置泄洪设施,如遇超标准暴雨洪水,不能及时排泄,导致高水位运行最终溃坝;按无压流设计的排水涵管,实际运行时难以控制无压泄水,同时排水涵管消力池出口没有防冲设计。

(3)淤地坝工程结构缺陷导致的溃坝。高水位长时间运行、排水涵管底板不均匀沉陷,以及排水涵管间接缝不合理,导致排水卧管土石接合部发生接触冲刷而垮坝。淤地坝建设过程,受当地筑坝材料或施工工艺等的影响,在坝基、土石接合部等部位在高水位长时间作用下更易发生管涌破坏,导致溃决。如巴什兔1号坝。

(4)淤地坝运行管护不规范。如排水涵管的日常维护、洪水之前的合理开启、遇超标准暴雨洪水时的应急方案等缺失,也是导致淤地坝高水位运行而发生溃坝的主要原因。

4.孔兑洪水对干流的影响

8月17—20日,干流流量在230~300 m³/s,孔兑洪水进入干流,对干流流量过程产生较大影响。包头水文站位于西柳沟入黄口下游近 20 km,受孔兑洪水影响流量增加,最大流量达 1 260 m³/s,洪水过程持续 2 d(见图 4-3)。

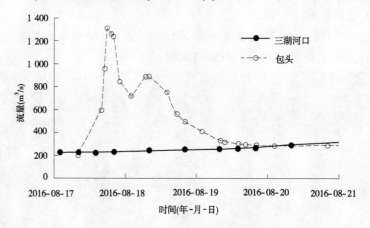

图 4-3 洪水期黄河干流流量过程

由于干流流量过小,孔兑入黄口产生淤积,形成明显的冲积扇,支流流路向黄河河道延伸。与洪水前河势对比,洪水前主流带宽浅且靠近西柳沟的入汇处,而洪水过后,受淤积影响,主流向北摆动。

从包头水文站水位流量关系看,洪水前后同流量水位抬升约 0.30 m。孔兑洪水过后,干流流量增加至 800 m³/s,并不足以冲刷前期淤积物,水位没有下降(见图 4-4)。位于西柳沟入黄口的干流河床淤积抬升将更大。可见,虽然 2016 年西柳沟水流含沙量减小,但干流流量小,仍造成了黄河干流局部的严重淤积。

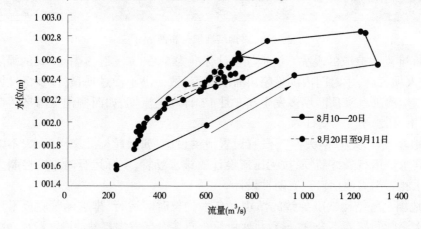

图 4-4 包头水文站 2016 年洪水期水位流量关系

对于 1989 年 7 月 21 日西柳沟洪水,黄河干流流量为 1 230 m³/s,但西柳沟洪峰大、含沙量高,进入黄河后在汇流处淤堵,形成长达 600~1 000 m、宽约 10 km、高约 2 m 的沙坝。从图 4-5 所示入黄口上游昭君坟水文站水位流量关系看,洪水前后同流量水位抬升超过 2 m。

(二)水沙关系变化

西柳沟上游以砾质丘陵区为主,部分有黄土或风沙覆盖,考虑到孔兑流域的地貌特点,

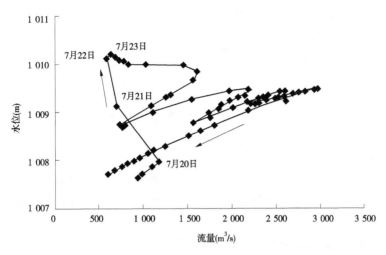

图 4-5 昭君坟水文站 1989 年汛期水位流量关系

一般降雨条件对地表侵蚀作用弱而不产沙。参考黄土地区可引起侵蚀的日降雨量标准研究
成果,将 10 mm 作为临界雨量标准。对于砾质土壤地表的侵蚀作用,主要取决于暴雨或大
暴雨。考虑到不同雨量级侵蚀强度以及不同土壤组成的抗侵蚀能力,采用日降雨量在 10~
50 mm、50~100 mm 及大于 100 mm 的年累计降雨总量(分别用 $P_{10~50}$、$P_{50~100}$ 和 P_{100} 表示)作
为表征降雨因子的参数,建立年输沙量与降雨因子的关系。根据西柳沟资料系列,以
1966—1989 年作为基准年,"天然情况"下年输沙量与流域降雨因子的关系如下:

$$W_s = 53.586 + 0.699P_{10~50} + 4.174P_{50~100} + 40.542P_{100} \qquad (4-1)$$

可见,大暴雨和暴雨影响输沙的权重最大。图 4-6 中横坐标为式(4-1)计算值,可见,
治理措施稳定显效期和基准期呈明显的两个趋势带,均存在输沙量随降雨量增加而增加
的趋势,相同降雨条件下治理后的产沙量明显小于治理前基准年。根据基准期关系分析,
2016 年西柳沟降雨条件下的可能输沙量为 5 278 万 t,实测输沙量为 499 万 t,人类活动的

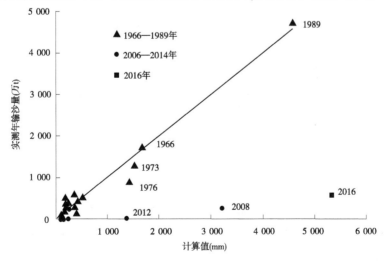

图 4-6 西柳沟实测年输沙量与计算值关系

影响减少泥沙4 779万t,减沙效益达90%。

(三)泥沙减少原因分析

流域水沙变化的主要影响因素包含气候条件和下垫面,淤地坝、水库、梯田、林草植被等是影响下垫面变化的主要因素。

对于西柳沟流域,目前尚没有水库,梯田也基本没有,最大的煤矿高头窑煤矿为井矿,对流域产沙基本没有影响,只有淤地坝和林草植被覆盖度变化是影响泥沙减少的主要因素。

1.淤地坝的影响

2016年淤地坝的影响包含两部分,一是现有淤地坝的拦沙,二是溃坝的影响。

西柳沟现有淤地坝113座,位于降雨中心的有96座,控制流域面积208 km²,占上游产流区面积的23.7 %,淤地坝可以拦截控制流域的全部泥沙,即理论上可以拦截产沙量的23.7%。

洪水期间有14座淤地坝溃坝,会增加部分泥沙。从现场调查来看,淤地坝溃决后坝区呈现的冲刷形式主要有两种:一种是溯源冲刷,另一种是沿程冲刷。调查中有1座淤地坝(杨家渠淤地坝)溃决时间较早,又有后续洪水,表现以沿程冲刷为主;剩余溃决的淤地坝冲刷形式为溯源冲刷,冲刷的最大宽度与口门相当,向上发展范围迅速缩小,可知,溃决的淤地坝冲刷量不大。但仍会补充部分泥沙,实际拦沙量小于23.7 %。

根据研究成果,孔兑干流的河床组成沿程细化显著,到龙头拐以下河床泥沙约80%以上小于0.25 mm,中数粒径为0.157 mm,悬移质泥沙更细。可见,来自丘陵区粗颗粒砾石和泥沙,沿程输移过程中在沙漠以上河段已经落淤,淤地坝拦沙对龙头拐沙量减少的贡献低于控制流域的比例。

2.林草植被的影响

根据遥感解译、反演计算和分析,十大孔兑典型地理单元不同年份的植被覆盖度变化见图4-7。1999—2012年孔兑的植被得到明显恢复,平均覆盖度呈现增大趋势,2016年西柳沟上游林草植被平均覆盖度达到45.6%,植被的恢复对产洪产沙有很大影响。

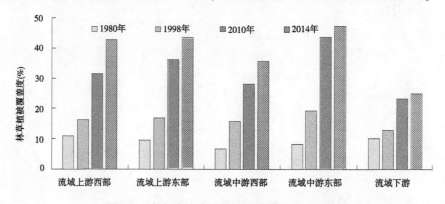

图4-7 十大孔兑地理单元植被覆盖度平均值

根据"十二五"期间研究成果,黄土丘陵沟壑区产沙系数和林草植被覆盖度的概念及计算方法,兼顾大空间范围降雨观测的实际精度,选择日降雨量大于25 mm的年降雨总量作为有效降雨量,记为P_e。根据刘晓燕等提出的黄土丘壑区产沙系数计算公式:

$$S_i = \frac{W_s}{A_e} \frac{1}{P_e} \qquad (4-2)$$

式中：S_i 为产沙系数，指流域在单位有效降雨下单位易侵蚀面积上的产沙量，t/(km² · mm)；W_s 为流域年产沙量，t；A_e 为流域易侵蚀面积，指流域内剔除河川地和石山区后的土地面积，km²；P_e 为有效降雨量，mm，取日降雨量大于 25 mm 的年降水总量。

在极端降雨情况下，即雨强（P_{50}/P_{10}）是多年平均值的 2~4 倍时，黄土丘陵沟壑区的产沙系数与林草植被覆盖率 V_e（%）的关系为

$$S_i = 835.64 \times e^{-0.072\,8V_e} \qquad (4-3)$$

西柳沟多年平均雨强为 0.16 mm/h，2016 年为 0.58 mm/h，参考上述公式进行计算，其中有效降雨量为 178.6 mm，计算得到 2016 年暴雨条件下西柳沟上游的产沙量为 473 万 t，按 1980 年前林草植被情况计算，"天然情况"可能产沙量为 6 529 万 t，因植被覆盖度的增加，减少产沙 6 056 万 t。

综合以上分析，淤地坝的拦沙量若按 20% 考虑，为 95 万 t；根据"十二五"成果，西柳沟沙漠区年均补充沙量为 105 万 t；根据产沙和拦沙计算，2016 年龙头拐的沙量为 483 万 t，实测值 499 万 t，二者非常接近。

（四）流域产沙分析

为了分析坡面产沙和沟道产沙，选择乌兰斯太沟上游的小乌兰斯太沟 1 号骨干坝，作为典型淤地坝，测量 2016 年洪水期的淤积量，根据模型计算不同区域产沙比例。

小乌兰斯太沟 1 号骨干坝控制面积 3.84 km²，由主沟道和支沟道组成。测量计算结果表明，本次降雨中主沟道淤积量 20 952 m³，淤积长度 455 m；左侧支沟道淤积 3 200 m³，淤积长度 227 m；坝前库内淤积 3 618 m³。坝区共淤积泥沙 2.777 万 m³，按照土体密度约 1.4 g/cm³ 计算，则淤积量约为 3.89 万 t，控制区的侵蚀强度约为 10 124 t/km²。

采用通用土壤侵蚀流失模型（USLE）且设西柳沟流域泥沙输移比接近 1，则计算西柳沟流域坡面产沙量：

$$W_s = RKLSCP \qquad (4-4)$$

式中：W_s 为单位面积的坡面产沙量，t/(hm² · a)；R 为降雨侵蚀力因子，MJ · mm/(hm² · h · a)；K 为土壤可蚀性因子，t · hm² · h/(hm² · MJ · mm)；L 为坡长因子（无量纲）；S 为坡度因子（无量纲）；C 为植被覆盖和经营因子（无量纲）；P 为水土保持措施因子（无量纲）。

计算结果表明，西柳沟流域坡面产沙量 612.7 万 t。按照龙头拐以上面积 1 143.74 km²，则流域平均产沙模数 5 357.4 t/km²。其中，小乌兰斯太沟 1 号骨干坝控制区域坡面产沙量约 1.86 万 t，占总实测产沙量 3.89 万 t 的 47.8%。以此推算，考虑沟道产沙的部分，整个西柳沟流域在"8·17 暴雨"产沙量可能在 1 000 万 t。

（五）认识和建议

（1）人类活动改变了西柳沟流域降雨产沙关系，相同降雨条件下产沙量大幅度减少，特别是林草植被措施对泥沙减少有重要作用；2016 年洪水孔兑来沙量已经大幅度减少，对干流流量较小的情况仍产生不利影响，造成干流河床的淤积。

（2）建议继续加大孔兑的综合治理，特别是林草措施和沟道治理。同时，加强降雨、产沙

等基础资料观测,研究砾石丘陵区的降雨产沙关系,沟道产沙与坡面产沙对入黄泥沙的影响;加强汛期黄河上游水库的调控作用,避免干流流量过小的情况。特别是当多沙支流区域如十大孔兑、祖厉河、清水河等预报发生暴雨时,应适当增加干流流量,增大河道的输沙能力。

(3)针对暴雨洪水期间淤地坝出现的问题,建议对淤地坝技术标准、是否病险等进行安全评估。

二、窟野河水沙情势

(一)降雨和水沙特点

1. 暴雨特点

2016年7—8月,山陕区间遭遇大范围、高强度暴雨。其中,窟野河降雨主要有4次暴雨过程,分别为7月8日、7月11日、7月24日以及8月11—17日的连续较长时间的暴雨过程,各场暴雨等值线图见图4-8。场次雨量特征值见表4-3。

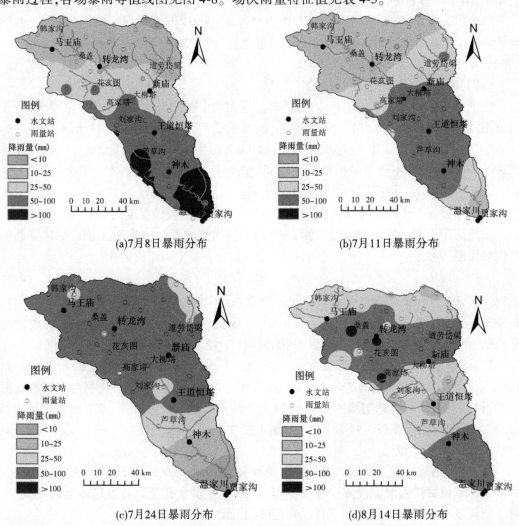

(a)7月8日暴雨分布   (b)7月11日暴雨分布

(c)7月24日暴雨分布   (d)8月14日暴雨分布

图4-8 8月17日暴雨分布

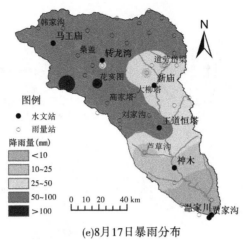

(e)8月17日暴雨分布

续图4-8

表4-2　2016年窟野河场次雨量特征值　　　　　　（单位:mm）

时间(月-日)	暴雨中心雨量	面雨量	最大单站雨量	中心雨量站
07-08	122.2	48.1	172.0	太和寨
07-11	85.5	36.5	102.6	大柳塔
08-14	118.3	51.3	122.6	高家塔
08-17	106.8	52.0	115.4	霍洛

窟野河2016年降雨特点如下:

（1）雨强大。乌兰木伦河上游塔拉壕雨量站最大2 h、最大6 h、最大12 h和最大24 h的降水量分别为62.6 mm、115.8 mm、131.2 mm和193.2 mm,贾家沟太和寨雨量站最大2 h、最大6 h、最大12 h和最大24 h的降水量分别为62.4 mm、106.2 mm、148.6 mm和148.6 mm。

（2）场次多,单站日降雨量大于50 mm的场次有9场。

（3）年降水量历年最大,流域年降水量717.7 mm(见图4-9),为流域有实测降雨资料以来的最大年份。较多年平均(1954—1999年)降水量380.5 mm偏丰88.6%。其中7—8月降雨量433.5 mm,占全年降水量的60.4%。全年最大降水量的站点位于太和寨雨量站,为940.5 mm。年降水量大于800 mm的共有10个雨量站,主要集中在干流神木以下的下游河段。

2.洪水特点

受暴雨影响,窟野河发生了3场较为明显的洪水过程(见图4-10),与历史洪水相比,2016年窟野河洪水洪峰流量小、含沙量低。流域把口水文站温家川最大流量仅456 m³/s,最大含沙量仅63.2 kg/m³(见表4-4)。支流牸牛川新庙水文站最大流量314 m³/s,最大含沙量仅61.6 kg/m³。乌兰木伦河最大流量及最大含沙量均较小。

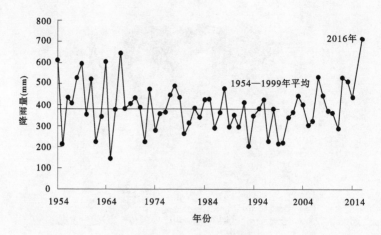

图 4-9　窟野河历年降雨量

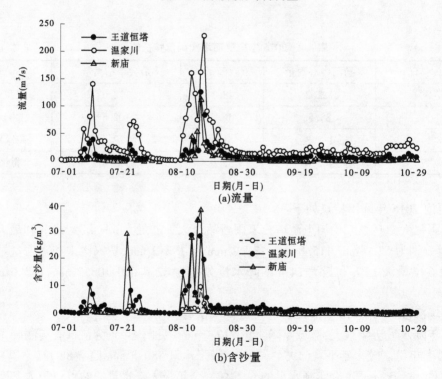

图 4-10　2016 年窟野河汛期水沙过程

表 4-4　窟野河洪峰及沙峰统计

时间 （月-日）	站点	洪峰时间 （月-日 T 时:分）	流量 （m³/s）	沙峰时间 （月-日 T 时:分）	含沙量 （kg/m³）
07-11—12	王道恒塔	07-11T21:06	284	07-11T21:30	2.63
	新庙		—		
	温家川	07-12T11:48	254	07-11T19:30	16.8

时间 （月-日）	站点	洪峰时间 （月-日 T 时:分）	流量 （m³/s）	沙峰时间 （月-日 T 时:分）	含沙量 （kg/m³）
08-12—15	王道恒塔	08-12T20:12	45.7	08-12T22:00	2.17
	新庙	08-15T08:00	137	08-15T08:30	48.8
	温家川	08-15T15:54	448	08-15T15:54	63.2
08-18	王道恒塔	08-18T11:42	354	08-18T14:00	15.2
	新庙	08-18T08:00	314	08-18T08:36	61.6
	温家川	08-18T21:18	456	08-18T21:30	52.4

3 场洪水过程，乌兰木伦河王道恒塔水文站水量 0.619 亿 m³，沙量 17.5 万 t，分别占温家川水文站的 33.1% 和 9.1%；牸牛川新庙水文站水量 0.350 亿 m³、沙量 71.4 万 t，分别占温家川水文站的 18.7% 和 37.0%。3 场洪水洪量共计 1.871 亿 m³，占年水量 4.999 亿 m³ 的 37.4%；沙量 193.0 万 t，占年沙量的 92.8%。可见，输沙主要发生在这几场洪水期。

7 月 8—16 日第一场洪水来自王道恒塔以下干流；7 月 24—29 日水沙均较小；8 月 12—26 日为年内最大洪水，形成了两次洪峰，温家川洪峰流量分别为 448m³/s 和 456 m³/s（见表 4-5）。

表 4-5　2016 年窟野河场次洪水特征

时间 （月-日）	洪量 （亿 m³）			沙量 （万 t）			洪峰 流量 （m³/s） 温家川	最大 含沙量 （kg/m³） 温家川	面雨量 （mm）
	王道恒塔	新庙	温家川	王道恒塔	新庙	温家川			
07-08—16	0.112	0.010	0.428	1.1	0	21.3	254	16.8	117.3
07-24—29	0.064	0.027	0.250	0.8	5.6	11.9	—	—	55.8
08-12—26	0.443	0.313	1.193	15.6	65.8	159.8	448,456	63.2	178.9
合计	0.619	0.350	1.871	17.5	71.4	193.0			

2016 年窟野河温家川水文站年径流量 4.999 亿 m³，输沙量 208 万 t（见图 4-11）。2000 年以前（1954—1999 年）窟野河平均径流量 6.33 亿 m³，平均输沙量 1.022 亿 t，但进入 2000 年以后径流量大幅度减小，输沙量减小幅度更为剧烈，尽管近几年径流量较 2000 年后有大幅增加，但输沙量仍然很少。

（二）降雨径流输沙关系

1990 年以前窟野河的场次洪量与降雨有一定的趋势关系，随着流域的综合治理，降雨产流产沙关系发生变化（见图 4-12、图 4-13）。2016 年几场洪水的点群明显位于趋势带的下方，说明与历史暴雨相比，2016 年相同降雨条件下产洪量大幅减少，同时可以看出，无论是干流还是支流牸牛川，在暴雨过程中产沙量极少。

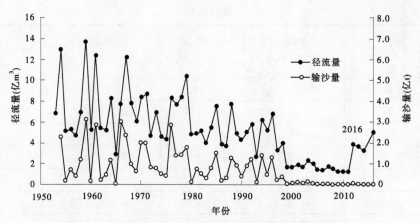

图 4-11 窟野河温家川水文站历年径流量和输沙量过程

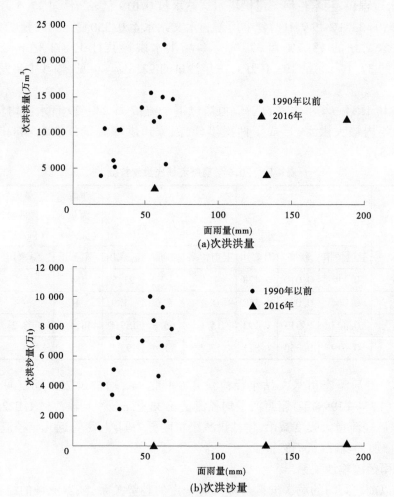

(a)次洪洪量

(b)次洪沙量

图 4-12 温家川面雨量与次洪洪量、沙量关系

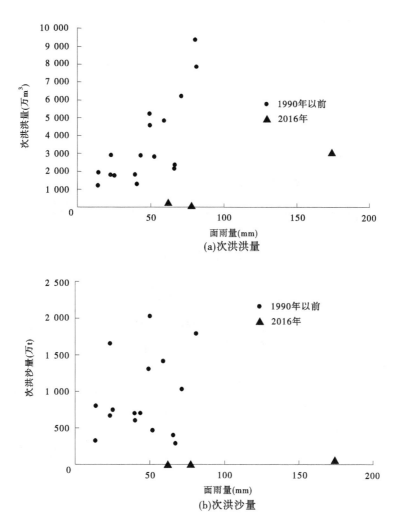

图 4-13　新庙面雨量与次洪洪量、沙量关系

窟野河的年输沙量与日降雨量大于 25 mm 的总量（P_{25}）关系也表明（见图 4-14），在天然情况下（1956—1975 年），流域输沙量随 P_{25} 的增大而增加，但 2007—2014 年由于受人类活动的影响，无论降雨如何变化，产沙量极少。2016 年的 P_{25} 尽管达到了 362 mm，而产沙量依然极少。可见，人类活动造成窟野河的径流变化和沙量大幅度减少。

（三）认识与建议

（1）2016 年窟野河流域降雨量 717.7 mm，为有实测降雨资料以来的最大值，具有雨强大、场次多的特点。而洪水过程表现为洪峰流量小、含沙量低。温家川年径流量 4.999 亿 m³，输沙量 208 万 t，较多年（1954—1999 年）平均分别减少了 21.0% 和 98.0%。与 2000 年以来相比，径流量明显增大，而输沙量依然维持在极少状态。

（2）降雨产沙关系表明，近期受人类活动的影响，无论雨量大小，产沙量极少。窟野河流域影响下垫面变化条件复杂，对于水沙量减少的原因、变化下垫面条件下的产流产沙机理需要进一步研究。

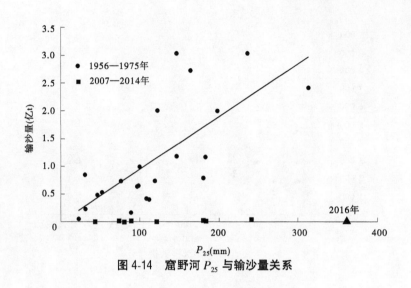

图 4-14　窟野河 P_{25} 与输沙量关系

三、泾河高含沙洪水特点及在渭河下游的冲淤特性

2016 年 8 月 14—15 日渭河二级支流马莲河上游地区降中到大雨,局部地区暴雨,导致马莲河发生高含沙洪水,马莲河、泾河及渭河主要水文站相继出现了含沙量大于 800 kg/m^3 的高含沙洪水。

马莲河是泾河的支流,洪德水文站位于马莲河上游,控制面积 4 640 km^2,为多沙粗沙区。洪德水文站 1958—2016 年输沙量 3 750 万 t,是黄河中游粗泥沙的重要来源区之一。根据刘晓燕《黄河近年水沙锐减成因》成果,自 20 世纪 70 年代以来,洪德以上植被覆盖度由 27.6%增加为 41.9%(2013 年),林草植被覆盖度由 17.2%增加到 27.1%,近年来洪德以上梯田面积变化不大。

(一)降雨量水沙特点

1. 暴雨特点

由表 4-6 及图 4-15 可见,洪德以上流域多年平均年降水量 333 mm,汛期降水量 241 mm。2016 年降水量 312 mm,为多年降水量均值的 94%;2016 年汛期、日降水量大于 50 mm 的降水量分别为 205 mm 和 31 mm,分别为多年均值的 85%和 76%。2016 年 8 月 14 日暴雨中心洪德最大 1 h 降水强度为 39.6 mm/h,为多年最大 1 h 雨强均值的 1.35 倍。

表 4-6　洪德降雨量特征

项　目		汛期降雨量(mm)	最大 1 h 雨强(mm/h)
最大值		386	54.7
平均值		241	29.3
最小值		110	12.9
2016 年	汛期	205	39.6
	占多年平均(%)	85	135

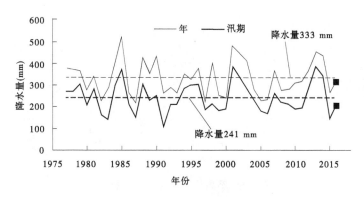

图 4-15 马莲河降水量

2. 水沙特点

洪德汛期水量平均值为 5 320 万 m³,沙量平均值为 3 670 万 t,2016 年 8 月汛期洪德水量为 5 476 万 m³,沙量为 4 047 万 t,比洪德多年汛期水沙量均值偏大 2.9% 和 10.3%(见图 4-16)。

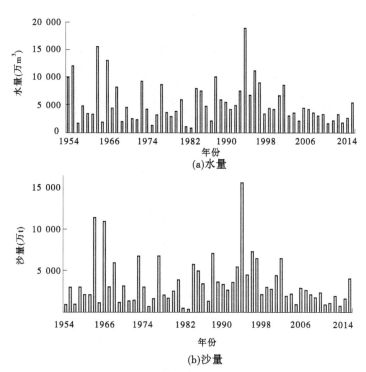

(a)水量

(b)沙量

图 4-16 洪德站历年汛期水沙量

洪德水文站最大洪峰流量发生在 1997 年 7 月 30 日,为 1 940 m³/s,最小洪峰流量发生在 1983 年,为 80.6 m³/s,最大含沙量在 900~1 200 kg/m³ 变化,汛期平均含沙量变化于 403~837 kg/m³(见图 4-17)。2016 年 8 月洪水洪德洪峰流量为 656 m³/s,沙峰含沙量为 916 kg/m³,汛期平均含沙量 741 kg/m³,均在历年范围内。沙峰含沙量和汛期平均含沙量趋势性变化不明显。

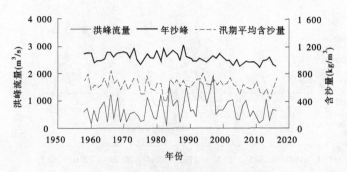

图 4-17 洪德站历年洪峰与沙峰过程

考虑历史洪水,1958—2016 年实测年最大洪峰流量按连续系列考虑,经洪水频率分析,得出 2016 年 8 月洪德洪峰流量 656 m³/s 的重现期为 2.1 a。

(二)降雨产沙关系

图 4-18 是洪德以上流域降雨产沙关系,2016 年降雨—沙量关系点位于 1977—1997 年点带中。

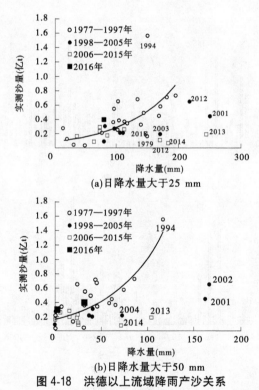

(a)日降水量大于 25 mm

(b)日降水量大于 50 mm

图 4-18 洪德以上流域降雨产沙关系

(三)洪水传播特点

2016 年 8 月洪水从马莲河洪德水文站,经庆阳水文站、雨落坪水文站传播到泾河张家山水文站,并一直往下游传播到渭河华县水文站。洪水在马莲河及渭河的传播过程见图 4-19、图 4-20。华县洪水的水量、沙量主要来自泾河,2016 年 8 月华县高含沙洪水水沙特点符合历史规律。

从历史洪水中筛选出与 2016 年 8 月相似的几场洪水,并对其在马莲河、泾河与渭河洪峰和沙峰的传播时间与衰减情况进行对比表明,"2016·8"洪水传播时间以及衰减规律与以往变化规律相符。

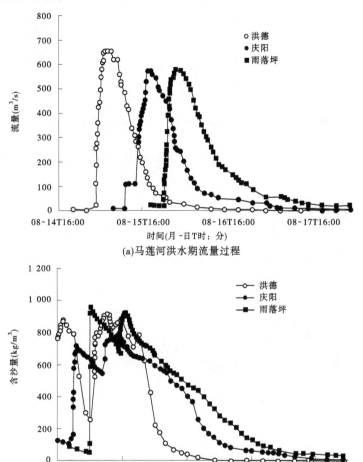

(a)马莲河洪水期流量过程

(b)马莲河洪水期含沙量过程

图 4-19　2016 年 8 月洪水期马莲河洪水过程

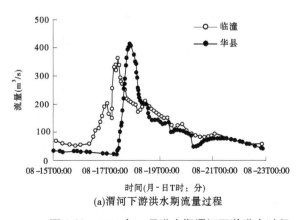

(a)渭河下游洪水期流量过程

图 4-20　2016 年 8 月洪水期渭河下游洪水过程

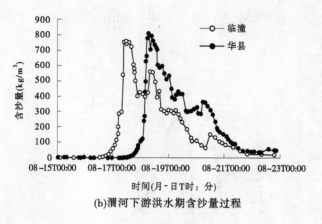

(b)渭河下游洪水期含沙量过程

续图 4-20

(四)洪水期冲淤情况

马莲河各水文站 2016 年 8 月高含沙洪水期水位流量关系见图 4-21。从水位图上来看,洪水在马莲河稍有淤积。

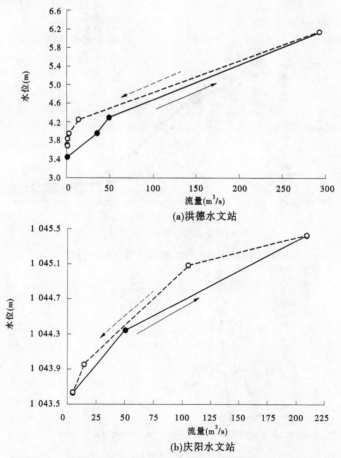

(a)洪德水文站

(b)庆阳水文站

图 4-21 马莲河各水文站 2016 年 8 月高含沙洪水期水位流量关系

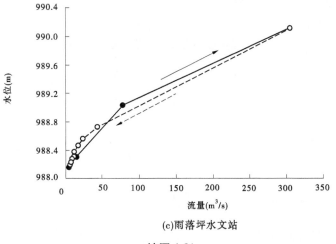

(c)雨落坪水文站

续图 4-21

  渭河下游各站 2016 年 8 月高含沙小洪水水位流量关系见图 4-22。"2016·8"洪水在泾河及渭河下游整体稍有淤积,尤其在落水期,华县水文站淤积略为严重。

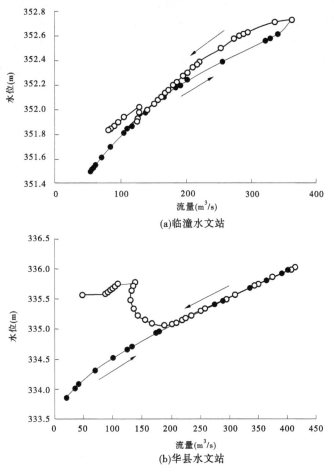

(a)临潼水文站

(b)华县水文站

图 4-22 渭河下游各站 2016 年 8 月高含沙小洪水水位流量关系

2016 年 8 月渭河下游高含沙小洪水沿程输沙量见表 4-7。对于 8 月高含沙小洪水，张家山—华县河段是淤积的。

表 4-7　张家山—临潼—华县河段冲淤变化

时段 (年-月-日)	水文站	平均流量 (m³/s)	平均含沙量 (kg/m³)	沙量 (万 t)	各河段沙量变化 (万 t)
08-16—21	张家山	133	750	3 088	952
	临潼	140	294	2 136	
	华县	110	278	1 558	578

断面冲淤量计算结果表明，渭河下游 2016 年汛期淤积 0.293 8 亿 m³。

（五）认识与建议

马莲河洪水表现出了与黄河流域中游其他支流不同的水沙特点，输沙量维持着较大值和较高的含沙量，与历史水沙特点基本相同。在流域水沙情势变化剧烈的背景下，泾河这一特例是非常值得关注和解析的，建议后期加强对于流域地质、地貌以及下垫面变化的研究，加强暴雨雨强对产沙影响的研究，为全面掌握黄河水沙情势变化打下坚实基础。同时，加强高含沙洪水在泾河张家山至临潼河段冲淤特性的研究。

第五章　关于近期开展黄河调水调沙的建议

一、关于 2017 年汛期调水调沙建议

(一)2016 年未开展调水调沙对小浪底水库的影响

受近期厄尔尼诺现象的影响,为了确保下游供水安全,2015 年汛前调水调沙期间小浪底水库运用水位较高。2016 年没有开展汛前调水调沙,汛期运用水位较高,最低水位 236.61 m,为近 10 a 最高(见图 5-1)。

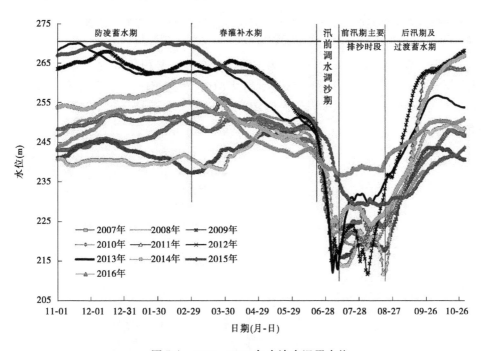

图 5-1　2007—2016 年小浪底运用水位

2016 年小浪底水库全年进、出库水量分别为 158.01 亿 m³、163.86 亿 m³。全年入库沙量为 1.115 亿 t,入库泥沙主要集中在汛期两场洪水,两场洪水入库沙量 0.877 亿 t,占年入库沙量的 79%。最大入库流量 2 310 m³/s(7 月 21 日),最大入库含沙量 183.3 kg/m³,大于 1 500 m³/s 的洪水共出现 3 d,水库全年未排沙。

水库排沙比与回水长度呈负相关关系。小浪底水库回水长度越长,越会减少明流段的冲刷量,增加壅水明流的输沙距离,弱化异重流潜入条件,加长异重流输沙距离,从而减小水库排沙比,降低水库排沙效果,甚至不能排沙出库。2016 年未进行汛前调水调沙,汛期运用水位较高,最低 236.61 m,对应回水末端达到 HH50 断面(距坝 98.43 km),见图 5-2。汛期来沙主要淤积在三角洲洲面,即使有少量泥沙运行至坝前,由于排沙洞没有及时开

启,水库全年未排沙。

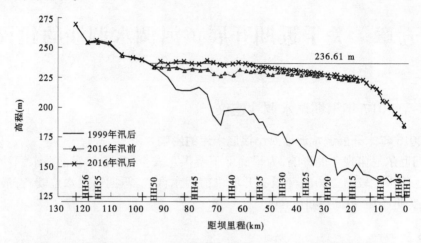

图 5-2　2016 年小浪底水库最低运用水位与地形对比

调水调沙能够明显减少库区细沙淤积比例,改善库区淤积物组成,提高水库拦沙效益。2016 年未排沙,库区淤积物中细沙比例高达 61%,与之相比,仅开展汛前调水调沙排沙、汛前和汛期调水调沙均排沙的年份淤积物中细沙比例明显降低,分别为 41%、39%(见图 5-3)。

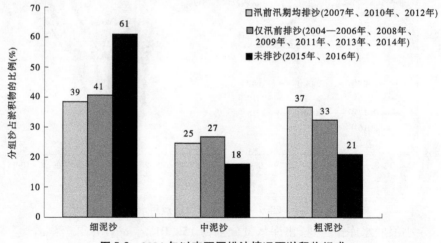

图 5-3　2004 年以来不同排沙情况下淤积物组成

通过分析小浪底水库历年进出库沙量及淤积量发现,2015 年、2016 年入库沙量分别为 0.501 亿 t、1.115 亿 t,连续两年水库未排沙;2014 年入库沙量 1.389 亿 t,出库沙量 0.266 亿 t。换句话说,近 3 a 入库沙量 3.005 亿 t,出库沙量 0.269 亿 t,排沙比 9%,排沙较少。

根据丹江口水库淤积物资料及小浪底水库模型试验结果,淤积物的干容重随泥沙淤积厚度的增加而变大,即淤积深度越深,其干容重越大,淤积体长时间受力固结,泥沙颗粒与颗粒之间已不是没有联系的松散状态,而是固结成整体,这样抗冲性能大,不容易被水流冲刷。所以从恢复库容来说,水库若长时间先淤后冲,不如水库运用到一定时间后,冲淤交替为好。

(二)2016 年未开展调水调沙对下游河道的影响

2016 年来水量仅 180 亿 m³,是近 10 a 来进入下游水量最小的年份。年均流量仅为
567 m³/s。花园口最大流量日均流量仅 1 630 m³/s,大于 1 500 m³/s 的天数仅 3 d(见
图 5-4)。

2016 年下游河道冲刷量为小浪底水库运用以来最小,冲刷量为 0.45 亿 t,分别为
2000—2016 年平均冲刷量 1.33 亿 t 的 34% 和 2007—2016 年平均冲刷量 1.06 亿 t 的
42%。2016 年汛期下游共冲刷泥沙 0.18 亿 t,仅为 2000—2016 年汛期的 19% 和 2007—
2016 年汛期的 25%(见表 5-1)。

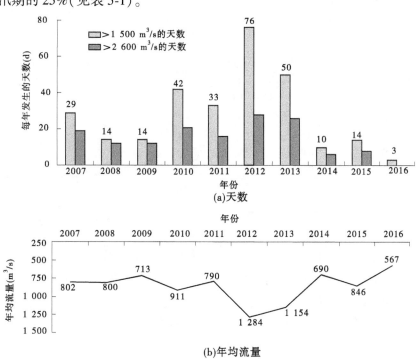

(a)天数

(b)年均流量

图 5-4 2007 年以来较大流量级出现的天数

表 5-1 2016 年冲刷量与近期比较

时段	2016 年冲刷量 (亿 t)	2000—2016 年		2007—2016 年	
		年均冲刷量 (亿 t)	2016 年占比 (%)	年均冲刷量 (亿 t)	2016 年占比 (%)
全年	-0.45	-1.33	34	-1.06	42
汛期	-0.18	-0.93	19	-0.71	25

2016 年艾山—利津河段,非汛期微淤,汛期微冲,全年基本不冲不淤。2015 年,不仅
非汛期淤积,汛期也发生了淤积,全年发生淤积。2014 年非汛期淤积,汛期冲刷,非汛期
淤积量大于汛期冲刷量,全年淤积。艾山—利津河段汛期一般发生冲刷,冲刷量与进入该

河段的水量有关,水量越大,冲刷量越大,非汛期则水量越大,淤积量越大(见图5-5)。从图5-5可以看出,当非汛期水量达到100亿~130亿m³时,下游淤积较多,而汛期相同水量时,下游河道发生冲刷。而从趋势上看(见图5-5),当非汛期水量大于200亿m³后,淤积量增幅减小。因此,在现状条件下,非汛期在满足下游灌溉需求条件下,还是应尽量减少进入下游的水量,汛期则相反,应尽量增加进入下游的水量。

2014—2016年,3 a内日流量大于2 600 m³/s的仅14 d,年均4.7 d。2007—2013年,日流量大于2 600 m³/s的天数年均19.1 d。大流量的缺失,是艾山—利津河段近3 a发生累计淤积的主要原因。

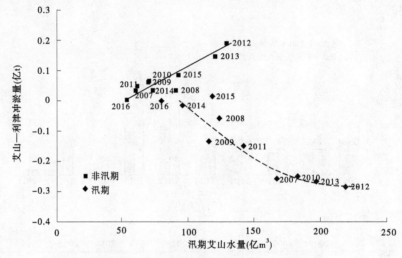

图5-5 艾山—利津河段冲淤量与水量关系

2014—2015年,艾山—利津河段发生了累计淤积,3 a共淤积0.116亿t,淤积绝对量较小。从泺口和利津两个水文站的近3 a年水位—流量关系图来看,2016年泺口小流量的水位较2014年略有抬升,与2015年基本相当;利津的水位—流量关系表现亦是如此(见图5-6)。

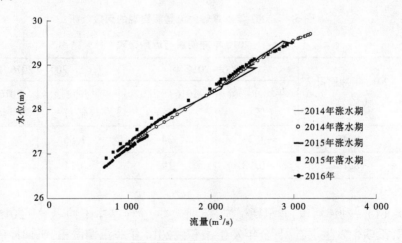

图5-6 利津水文站2014—2016年水位—流量关系变化

铁谢—花园口河段处于游荡性河道的上段,河势变化受水沙条件的影响相对更加明显,系统分析历年来主流线长度、弯曲系数的变化过程(见图5-7)。可以看出,在河道整治工程逐步完善的条件下,弯曲系数经历了"明显增大(1993—2000年)—明显减小(2011—2010年)—有所增大(2011—2016年)"的3个变化过程。

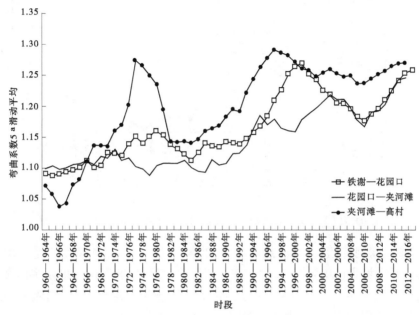

图5-7 游荡性河道弯曲系数历年变化过程

分析表明,花园口以上河道的主流弯曲系数与流量大小关系密切。与1 200 m³/s以下(见图5-8)天数同步变化,与2 600 m³/s以上天数反向变化(见图5-9)。

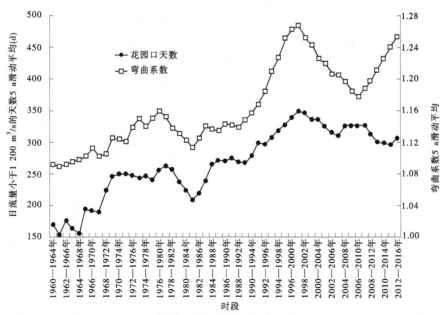

图5-8 花园口以上河段弯曲系数和花园口日流量小于1 200 m³/s天数变化过程

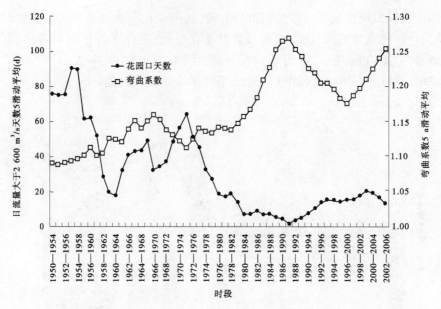

图 5-9 花园口以上河段弯曲系数和花园口日流量大于 2 600 m³/s 天数变化过程

清水冲刷使得河势趋直,弯曲系数减小(2000—2010 年)。长期小流量作用,使得河势坐弯,弯曲系数增大(2011 年以来)。在小浪底水库运用初期,由于前期主槽淤积严重,河道萎缩,因此清水冲刷趋直占主导作用;当下游冲刷到一定程度,冲刷粗化、河道展宽后,小流量坐弯作用增强,上升为主导作用。

2011 年和 2012 年,河道整治工程的上延下续增修,是 2011 年弯曲系数突然增加的重要原因。2011 年增加长度的工程包括铁谢险工、逯村控导、化工控导、大玉兰控导、金沟控导、东安控导、驾部控导、老田庵控导等。

近年弯曲系数的增加,则主要由于畸形河势的不断发展。目前高村以上河段,共有畸形河湾 5 个(见图 5-10、图 5-11),产生于 2012—2013 年,目前还在发展中。其中伊洛河口以上 2 处,分别为开仪—赵沟、裴峪—大玉兰;伊洛河口至花园口 2 处,分别为孤柏嘴—枣树沟、东安—桃花峪;花园口至夹河滩 1 处,为三官庙—韦滩。

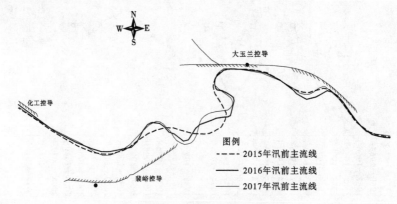

图 5-10 大玉兰畸形河势

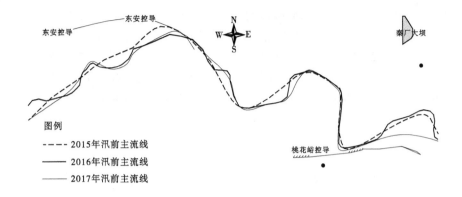

图例
- - - - 2015年汛前主流线
———— 2016年汛前主流线
———— 2017年汛前主流线

图 5-11　东安—桃花峪畸形河势

这 5 个畸形河湾弯曲系数也从 2015 年的 1.27~1.75,增加至 2017 年的 1.43~1.83,见表 5-2。由于 2016 年没有调水调沙,年均流量更加减小,为 567 m^3/s,小于 2014 年和 2015 年的 690 m^3/s 和 846 m^3/s。

表 5-2　黄河下游畸形河湾统计

年份	畸形河湾名称				
	开仪—赵沟	裴峪—大玉兰	孤柏嘴—枣树沟	东安—桃花峪	三官庙—韦滩
	弯曲系数				
2015	1.27	1.35	1.29	1.40	1.75
2016	1.37	1.45	1.34	1.47	1.84
2017	1.43	1.47	1.38	1.44	1.83
	河长(m)				
2015	5 747	9 097	10 515	12 989	10 749
2016	5 747	9 097	10 515	12 989	10 749
2017	5 747	9 097	10 515	12 989	10 749

根据前面实测资料和物理模型试验分析,弯曲系数与流量成反比,流量越小则小水河势摆动更加剧烈,河道弯曲系数增加,畸形河湾更加发展。因此,建议今后应进行调水调沙,以缓解畸形河势继续加重的现状。

(三)调水调沙的作用分析

小浪底水库的调水调沙分为汛前调水调沙和汛期调水调沙。汛前调水调沙的主要作用有两个:一是利用泄放清水大流量过程,冲刷下游河道,提高河道的排洪输沙能力;二是利用水库联合调度人工塑造异重流,减少水库淤积,提高水库减淤效益。汛期调水调沙主要是利用自然洪水,通过水库调度较好地将泥沙排出水库。

1.减缓小浪底水库淤积速度,提高拦沙效益,调整干流淤积形态

至 2016 年已进行了 19 次黄河调水调沙试验和生产实践。19 次调水调沙期间,小浪底水库进出库泥沙分别为 11.820 亿 t、6.197 亿 t,平均排沙比为 52.4%。

19 次调水调沙出库沙量占相应时段总出库沙量的 61%。其中,12 次汛前调水调沙小浪底水库进出库沙量分别为 5.292 亿 t、3.223 亿 t(见图 5-12),排沙比为 60.9%,出库沙量占调水调沙的 52.0%,汛前调水调沙异重流第一阶段出库沙量 1.722 亿 t,主要为小浪底库区前期淤积物,占汛前调水调沙出库沙量的 53.4%。7 次汛期调水调沙进出库沙量分别为 6.528 亿 t、2.974 亿 t,排沙比 45.6%,出库沙量占调水调沙的 48.0%。

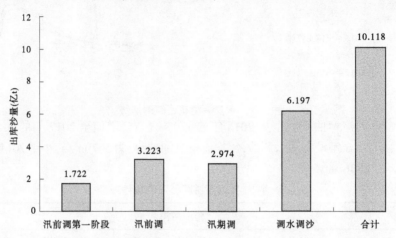

图 5-12　小浪底水库 2002—2016 年不同时段排沙对比

汛前调水调沙中、细泥沙排沙比分别为 37%、124%,汛期调水调沙分别为 18%、82%。虽然汛期调水调沙细泥沙排沙比低于汛前调水调沙,但总体也比较高。中、细泥沙对下游影响较小,淤积在库区减少了水库的拦沙库容,降低水库的拦沙效益。可见调水调沙对减缓水库淤积、提高水库的拦沙效益具有重要作用。

2004 年、2006 年汛前调水调沙证明,为了塑造下游河道协调的水沙关系,对入库泥沙进行调控时,即便板涧河口(距坝 65.9 km)以上峡谷段发生淤积甚至超出设计平衡淤积纵剖面,"侵占"了部分长期有效库容,在黄河中游发生较大流量级的洪水或水库蓄水为主人工塑造入库水沙过程时,利用该库段的地形条件,使水流冲刷前期淤积物,恢复占用的长期有效库容,相当于一部分长期有效库容可以重复用以调水调沙,做到"侵而不占"(见图 5-13),增强了小浪底水库运用的灵活性和调控水沙的能力,对泥沙的多年调节、长期塑造协调的水沙关系意义重大。

2. 调水调沙清水大流量过程显著增加了下游河道过流能力

低含沙水流在下游河道中的冲刷效率与流量大小密切相关(见图 5-14),大流量冲刷和长期清水冲刷,下游最小平滩流量达到 4 200 m³/s。同一时期内,流量越大,冲刷效率越大,2016 年没有大流量过程,因此冲刷效果很弱。

历次汛前调水调沙清水大流量阶段,下游各河段均发生显著冲刷,全下游共冲刷2.986 亿,占 2007—2015 年全下游总冲刷量的 28.2%。汛前调水调沙清水阶段下游各河段的累计冲刷量分别为 0.734 亿 t、0.831 亿 t、0.743 亿 t 和 0.678 亿 t,分别占 2007—2015 年各河段总冲刷量的 29.5%、15.9%、34.5% 和 93.8%,见表 5-3。

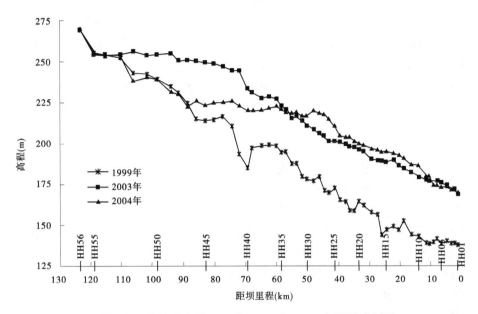

图 5-13　小浪底库区 1999 年、2003 年、2004 年汛后纵剖面

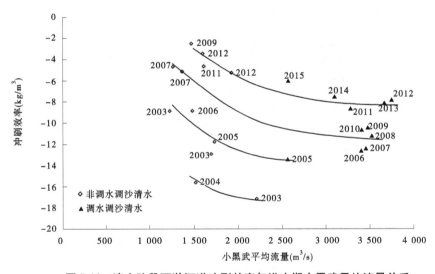

图 5-14　清水阶段下游河道冲刷效率与洪水期小黑武平均流量关系

表 5-3　2007—2015 年黄河下游各河段冲刷量统计　　　　（单位:亿 t）

类别	小浪底—花园口	花园口—高村	高村—艾山	艾山—利津	全下游
全年冲刷量	2.490	5.221	2.154	0.723	10.588
汛前调清水阶段冲刷量	0.734	0.831	0.743	0.678	2.986
汛前调清水阶段冲刷量 占全年比例(%)	29.5	15.9	34.5	93.8	28.2

汛前清水大流量过程对艾山—利津河段的作用更大。对于艾山—利津河段，汛前调水调沙清水大流量阶段的冲刷对该河段主槽过流能力的扩大具有决定性作用。这是由于艾山—利津河段具有非汛期淤积、汛期冲刷的特点，要想使该河段发生累计冲刷，汛期不仅要发生冲刷，而且冲刷量要明显大于非汛期的淤积量才行。因此，汛前调水调沙清水大流量过程，对增加艾山—利津河段的冲刷量、维持该河段过流能力不萎缩具有十分重要的作用。

3. 调水调沙期水库集中排沙对下游冲淤影响不大

1）汛前调水调沙异重流排沙阶段花园口以上河段发生淤积

2006 年以来，汛前调水调沙后期人工塑造异重流阶段，小浪底水库在较短时间内排泄大量泥沙，这些泥沙主要来自小浪底库区回水末端以上库段的冲刷和三门峡库区的冲刷。由于排沙量主要集中在短短的 24 h 左右，进入下游的含沙量很高，造成下游河道短时间内迅速淤积。

下游河道冲淤效率与平均含沙量的关系最好，呈线性增加关系（见图 5-15）。就已经开展的调水调沙而言，当平均含沙量小于 17 kg/m³ 时，下游河道发生冲刷，大于 17 kg/m³ 时则发生淤积。

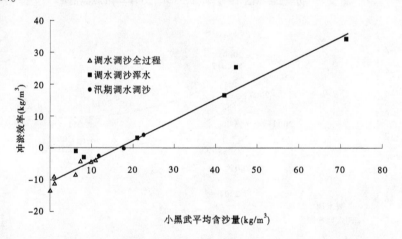

图 5-15　全下游冲淤效率与小黑武平均含沙量的关系

汛前调水调沙第二阶段人工塑造异重流排沙，虽然短历时集中排沙，下游河道发生淤积，淤积主要集中在花园口以上河段。但由于异重流出库泥沙较细，淤积的泥沙对下游河道的过流能力影响不大。这是因为：①花园口以上的平滩流量已经达到甚至超过 7 000 m³/s；②持续冲刷量条件下，床沙粗化，清水冲刷效率降低（见图 5-16）；③异重流排沙以中、细颗粒泥沙为主，这些淤积泥沙很容易在后期被清水小流量冲刷带走。

2）汛期调水调沙阶段下游河道冲淤情况

2005 年调水调沙转入生产运行以来，共开展了 5 次汛期调水调沙，其中 2007 年 1 次，2010 年和 2012 年各 2 次。5 次汛期调水调沙的总历时 49 d，进入下游的总水量 101.79 亿 m³，总沙量 1.864 亿 t，平均流量 2 637 m³/s，平均含沙量 17.3 kg/m³。汛期调水调沙期间，下游河道基本保持冲淤平衡，其中花园口以上河道发生明显淤积，其他河段冲刷，以高

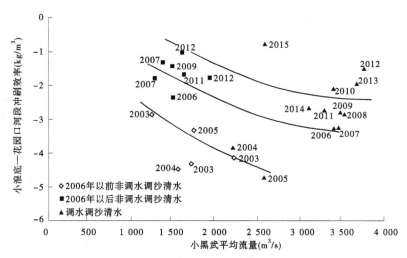

图 5-16　清水下泄过程花园口以上河道冲刷效率与平均流量关系

村—艾山河段冲刷最多,详见表 5-4。

表 5-4　历次汛期调水调沙生产运行情况统计

开始时间（年-月-日）	历时（d）	进出小浪底水库沙量（亿 t）		进入下游（小黑武）		下游河道冲淤量（亿 t）				
		入库	出库	水量（亿 m³）	沙量（亿 t）	花园口以上	花园口—高村	高村—艾山	艾山—利津	利津以上
2007-07-29	10	0.828	0.426	25.59	0.459 0	0.094 4	0.013 0	-0.075 6	-0.032 1	-0.000 3
2010-07-24	11	0.901	0.258	21.73	0.261 0	0.051 0	-0.040 0	-0.043 0	-0.018 0	-0.050 0
2010-08-11	11	1.092	0.508	20.36	0.486 6	0.170 0	-0.033 0	-0.047 0	-0.038 0	0.052 0
2012-07-23	6	0.380	0.124	13.69	0.105 9	-0.016 0	0.026 0	-0.007 0	0.007 0	0.010 0
2012-07-29	11	0.800	0.548	20.42	0.448 8	0.002 0	-0.015 0	-0.017 0	-0.012 0	-0.042 0
小计	49	4.001	1.864	101.79	1.761 3	0.301 4	-0.049 0	-0.189 6	-0.093 1	-0.030 3

4. 调水调沙清水大流量过程改善河口生态、增加湿地面积

从 2008 年调水调沙开始,考虑了生态调度目标,并采用了相应的调度方案向清水沟自然保护区湿地补水;2010 年开始并实现刁口河流路全线过水。至 2015 年调水调沙结束,累计向刁口河补水 15 963.6 万 m³,向清水沟补水 14 826.7 万 m³,补水后河口三角洲湿地水面面积累计增加 44.86 万亩。

汛前调水调沙补水在河口三角洲湿地取得了较好的效果,一是增加了湿地水面面积,有利于保护区植被的顺向演替和鸟类栖息地功能的恢复与改善;二是增加了河口地区地下水的淡水补给量,提高了地下水位,有利于防止海水入侵,减轻土壤盐渍化;三是增加了滨海的淡水补充,对河口近海地区水生生态环境的改善起到了积极的促进作用;四是大量泥沙进入河口地区和近海口洪水漫溢,有利于三角洲造陆过程,有效促进三角洲湿地植被的顺向演替。

(四)小浪底水库排沙需求

1. 汛期水库排沙比较低

根据2007—2016年水库运用情况及《小浪底水利枢纽拦沙后期(第一阶段)调度规程》,6月下旬至7月上旬一般进行汛前调水调沙生产运行,8月21日起水库蓄水位向后汛期汛限水位过渡,库水位相对较高,水库排沙机会较少。7月11日至8月20日库水位相对较低,是小浪底水库的主要排沙时段,2007—2016年该时段出库沙量占汛期的96.5%。

2007—2016年主要排沙时段入库沙量占汛期入库沙量的51.7%,而排沙比仅29.4%,汛期排沙比仅15.7%。为了减缓水库淤积速度,提高水库拦沙效益,需提高该时段排沙效果。

2. 水库无效淤积比重大

2007—2016年小浪底水库年均排沙比仅26.7%,细泥沙排沙比为38.7%,细泥沙占淤积物总量的43.9%,淤积比(分组泥沙淤积量与入库沙量之比)达到61.3%(见表5-5)。细泥沙大量淤积在库区,侵占了宝贵的拦沙库容,降低了水库的拦沙效益。

表5-5 2007—2016年小浪底水库进、出库沙量及淤积物组成

泥沙分组	入库沙量 (亿t)	出库沙量 (亿t)	淤积量 (亿t)	淤积物组成 (%)	排沙比 (%)	淤积比 (%)
细泥沙	1.154	0.447	0.707	43.9	38.7	61.3
中泥沙	0.466	0.081	0.385	23.9	17.4	82.6
粗泥沙	0.580	0.060	0.520	32.2	10.3	89.7
全沙	2.200	0.588	1.612	100	26.7	73.3

(五)下游河道排洪输沙需求

1. 下游持续冲刷床沙显著粗化

小浪底水库运用以来,随着冲刷的发展,河床不断发生粗化,是下游河道冲刷效率降低的主要因素。从1999年12月至2006年汛后,下游河道床沙不断粗化,各河段的床沙中数粒径均显著增大,花园口以上、花园口—高村、高村—艾山、艾山—利津以及利津以下河段床沙的中数粒径分别从0.064 mm、0.060 mm、0.047 mm、0.039 mm和0.038 mm粗化为0.291 mm、0.139 mm、0.101 mm、0.089 mm和0.074 mm。2007年以来各河段冲刷中数粒径变化较小,夹河滩—高村河段仍有一定粗化,艾山—利津河段也小幅粗化,到2016年汛后,高村以上河段床沙中数粒径达到0.145 mm以上,高村—泺口河段在0.1 mm左右,泺口以下河段在0.08 mm。

2. 下游冲刷效率明显降低

清水下泄过程中,下游冲刷效率与流量大小关系密切,随着平均流量的增加而增大。随着冲刷的发展,下游河床发生显著粗化,清水冲刷效率明显降低。2004年汛前调水调沙清水下泄过程下游河道的冲刷效率为14 kg/m^{3}左右,2015年汛前调水调沙冲刷效率降低为6.0 kg/m^{3}左右,不足2004年的一半。

可见,目前下游河道过流能力基本达到要求,对汛前调水调沙暂时没有迫切需求。

(六)2017年汛期调水调沙指标及方案

鉴于小浪底库区淤积状况和排沙需求,以及下游河输沙需求,建议2017年汛期利用

自然洪水适时开展汛期调水调沙,可以较高效地排出泥沙,减少水库淤积,尤其是细颗粒泥沙的淤积。

1. 小浪底水库对接水位不超过 222 m

调水调沙期间,小浪底水库排沙效果与运用水位密切相关。为了增大小浪底水库排沙效果,汛期调水调沙期间,建议小浪底水库运用水位不高于三角洲顶点 222 m。

2. 小浪底水库汛期运用水位不超过 230 m

汛期调水调沙小浪底水库预泄期间控制花园口站流量不大于 4 000 m³/s,黑石关、武陟 7 月 11 日至 8 月 20 日平均流量分别为 86 m³/s、40 m³/s,洪水前三门峡基流按 1 000 m³/s,则小浪底水库补水流量 2 874 m³/s。根据水文预报,2 d 预泄小浪底水库补水量 5.0 亿 m³,对应库水位 230 m。也就是说,为了增大汛期调水调沙期间小浪底水库的排沙效果,汛期运用水位不高于 230 m。

3. 调水调沙排沙历时为 2~4 d

小浪底水库洪水期排沙效果与入库水沙、水库调度、边界条件等因素密切相关。2004 年以来汛前调水调沙及汛期 6 场洪水表明,洪水初期,入库流量、含沙量均较大,入库输沙率大于 100 t/s 时的入库沙量占整场洪水比例较大,汛前调水调沙和汛期洪水入库输沙率大于 100 t/s 时的入库沙量分别占排沙期的 86%、82%。相对于整场洪水,输沙率大于 100 t/s 的洪水历时较短,一般 2~4 d。因此,水库在进行排沙运用时,洪水初期高含沙洪水进出库时,降低水位能达到很好的排沙效果。

4. 汛期调水调沙调节的洪水类型

潼关流量大于 1 500 m³/s 时小浪底水库入库沙量较多。汛期当潼关流量大于等于 1 500 m³/s 时,三门峡水库敞泄冲刷,三门峡水文站沙量一般增加。三门峡沙量主要集中在潼关水文站流量在 1 500~4 000 m³/s 的洪水期间,汛期主要排沙时段(7 月 11 日至 8 月 20 日)尤为集中;在来水相对较多的 2007 年、2010 年、2012 年、2013 年,汛期主要排沙时段潼关流量在 1 500~2 600 m³/s 时,潼关沙量超过 0.3 亿 t,而三门峡沙量更大,均在 0.8 亿 t 以上(见图 5-17)。2007—2016 年汛期主要排沙时段潼关出现流量连续 2 d 大于 1 500 m³/s 的机会并不多,仅 2007 年、2010 年、2012 年、2013 年、2016 年出现过。因此,当出现该洪水时应开展以小浪底水库减淤为目的的汛期调水调沙。

5. 2017 年汛期调水调沙方案

当预报潼关流量大于等于 1 500 m³/s 持续 2 d 时,小浪底水库开始进行调水调沙,塑造有利于下游输沙塑槽的洪水过程。小浪底水库按控制花园口流量 4 000 m³/s 提前 2 d 开始预泄。

若 2 d 内已经预泄到控制水位,根据来水情况控制出库流量。①来水流量小于等于 4 000 m³/s,按出库流量等于入库流量下泄。②来水流量大于 4 000 m³/s,控制花园口流量 4 000 m³/s 运用。

若预泄 2 d 后未到控制水位,根据来水情况控制出库流量。①来水流量小于等于 4 000 m³/s,仍凑泄花园口流量等于 4 000 m³/s,直至达到控制水位后,按出库流量等于入库流量下泄。②来水流量大于 4 000 m³/s,控制花园口流量 4 000 m³/s 运用。

根据后续来水情况,尽量将三门峡水库敞泄时间放在小浪底水库水位降至低水位(三角洲顶点以下)后,三门峡水库敞泄排沙时小浪底水库维持低水位排沙。当潼关流量

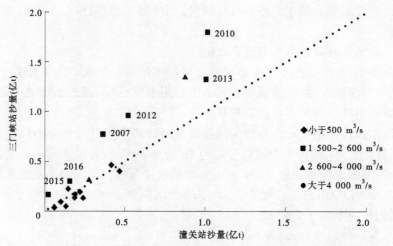

图 5-17 2007—2016 年潼关不同流量级下潼关、三门峡水文站沙量关系

小于 1 000 m³/s 且三门峡水库出库含沙量小于 50 kg/m³ 时,或者小浪底水库保持低水位持续 4 d 且三门峡水库出库含沙量小于 50 kg/m³ 时,水库开始蓄水,小浪底水库按满足灌溉、发电用水并考虑下游河道生态用水要求控制出库流量。

按上述调水调沙,小浪底水库出库水沙过程在初始是大流量清水过程,对维持下游河槽过流能力有利,后期是小水高含沙过程,会在黄河下游河道淤积,主要是淤积在花园口以上河段,可待下次调水调沙恢复。

调节指令执行框图见图 5-18。

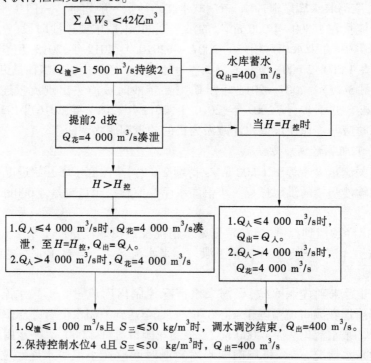

图 5-18 2017 年汛期较高含沙洪水小浪底水库调节指令执行框图

二、汛前、汛期调水调沙相结合的方式探讨

由于近年来流域产水产沙环境发生显著变化,年来水量和来沙量均显著减小,洪水发生频次显著减少、量级显著降低,汛期发生自然洪水的情况较少,且主要为中小洪水。小浪底水库全年入库沙量主要集中在汛期的1~2场洪水过程(如2016年),因此汛期利用小浪底水库入库泥沙相对较多的中小洪水,开展汛期调水调沙,可以有效地将泥沙排出水库,减少水库无效淤积。

目前,由于下游河道的最小过流能力已经达到4 000 m³/s的低限目标,减少水库淤积,延缓水库淤损速度,提高水库拦沙减淤效益,成为主要需求。以汛期调水调沙为主,结合汛前调水调沙,可以有效地达到这一目的。

(一)汛前、汛期调水调沙相结合的方式

为了高效利用水资源,减少小浪底水库的无效淤积,建议将汛期调水调沙与汛前调水调沙结合起来考虑:

(1)尽量利用汛期自然洪水,开展汛期调水调沙,将进入小浪底水库的泥沙排出水库。

(2)若第一年开展过汛期调水调沙,水库淤积泥沙较少,则来年可以不开展汛前调水调沙,最大限度地确保下游供水安全和水库发电。

(3)若第一年未开展汛期调水调沙,且水库持续淤积量(持续未排沙过程中的累积淤积量)达到一定量级,则来年必须开展汛前调水调沙人工塑造异重流排沙,将水库淤积的中、细颗粒泥沙冲刷排出水库,减少水库的无效淤积。

2012年和2013年的汛前调水调沙异重流排沙量均在0.6亿t以上,其中2012年为0.66亿t,因此设定未来汛前调水调沙异重流排沙阶段出库泥沙量为0.7亿t。出库泥沙中细颗粒泥沙约为70%,即0.5亿t。若进入小浪底水库的细颗粒泥沙,至少要排出50%,则水库持续淤积的细颗粒泥沙量应不超过1亿t。由于天然来沙中细颗粒泥沙约为50%,因此水库持续淤积量应不超过2亿t。

近年来潼关年均沙量在1亿t左右,甚至以下,那么持续淤积量达到2亿t,说明近1~2 a小浪底水库既没有开展汛期调水调沙,也没有开展汛前调水调沙。入库泥沙中除中、粗颗粒泥沙淤积外,细颗粒泥沙也都淤积在库区中,严重侵占了水库的有效库容,降低了水库的拦沙减淤效益。因此,需要开展汛前调水调沙,利用多库联合调度人工塑造异重流,冲刷小浪底水库排泄库区淤积的细颗粒泥沙。

(二)汛前调水调沙模式及指标

1. 汛前调水调沙模式

2015年咨询研究曾提出了2015年及近期汛前调水调沙的模式,即以人工塑造异重流排沙为主体、没有清水大流量泄放过程的汛前调水调沙与不定期开展带有清水大流量下泄的汛前调水调沙相结合模式,从而达到维持下游中水河槽不萎缩与提高水资源综合利用效益的双赢目标。

近年来,黄河水沙条件发生显著变化,黄河来沙量进一步减少;近3 a潼关沙量分别为0.69亿t、0.53亿t和1.04亿t,年均0.76亿t;小浪底水库入库沙量分别为1.41亿t、0.51亿t和1.11亿t,年均1.01亿t。

另外,为了达到减少小浪底水库的无效淤积、有效利用水资源、实现下游河道防洪安

全和河口生态健康等目的,在前期研究成果基础上,将异重流排沙过程的定期调,变为不定期调。

建议近期汛前调水调沙模式为:不定期开展清水大流量泄放过程和人工塑造异重流排沙过程相结合。

(1)不定期开展汛前调水调沙大流量清水泄放过程。当下游最小平滩流量在4 000 m³/s以上时,其模式为:没有清水大流量过程仅有人工塑造异重流排沙过程的汛前调水调沙模式。当下游最小平滩流量低于4 000 m³/s时,其模式为:带有清水大流量过程及人工塑造异重流的汛前调水调沙模式,清水流量以接近下游最小平滩流量为好,水量以下游需要扩大的平滩流量大小而定。

(2)不定期开展汛前调水调沙人工塑造异重流过程。当小浪底水库连续淤积超过2亿t(细颗粒泥沙连续淤积超过1亿t;若一次汛前调水调沙需排出60%的细颗粒淤积物,即0.6亿t,细颗粒占出库泥沙的80%,则单次汛前调水调沙冲刷出库0.75亿t),则启动汛前调水调沙人工塑造异重流排沙模式。排沙对接水位由三角洲顶点高程和库区淤积形态具体研究决定。

根据上述模式,可以组合成以下4种情况:

(1)第一阶段清水大流量过程、第二阶段人工塑造异重流排沙过程均开展的汛前调水调沙。下游河道的过流能力明显减小、最小过流能力不足4 000 m³/s,同时小浪底水库连续未排沙时段的淤积量达到2亿t以上。

(2)不开展第一阶段清水大流量过程,仅开展第二阶段人工塑造异重流排沙过程的汛前调水调沙。下游河道最小过流能力在4 000 m³/s以上,小浪底水库连续未排沙时段的淤积量达到2亿t以上。

(3)仅开展第一阶段清水大流量过程,不开展第二阶段人工塑造异重流排沙过程的汛前调水调沙。下游河道最小过流能力不足4 000 m³/s,同时小浪底水库连续未排沙时段的淤积量小于2亿t。

(4)不开展汛前调水调沙。下游河道最小过流能力在4 000 m³/s以上,且小浪底水库连续未排沙时段的淤积量小于2亿t。

2. 汛前调水调沙指标

1)第一阶段清水过程流量4 000 m³/s左右

水库拦沙期下泄清水阶段,下游河道的冲刷效率随着流量的增加而增大,当平均流量达到4 000 m³/s后,不再明显增加。近3 a,由于进入下游的水量较少、流量较小,下游河道的冲刷减弱,特别是艾山—利津河段发生累计淤积。为了维持下游河道的中水河槽过流能力,特别是艾山—利津窄河段的过流能力,建议近期开展汛前调水调沙,泄放清水大流量过程,冲刷下游河道。由于艾山—利津河段床沙组成相对较细,该河段较大来水的冲刷效率仍较高。综合来看,汛前调水调沙清水下泄过程流量,以接近下游最小平滩流量4 000 m³/s左右为佳。

2)第一阶段清水大流量过程历时6 d、水量20亿m³

从小浪底到河口,洪水演进时间为5~6 d。为了使得大流量全程不坦化,建议清水大流量过程维持6 d以上,以日均流量4 000 m³/s计算,需要水量20亿m³左右。为了增大艾山—利津河段冲刷量,在条件允许的情况下,可以适当增加清水下泄历时,增大进入下游的清水水量。

3）小浪底水库排沙对接水位满足排沙和下游供水需求

小浪底水库汛前调水调沙期的异重流排沙对接水位不仅决定了水库异重流排沙效果，还关系到主汛期黄河下游的供水安全。根据 2004 年以来 7 月、8 月下游用水及水库供水补水情况分析，对于一般来水年份，河道来水基本能够满足下游供水要求，小浪底水库补水量不超过 2 亿 m³。

小浪底水库异重流排沙阶段对接水位在三角洲顶点以下时，可产生溯源冲刷，显著增大水库的排沙效果。为了增大小浪底水库排沙效果，汛前调水调沙期间运用水位不高于三角洲顶点。

（三）汛期调水调沙指标及调度方案

汛期主要排沙时段入库泥沙集中在潼关中高含沙量小洪水，利用自然洪水开展汛期调水调沙可以有效排泄入库泥沙，减小水库淤积，提高水库的拦沙减淤效益。2007—2016 年小浪底水库年均排沙比仅 26.7%，细泥沙排沙比仅 38.7%；汛期主要排沙时段小浪底入库沙量集中在潼关流量大于 1 500 m³/s 连续 2 d 且含沙量超过 50 kg/m³ 的洪水过程，而该洪水出现机会不多，2007 年以来仅出现 5 场，5 场洪水入库沙量 6.287 亿 t，占该时段入库沙量的 83%。因此，为适应新形势下的水沙条件，延长小浪底水库的拦沙年限，提出前汛期适时开展以小浪底水库减淤为目的的调水调沙。

1. 汛期调水调沙指标

1）汛期小浪底水库运用水位满足排沙和预泄要求

调水调沙期间，小浪底水库排沙效果与运用水位密切相关。为了增大小浪底水库排沙效果，汛期调水调沙期间，建议小浪底水库运用水位不高于三角洲顶点。

汛期调水调沙小浪底水库预泄期间控制花园口流量不大于 4 000 m³/s，黑石关、武陟 7 月 11 日至 8 月 20 日平均流量分别为 86 m³/s、40 m³/s，洪水前三门峡基流按 1 000 m³/s，则小浪底水库补水流量 2 874 m³/s。根据水文预报，2 d 预泄小浪底水库补水量 5.0 亿 m³。也就是说，为了增大汛期调水调沙期间小浪底水库的排沙效果，汛期运用时三角洲顶点以上蓄水不超过 5.0 m³。

2）调水调沙排沙历时为 2~4 d

小浪底水库洪水期排沙效果与入库水沙、水库调度、边界条件等因素密切相关。2004 年以来汛前调水调沙及汛期 6 场洪水表明，洪水初期入库流量、含沙量均较大，入库输沙率大于 100 t/s 时的入库沙量占整场洪水比例较大，汛前调水调沙和汛期洪水入库输沙率大于 100 t/s 时的入库沙量分别占排沙期的 86%、82%。相对于整场洪水，输沙率大于 100 t/s 的洪水历时较短，一般 2~4 d。因此，水库在进行排沙运用时，洪水初期高含沙洪水进出库时，降低水位能达到很好的排沙效果。

2. 汛期调水调沙方案

当预报潼关流量大于等于 1 500 m³/s 持续 2 d 时：

（1）若当年开展过汛前调水调沙人工塑造异重流过程：三门峡水库开展过敞泄排沙。当潼关含沙量大于 50 kg/m³ 时，小浪底水库开始进行调水调沙。

（2）若当年未开展过汛前调水调沙人工塑造异重流过程：三门峡水库没有开展过敞泄排沙。无论潼关含沙量大小，小浪底水库开始进行调水调沙。

第六章 对调整桃花峪—花园口河段河势的建议

一、问题的提出

小浪底水库2000年投入运用以来,长期持续清水小水、水流含沙量低,与现有微弯型河道整治设计条件(4 000 m³/s中水流量、较高含沙量)差异很大,同时受黄河干流浮桥路基和桥头、桥梁施工残留道路、其他民间护岸工程等局部条件的影响,部分河段河势上提下挫,明显偏离了设计治导线。较为突出的河段有"伊洛河口—孤柏嘴""桃花峪—花园口""九堡—黑岗口"等3个河段。

去年咨询研究较为系统地分析了游荡性河段因长期小水送溜不力所导致的畸形河势的类型,并结合老京汉铁路桥(类似宽顶堰)对河势影响的分析,提出了"拆除老京汉铁路桥治导线范围内遗留桥墩、稳定桃花峪—花园口龙头河段河势的建议"。通过2016年汛期的进一步勘察与分析,并经多次讨论,现再次提出较为具体的认识和建议。

二、主要认识

(一)长期持续小水,河势更易于向弯曲方向发展

实测资料分析、概化模型试验均表明,主溜弯曲系数随流量减小呈明显的增大趋势(见图6-1)。小浪底水库投入运用以来,由于长期小水送溜不力,在长约5 km的顺直送溜段内,在主溜没有送达下游控导工程导溜段之前,主溜提前坐湾,河势更加趋于向弯曲性方向发展。若主溜向上游方向坐湾,则河势明显上提并易于出现控导工程两次靠河(呈M形河势),如花园镇—开仪、赵构—化工、裴峪—大玉兰等;若向下游方向坐湾,则河势下挫,并易于出现控导工程下首靠河(呈S形河势)甚至是控导工程下首的滩地坐湾导溜,如孤柏嘴—驾部—枣树沟;部分河段甚至存在形成畸形河湾的可能,如东安—桃花峪河段(见图6-2)。

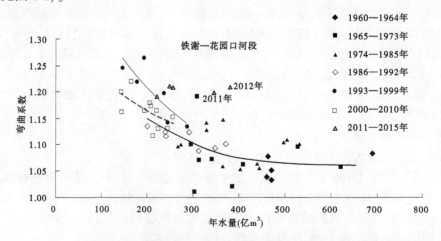

图6-1 花园口以上河段弯曲系数与年水量关系

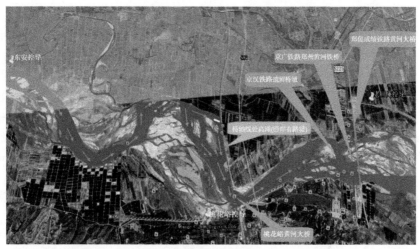

图 6-2 东安控导工程送溜不力致使下游出现畸形河湾

该河段畸形河湾属于较为典型的主溜提前向下游方向坐湾的类型。由于长期小水，东安控导工程(沁河口)送溜不力，同时受右岸(桃花峪上游)万亩鱼塘局部民间护滩工程、左岸临时应急抢险工程、郑云高速黄河大桥桥墩及施工路基等方面的影响，东安—桃花峪河段原规划的顺直河段出现了明显的 S 形畸形河湾(见图 6-2)，河势以近乎"横河"的方式顶冲桃花峪控导工程，桃花峪控导工程下首靠河，送溜能力显著降低。为保障防洪安全、配合对桃花峪—花园口河段龙头河势的调整，很有必要通过挖河疏浚措施、调整畸形河势，使逐渐趋于设计治导线方向发展。

与此形成鲜明对比的是，在长期持续小水清水条件下，桃花峪—花园口河段却明显趋于顺直方向发展(见图 6-3)，与规划治导线之间差别很大，其间的老田庵、保合寨、马庄、花园口等连续 4 处控导工程均相继脱河，对河道防洪、沿程引水造成了较大的影响。

图 6-3 桃花峪—花园口河段河势

（二）老京汉铁路桥、京广铁路桥桥墩及周边抛石对河势的显著影响

小浪底水库运用前,本河段河道以淤积为主,桥墩周边抛石被淤埋在主槽河底以下,其侵蚀基面作用及其对河势的影响还不太明显。

分析桥位上下游水面线变化、水位落差变化过程(见图6-4)可以看出,直至2003年秋汛洪水过后(自2004年开始),老桥桥墩下游的水面比降才开始较上游水面比降明显增大,桥墩及周边抛石开始发挥"类似宽顶堰"的"梳篦"作用。到2013年以后桥位上下游水位落差已经较为明显,2013年、2014年、2015年、2016年10月河道断面测验时的水位差已达到0.24 m、0.33 m、0.71 m、0.56 m(相应流量分别为1 060 m³/s、421 m³/s、298 m³/s、428 m³/s),桥墩阻水、跌水作用及其对下游河势的影响更加直接甚至起到了决定性的作用。随着主槽的冲刷下切,桥墩及周边抛石对河势的控制作用将会进一步增大。

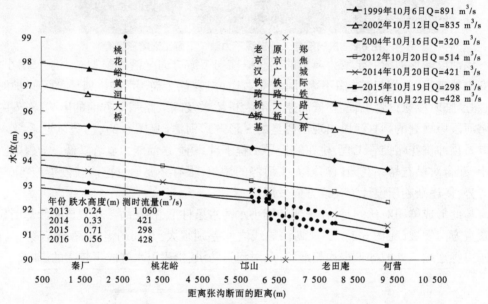

图6-4　京汉铁路遗留桥墩处上下游水位差值

进一步分析桃花峪—老田庵河段河势与规划治导线的关系(见图6-5)表明:主流出桃花峪控导工程送溜段以后,虽送溜能力较弱,但主溜方向仍然与规划治导线较为一致。主要受老京汉铁路、原京广铁路郑州黄河铁桥遗留桥墩的影响,在其下游主流分散为两股,在桥群处形成较大心滩,其中主溜沿右岸滩地流至老田庵控导工程尾端,老田庵控导工程没有起到导溜、送溜的作用,并进而导致连锁反应,如老田庵控导工程以下的保合寨控导、马庄控导、花园口险工均不靠溜,东大坝下延靠回溜。

(1)老京汉铁路遗留桥墩及周边抛石起到了类似于宽顶堰"梳篦、分散"主溜的作用(见图6-6)。小浪底水库投入运用以前本河段总体处于持续淤积抬升状态,遗留桥墩及周边抛石对河势的影响相对较小。小浪底水库投入运用后,随着河道的持续冲刷,遗留桥墩及周边抛石对其上游河道的"局部侵蚀基准面"作用,对桥位附近水流的"梳篦、分散"作用逐步显现,并持续增强。

(2)随着本河段河道的进一步冲刷下切,未来遗留桥墩及周边抛石的宽顶堰作用将会进一步增强,下游河势将进一步趋于顺直方向发展。

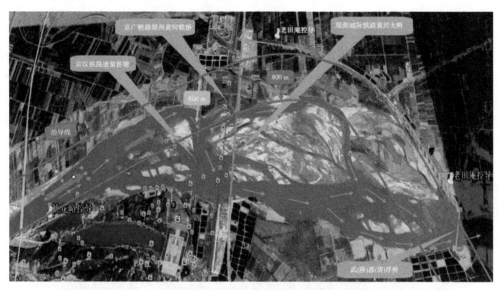

图 6-5 桃花峪控导工程至老田庵控导工程之间卫星图片

图 6-6 老京汉铁路遗留桥墩及周边抛石对主溜的"梳箅、分散"作用

三、建议

结合"郑焦客专黄河铁路大桥"项目的专项补偿工程建设,优先安排老京汉铁路桥、原京广铁路桥治导线范围内遗留桥墩及周边抛石的拆除工作,稳定桃花峪—花园口龙头河段河势,首先使桃花峪—老田庵控导工程之间河势趋于规划治导线方向发展,使老田庵控导工程适应不同方向的来溜,具有足够的导溜、送溜能力。同时结合必要的"挖河疏浚、切滩导流"等措施,逐步使保合寨、马庄、花园口控导工程(险工)等逐步按规划设计方案靠河(见图6-7)。争取在较短的时间内形成桃花峪—老田庵—保合寨—马庄—花园口河段较好的"一弯导一弯"的局面。

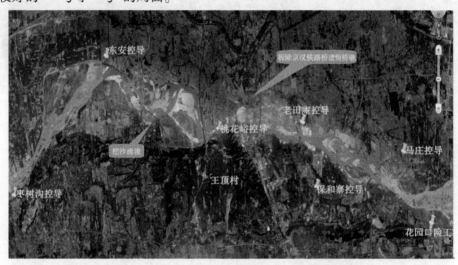

图6-7 东安至花园口控导工程部分河段局部挖沙疏浚示意图

在实施步骤上,建议:

(1)在治导线范围内对阻水桥墩及抛石进行彻底清理,解决桃花峪—花园口河段的入流(龙头)河势问题。首先拆除老京汉铁路桥、原京广铁路桥桥位处治导线范围内偏左岸600 m(较设计治导线窄200 m)范围内的遗留桥墩及周边抛石(见图6-6),提高老田庵迎溜段靠溜概率,然后根据老田庵控导工程的实际靠河导流情况,再具体确定后200 m的拆除部位。

(2)为保证龙头河势得到初步控制后对本河段河势的调整效果,建议同步对东安—桃花峪控导工程间的S形畸形河湾,对京汉铁路桥拆除"豁口"到老田庵控导工程迎溜段之间的河道进行"挖河疏浚"(见图6-7),调整桃花峪控导工程迎溜角度,保障老田庵控导工程的"迎溜—导溜—送溜"效果;并根据河势调整情况,对保合寨、马庄、花园口控导工程前也辅以"挖河疏浚、切滩导溜"等措施,加强整治效果。

第七章 近 50 a 宁蒙河道风沙入黄量及未来发展趋势

一、问题的提出

未来水沙趋势是制约工程建设的关键因素之一。宁蒙河道来沙中部分来自于流域内沙漠(沙地)的风积沙,由于这部分泥沙粒径较粗,水流难以输送,对河道淤积量影响较大,因此成为反对黑山峡工程一级高坝建设人员的依据,认为加强沙漠治理即可解决宁蒙河道淤积问题,不必要大库容调节水流,建议修建多级低坝。由此入黄风积沙量的多少成为争议的焦点,但是目前对风沙的研究基础还比较薄弱,并且长期以来风沙入黄量的研究成果各家相差较大,量值在 160 万~5 321 万 t(见表 7-1),存在较大分歧和争议,因此需要搞清宁蒙河道风沙入黄量及变化特点,并对未来发展趋势做出评估。

表 7-1 宁蒙河段入黄风积沙量已有研究成果

研究者	计算河段范围	分析时段	风沙年均入河量(万 t)	采用方法	备注
杨根生(中科院兰州沙漠研究所,1988)	沙坡头—河曲段(宁蒙河段干流)	20 世纪 80 年代以前	5 321	数理统计	(包括塌岸489.9 万 t)
中科院沙漠所黄土高原考察队(1991 年 3 月)	蒙河河段干流	1971—1980 年	4 555	实测数据估算	
方学敏(黄科院,1993)		20 世纪 60—80 年代	2 190	沙量平衡法	
杨根生和拓万全(中科院寒旱研究所)(2004)	内蒙古河段(石嘴山—头道拐)	1954—2000 年	2 500	沙量平衡法	
拓万全(中科院寒旱研究所2013)	乌兰布和沙漠段(石嘴山—巴彦高勒)	2011—2013 年	2 863	实地观测	
杜鹤强 973 计划项目(2015)	宁蒙河段干流	1986—2013 年	1 514	IWEMS 模型与 RWEQ 模型	

风沙研究成果	计算河段范围	分析时段	风沙年均入河量(万 t)	采用方法	备注
黄河设计公司	宁蒙河段干流	1991—2012 年	1 685	沙量平衡法	
		1991—2000 年	2 132	滩地淤积剥离法	
		2000—2012 年	1 102		
北京大学	宁蒙河段干流(包括支流未控区)	1981—1990 年	2 486	数学模型	
		1991—2000 年	2 074		
		2001—2014 年	628		
		1981—2014 年	1599		
黄科院公益性项目	石嘴山—巴彦高勒	2014—2016 年	160	实地观测	

本书采用中国科学院西北生态环境资源研究院(原中国科学院寒区旱区研究所)建立的风沙数学模型 IWEMS(Integrate Wind Erosion Modeling System)模型和 RWEQ(Revised Wind Erosion Equation)模型,分别对黄河宁蒙河段流域内的非农业用地和农业用地的风蚀模数和风沙入黄(河)量进行估算。IWEMS 计算共包括三个关键步骤:①摩阻起动风速 u_{*t} 计算环节;②跃移风蚀量的计算;③风沙入黄量的计算。RWEQ 模型应用 2 m 高度的风速对风蚀量进行估算,下风向风沙的实际传输量可根据最大沙粒释放量和传输距离进行计算。

该数学模型利用在乌兰布和沙漠实地观测的资料进行验证,实地监测体系见图 7-1、图 7-2,共有 22 个观测点,土地利用类型分别为草地、灌木林地、耕地、沙地和林地。验证结果均方根误差在 0.009~0.048,平均离差绝对值 $|R_e|$ 在 5%~17%,验证结果适用于黄河上游风积沙量的研究。以模型为基础开展了宁蒙河道长系列干流风沙入黄量、典型支流风沙入河量和影响因素定量分析以及风沙入黄量未来发展趋势预测。

图 7-1　不同方向和下垫面风沙监测体系

续图 7-1

图 7-2 不同高度和部位野外风沙监测体系

二、主要认识

(一)宁蒙河道干支流长系列入黄(河)风沙量

根据宁蒙河道干支流长时期(1965—2014 年)逐年风沙量变化过程分析(见图 7-3),干支流风沙量均呈减小的趋势。从量值上来看(见表 7-2),长时期宁蒙河道干流风沙量为 1 023 万 t,支流清水河、十大孔兑风沙量分别为 65 万 t 和 596 万 t。从时期分布来看,1965—1985 年风沙量较大,其后风沙量有所减小,以干流为例,干流 1965—1985 年平均风沙量达 1 477 万 t,到 2006—2014 年平均风沙量仅有 478 万 t。

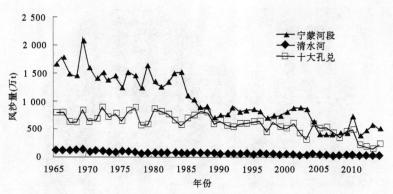

图 7-3　黄河 1965—2014 年宁蒙河段干支流逐年入黄风沙量

表 7-3　宁蒙河道各时期干支流平均风沙入黄量

时段	年均风沙量（万 t）		
	干流	清水河	十大孔兑
1965—1985 年	1 477	89	718
1986—2005 年	791	55	586
2006—2014 年	478	31	335
1965—2014 年	1 023	65	596

从空间分布上来看,宁蒙河道干流风沙量主要集中在石嘴山—巴彦高勒河段(乌兰布和沙漠),达到 558 万 t(见表 7-3),占总量的 54.6%;其次是巴彦高勒—三湖河口河段(库布齐沙漠的西部地区),入黄风沙量为 269 万 t,占总量的 26.3%;宁夏两个河段风沙量相对较小,分别为 80 万 t 和 116 万 t,占总量比例为 7.8% 和 11.3% 。

表 7-3　1965~2014 年宁蒙河道干流各河段年均入黄风沙量

河段	风沙量(万 t)	各河段占总量比例(%)
下河沿—青铜峡	80	7.8
青铜峡—石嘴山	116	11.3
石嘴山—巴彦高勒	558	54.6
巴彦高勒—三湖河口	269	26.3
全河段	1 023	100

从宁蒙河道年内风沙分布来看,风沙主要集中在冬季和春季,主要是 3—5 月和 11月、12 月。从量值上来看(见表 7-4),3—5 月的风沙量为 127 万 t、180 万 t、138 万 t,合计占全年风沙量的 43.5%;11 月、12 月风沙量分别为 85 万 t、77 万 t,分别占全年的 8.3% 和7.5%;其他各月风沙量较小,占全年风沙量的 8% 以下。

表 7-4　宁蒙河道长时期 1965—2014 年多年平均逐月风沙量

月份	风沙量(万 t)	占全年比例(%)
1	63	6.2
2	76	7.4
3	127	12.4
4	180	17.6
5	138	13.5
6	80	7.8
7	59	5.8
8	47	4.6
9	38	3.7
10	53	5.2
11	85	8.3
12	77	7.5
1—12 月	1 023	100

(二)近期风沙量减少原因

1. 下垫面变化

图 7-4 为黄河宁蒙河段 1970 年、2010 年两期土地利用类型空间分布情况。与 1970 年相比,2010 年宁蒙河段土地利用方式的转变主要为未利用土地的减少,林地、草地、耕地和居民点的增加(见图 7-5),未利用土地由 56 299.25 km² 减少到 38 049.1 km²,减少了 32.42%;林地由原来的 3 700.82 km²,增加至 6 009.11 km²,增加了 62.73%,草地由 47 137.67 km²,增加到 52 102.48 km²,增加了 10.53%,居民点面积则增加了 55.64%,耕地面积增加了 44.36%。

河道边界的变化对风沙入黄量影响也较大。对比乌兰布和沙漠段堤防情况(见图 7-6),可以看到,1991 年除了三盛公库区围堤和导流堤,仅有零星堤防存在,而到了 2014 年,该河段左岸、右岸分别有 33.806 km、21.841 km 的围堤和导流堤。

下垫面中植被变化对风沙入黄量影响很大。图 7-7 为宁蒙河段流域内 1986—1995 年、1996—2005 年和 2006—2014 年 3 个时期植被覆盖度空间分布,可以看到地表植被覆盖度有所增加,逐年呈增加趋势(见图 7-8),并且从不同植被覆盖度土地占比来看(见表 7-5),主要表现在裸地的减少和低覆盖度植被的增加,裸地比例由 1986—1995 年的 55.64% 减少到 2006—2014 年的 18.41%;低覆盖度植被比例由 1986—1995 年的 43.7% 增加到 2006—2014 年的 77.27%;中低覆盖度植被、中覆盖度植被比例也有不同程度的增加。

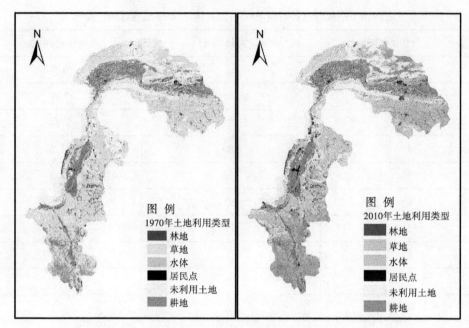

图 7-4 黄河宁蒙河段 1970 年、2010 年两期土地利用类型空间分布

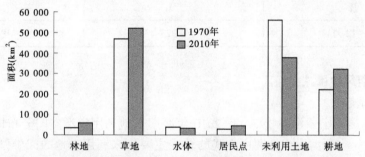

图 7-5 黄河宁蒙河段 1970 年和 2010 年两期土地利用类型面积变化

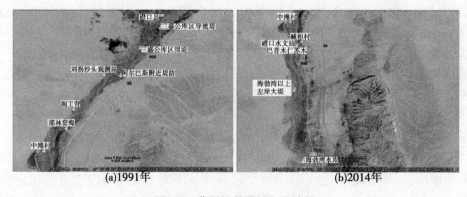

图 7-6 典型河段围堤和导流堤

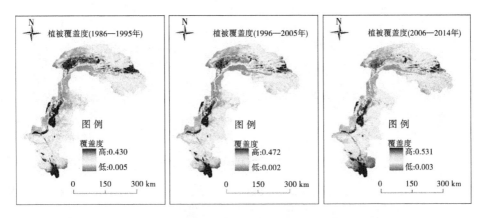

图7-7 黄河宁蒙河段流域内三个时期植被覆盖度空间分布

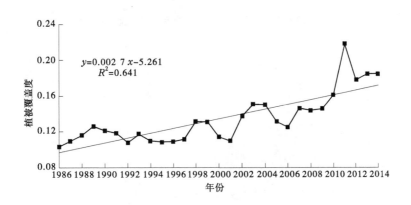

图7-8 黄河宁蒙河段平均植被覆盖度年际变化

表7-5 不同时期黄河宁蒙河段不同植被覆盖度土地占比

植被覆盖度	不同时段占比(%)		
	1986—1995年	1996—2005年	2006—2014年
裸地	55.64	34.16	18.41
低覆盖度植被	43.70	63.04	77.27
中低覆盖度植被	0.66	1.21	4.01
中覆盖度植被	0	0.03	0.30

2.气候变化

统计宁蒙河道干流区域14个、清水河沿岸2个、十大孔兑区域5个气象站的长系列风速数据发现,风速呈明显降低的特点(见图7-9、图7-10)。以乌兰布和沙漠所在的临河站为例,逐年最大风速和平均风速都降低了,在20世纪80年代以前,最大风速可以达到20 m/s,而2006年之后,最大风速只有8.3 m/s。

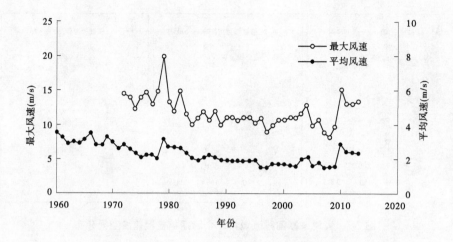

图 7-9　临河站(乌兰布和沙漠)逐年最大风速、平均风速

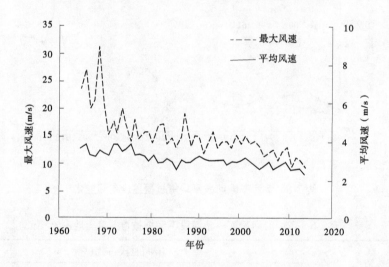

图 7-10　东胜站(十大孔兑)逐年最大风速、平均风速

3.土地利用方式与气候变化对风沙入黄影响量的敏感性分析

以 1965—1974 年为例代表较差气候条件,以 2005—2014 年为例代表较好气候条件,以 1970 年下垫面代表较差土地利用方式,以 2010 年下垫面代表较好土地利用方式,计算不同气候和下垫面组合下的干流风沙入黄量,以分析各因素变化对近期风沙入黄量减少的定量(见表 7-6)。可以看到,相同土地利用方式条件下,气候的影响量为 541 万 t,所占比例为 48.6%;相同气候条件下,土地利用的影响量为 571.2 万 t,所占比例为 51.4%。从分河段来看(见表 7-7),宁夏河段风沙量主要是受气候影响,气候影响所占比例为 75.5%~82.1%,石嘴山—巴彦高勒河段气候影响与土地利用方式影响基本相当,而巴彦高勒—三湖河口主要是受土地利用方式影响,占 71.8%。

表 7-6 宁蒙河段风沙量影响因素定量计算

编号	类型	影响量 （万 t）	下垫面的影响量 （万 t）	气候的影响量 （万 t）	占变化总量的比例 （%）
组合 1	差下垫面+差气候	1 581.8			
组合 2	差下垫面+好气候	1 039.7			
组合 3	好下垫面+差气候	1 069.9			
组合 4	好下垫面+好气候	469.7			
组合 1-组合 2	差下垫面条件下气候的影响	542.1	571.2		51.4
组合 3-组合 4	好下垫面条件下气候的影响	600.2			
组合 1-组合 3	差气候条件下下垫面的影响	511.9		541	48.6
组合 2-组合 4	好气候条件下下垫面的影响	570			

表 7-7 各河段各因素影响所占比例 （%）

项目	下河沿—青铜峡	青铜峡—石嘴山	石嘴山—巴彦高勒	巴彦高勒—三湖河口
气候影响	75.5	82.1	47.2	28.2
土地利用方式影响	24.5	17.9	52.8	71.8

（三）风沙量变化趋势分析

以前面风沙入黄量影响因素分析成果为基础,设定宁蒙河道未来气候和下垫面情景,预测未来干流入黄风沙量。

1. 方案设置气候变化

若认为未来 20 a 的气候情景与近期 20 a 气候变化最为相似,则直接采用 1995—2014 年气候条件。

2. 下垫面变化

按照目前的河道边界看:考虑到宁蒙河道近期的堤防、渠道等边界不会有太大变化,在对黄河宁蒙河段的实地考察中了解到,出于当地经济发展需求,当地政府把沿河沙地(裸地)承包给私人开发,将沿河沙地开垦为耕地;考虑内蒙古地区正在实行禁牧政策,同时沙漠治理仍有一定的潜力;已有研究成果表明,当植被覆盖度超过 30% 时,风蚀过程基本可以得到抑制。因此,下垫面类型主要考虑未利用土地、耕地和植被(草地),变化指标为面积和覆盖度。

设置以下三种方案(见表7-8):

(1)植被增加情景方案。加强草地治理,平均将草地植被覆盖度增加10%,其中中覆盖度草地变为高覆盖度草地,使植被覆盖度达到30%,不发生风蚀;低覆盖度草地覆盖度增加10%;草地、未利用土地和耕地面积均不变。

(2)沿河耕地增加情景方案。乌兰布和沙漠河段(石嘴山—三湖河口段)沿河10%的未利用土地(主要为沙地和裸地)转变为耕地,耕地面积相应增加,草地面积及覆盖度均不变。

(3)植被与耕地同时增加情景方案。石嘴山—三湖河口段10%沿河未利用土地转变为耕地;中覆盖度草地变为高覆盖度草地,覆盖度达到30%;低覆盖度草地覆盖度增加10%。

表7-8 不同情景条件下方案设置

方案	变化指标	未利用土地	耕地面积	植被(草地)	
				中覆盖度	低覆盖度
植被增加(方案1)	面积	不变	不变	不变	不变
	覆盖度			增加10%,达到30%	增加10%
沿河耕地增加(方案2)	面积	石嘴山—三湖河口段沿河沙地裸地减少	石嘴山—三湖河口段沿河面积增加10%	不变	
	覆盖度	不变	不变		
植被和耕地同时增加(方案3)	面积	石嘴山—三湖河口段沿河沙地裸地减少	石嘴山—三湖河口段沿河面积增加10%	不变	
	覆盖度	不变	不变	增加10%,达到30%	增加10%

3. 计算结果

计算结果(见表7-9)表明,方案1和方案2相差不大,分别减少到471.2万t和480.5万t,入黄量减少25.3%和23.9%,说明增加沿河耕地面积和增加植被方案的减沙效果基本相同;方案3情景下宁蒙河段入黄风沙量减少到378.8万t,较现状的631.1万t减少40.0%。从各河段变化来看,主要减少在石嘴山—巴彦高勒河段,减少比例为49.2%;其他河段减少比例为20.2%~33.8%。

从宁蒙河道干流风沙入黄量的过去、现状和未来来看(见图7-11),长时期宁蒙河道风沙量变化比较大,20世纪80年代以前风沙量确实比较大,其后呈明显的持续减少趋势;近期可以说是比较好的气候和下垫面条件,非常有利于风沙量的减少,风沙量较小;在气候条件不发生大的改变情景下,未来风沙量仍有一定幅度的减少。但是,预测表明,在气候条件较好的情景下,即使多种下垫面治理措施共同开展,干流风沙入黄量未来仍维持在300万~400万t,若气候条件转坏,风沙量还会增加,对河道淤积仍有一定影响,因此风沙入黄量的研究和治理不可忽视。

表 7-9　对比 1995—2014 年三种情景下风沙入黄量及减小率

河段	项目	现状（1995—2014 年）	三种情景方案		
			植被增加方案（方案 1）	沿河耕地增加方案（方案 2）	植被和耕地同时增加方案（方案 3）
下河沿—青铜峡	入黄风沙量（万 t）	55.9	47.4	50.6	44.6
青铜峡—石嘴山		71.5	54.9	61.5	49.5
石嘴山—巴彦高勒		317.1	233.0	207.9	161.2
巴彦高勒—三湖河口		186.6	135.9	160.5	123.5
全河段		631.1	471.2	480.5	378.8
下河沿—青铜峡	与 1995—2014 年相比变化率（%）		−15.3	−9.5	−20.2
青铜峡—石嘴山			−23.2	−14.0	−30.7
石嘴山—巴彦高勒			−26.5	−34.4	−49.2
巴彦高勒—三湖河口			−27.1	−14.0	−33.8
全河段			−25.3	−23.9	−40.0

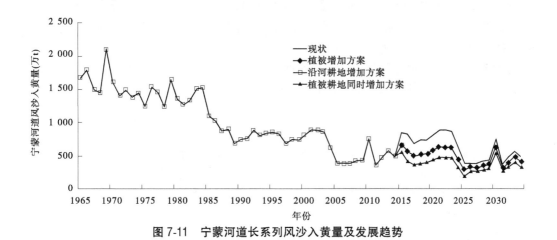

图 7-11　宁蒙河道长系列风沙入黄量及发展趋势

三、建议

（1）1965—2014 年宁蒙河道年均入黄风沙量干流为 1 023 万 t，支流为 662 万 t，在整个宁蒙河道来沙量 1.9 亿 t 中所占比例并不大。

（2）长时期宁蒙河道风沙量变化比较大，干流 1965—1985 年平均约为 1 500 万 t，2006—2014 年在气候和下垫面都比较有利的条件下减少到不足 500 万 t。未来在气候条件较好的情景下，即使多种下垫面治理措施共同开展，干流风沙入黄量仍维持在 300 万～400 万 t。气候条件对入黄风沙量的影响约占总变化量的一半，因此若气候条件转坏，风沙量还会有较大增加。

第八章　关于黄河流域推行河长制的有关建议

一、目标任务

在充分调查和咨询的基础上,总结目前河长制推行的经验,提出黄河流域实施河长制后应考虑的问题和解决的对策,从技术角度构建黄河河长制工作平台。

二、基本情况

(一)进展情况

1. 河长制工作方案制订情况

截至2017年5月25日,山东、陕西、山西、宁夏和新疆生产建设兵团等地方案已由省委、省政府印发;河南、新疆、甘肃等地方案已经省委、省政府审议通过;青海省的工作方案已报省政府待审议。

2. 任务要求

(1)大江大河、中央直管河道流经各省(市、区)的河段,要分级分段设立河长。

(2)坚持问题导向、因地制宜。立足不同地区不同河湖实际,实行一河一策、一湖一策,解决好河湖管理保护的突出问题。

(3)对跨行政区域的河湖要明晰管理责任,统筹上下游、左右岸,加强系统治理,实行联防联控。流域管理机构、区域环境保护督查机构要充分发挥协调、指导、监督、监测等作用。

(二)各地经验

从各地实践看,推行河长制促进了河湖有人管、管得住、管得好,河湖功能逐步恢复,有力推进了水资源保护、水域岸线管理、水污染防治和水环境治理。同时本着因地制宜的原则,积极探索实现与现行水治理体制和管理制度有机衔接。

(三)黄委情况

1. 特殊性

①管理体制特殊。历史上黄河治理都由中央政府直接管理,在全国七大流域机构中,黄委是唯一负责全河水资源统一管理、水量统一调度,直接管理下游河道及防洪工程的流域机构。②滩区管理问题特殊。与其他流域不同,黄河下游河道内包含着大量的工程、村镇、自然景,观且居住着大量的人口,下游河道管理中出现了异于其他江河的一些突出问题,如片林、土地、自然保护区、滩区补偿等问题。③河道管理方式特殊。包括直接管理河段(小北干流、下游干流河段)、间接管理河段(三门峡库区和渭河下游河道)、宏观指导性管理河段(上游河段、中游河段禹门口以上和重要支流)。

2. 黄委需求分析

《水法》规定了流域管理与区域管理相结合的水资源管理体制,在流域管理上一直在探索流域管理与区域管理的结合点,黄委是在全国唯一实行垂直管理的流域机构,黄委所属水管单位具有工程管理和水行政管理的职责。

河长制的推行,在一定程度上搭建了一个流域机构与沿黄政府沟通协调的平台,有力地促进了流域与行政区域的协同管理,有望实现流域网络化治理。

目前一些省搭建了河长制工作平台,建立起了横向沟通的平台,黄委下属河务局作为各省河长制的成员单位,能够进入各省河长制的工作平台。在黄委系统如果也能建立一个网络平台,就可以畅通纵向沟通的渠道,使黄委能够掌握流域涉及各省河长的信息。这样也形成了一个纵横交错的网络治理系统,而各级河务局就是连接流域和地方政府的节点(见图8-1)。

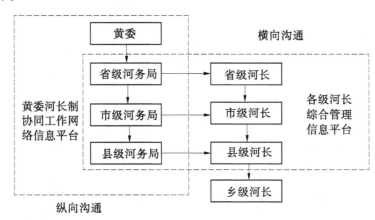

图8-1　河长制推行后流域网络治理沟通平台建设需求示意图

三、建立黄委河长制工作平台

跨区域流域管理将向着管理手段智能化、管理方式生态化、管理机制一体化,以及运行模式市场化的方向发展,流域网络化治理有望成为一种新的流域管理模式。

河长制的推行,在流域机构和地方区域政府,以及行业管理部门、流域内公众之间建立了有效沟通协调的良性机制。通过搭建基于河长制的协同工作网络管理平台,实现流域网络化治理。

(一)流域网络治理机制

所谓流域网络治理机制,是指纵向、横向政府之间以及政府与企业、第三方等多元主体之间基于信任而开展的规范性合作,共同管理流域公共事务的过程。它具有治理主体多元化、治理手段多样化和治理目标一致性等特点,基本框架是分层治理和伙伴治理的有机结合。

所谓分层治理,就是按照流域统一管理的要求,由流域管理机构承担流域综合开发规划、统一执法和监督等职能,不同层级政府按照流域主体功能区划和行政首长环境责任制考核要求,承担行政区内流域治理的责任。所谓伙伴治理,是指流域上下游政府之间、政府各部门之间以及政府、企业和第三部门之间通过激励性约束政策安排,解决跨区域、跨部门的涉水问题。

(二)基于河长制的协同工作网络管理平台

1.总体框架

黄委与沿黄政府之间建立多种纵向和横向的协调机制(见图 8-2),通过搭建黄河"互联网+河长制"管理平台,面向河流监管内容,实现数据初始化、业务流程化、评估智能化、通报自动化,真正提高河流保护各类问题的处理效率,有效地解决了黄河河道管理中与沿黄政府沟通协调不通畅等问题,使行业管理部门和流域内公众所提供的信息都能有效进入决策环节,促进信息共享,以增加各项决策的价值和减少流域资源开发的各种风险。

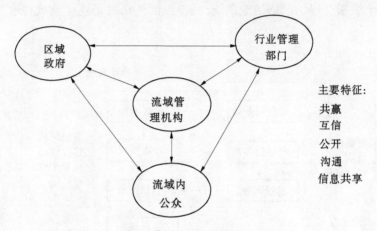

图 8-2 流域与区域协调机制

2.主要功能

流域的特点决定了流域管理机构与区域管理各级政府在空间上是分散的,并且通常相距遥远。要实现流域综合管理的高效目标,流域管理与区域管理协商工作必须在网络平台上进行。该平台应具备如下功能:

(1)各方可在系统中设置流域事项管理的组织结构、工作流程和文件格式。

(2)支持各方在网络上高效协同工作。系统自动引导各方按预定的权限和工作流程,完成流域管理的各种信息(包括文档、图片和视频)的提交、审核、审批和浏览。

(3)各方可在网络上迅速找到已输入的流域信息及其各种关联信息。

(4)各方可在网络上对积累的信息进行图形化显示、统计和数据挖掘。

第九章 认识与建议

(一)主要认识

(1)2016 年汛期流域降雨量较 1956—2015 年汛期平均降雨量偏多 11.8%,其中河龙区间偏多 48%;与多年平均相比,水沙量均不同程度偏少,潼关水量 168.70 亿 m³,沙量 1.087 亿 t,花园口和利津水沙量均为近期较小值。

(2)截至 2016 年 11 月 1 日,流域 8 座主要水库蓄水总量 260.68 亿 m³,较 2015 年同期增加 4.29 亿 m³。三门峡水库入库沙量 1.085 亿 t,排沙 1.115 亿 t,小浪底水库没有排沙。

(3)2016 年潼关以下库区潼关—三门峡年淤积 0.241 亿 m³;北干流淤积 0.122 亿 m³;2016 年汛后潼关高程为 327.94 m,全年升高 0.28 m。潼关高程近 3 a 持续升高,初步分析其原因:①连续枯水,径流量少;②2013—2016 年非汛期淤积部位偏上;③桃汛期洪水洪峰和水量减少,冲刷作用减弱。

(4)2016 年小浪底库区淤积量为 1.323 亿 m³,淤积主要集中在三角洲洲面段的 HH28 断面(距坝 46.2 km)以上;三角洲顶点位于 HH11 断面(距坝 16.39 km),顶点高程 222.59 m;支流拦门沙坎仍然存在,畛水拦门沙坎高 10.8 m;至 2016 年 10 月库区累计淤积 32.495 亿 m³,库容 94.965 亿 m³。

(5)2016 年下游河道冲刷 0.457 亿 m³,小浪底水库运用以来,下游主槽共冲刷 20.533 亿 m³。冲刷主要集中在夹河滩以上河段,占全下游的 59%。目前下游彭楼—陶城铺河段仍然为全下游主槽平滩流量较小的河段,最小值为 4 200 m³/s。另外,长期低含沙低流量小洪水过程会引起下游河势进一步散乱,畸形河湾发育。

(6)受水沙变枯和潮汐等因素的影响,2016 运用年利津以下的河口河道淤积 0.048 亿 m³,河口河道呈现溯源淤积的特征。小浪底水库运用以来,利津以下的河口河道累计冲刷 0.533 8 亿 m³,河口延伸平均速率由清 8 改汊前的 1.4 km/a 降至 0.3 km/a,除行河河口附近海岸向海淤进外,黄河三角洲浅海海岸都是蚀退的。

(7)1999—2016 年中下游(6 处水文站之和)年均径流、泥沙量分别为 265.1 亿 m³ 和 2.73 亿 t,较 1950—1999 年均值分别偏少 35.9% 和 79.2%;下游引水引沙量约分别占 6 站的 32% 和 14%;中游河道径流量损耗约占 6 站的 10%,中下游河道淤积泥沙量约占 6 站的 15%,其中小浪底水库淤积 2.29 亿 t,而下游河道冲刷 1.64 亿 t;入海径流和泥沙只有 6 站的 58.6% 和 43.6%。

二、建议

(1)针对近期潼关高程的抬升,建议开展三门峡水库运用方式对近期水沙条件适应性分析;以及桃汛期适当降低坝前水位到 312～313 m,调整非汛期淤积部位,有利于汛期冲刷。

（2）建议加强汛期小浪底水库异重流观测，若观测到水库发生异重流并运行到坝前，及时打开排沙洞，将泥沙排出水库；开展增大小浪底水库调水调沙期出库沙量的辅助措施研究。同时建议实施汛前、汛期调水调沙相结合的运用方式。

（3）加强改走北汊前期研究，确保黄河河口有较大的平滩流量，减少突发大洪水的影响，延长清水沟后流路使用年限；来沙量较大时，把泥沙分散到蚀退的海岸，通过放淤抬高三角洲洲面高程，河口淤积延伸速率还有可能进一步降低。同时也能降低防潮堤前海岸冲刷速率、改良三角洲盐碱地、改善三角洲附近海域生态。

（4）开展清除老京汉铁路桥、原京广铁路桥遗留桥墩及其周边抛石拆除工作的方案研究，同时结合"挖河疏浚、切滩导流"措施，稳定黄河下游上首段桃花峪—花园口的河势，改善其下工程送流不到位、畸形河势发育的状况。

（5）加强宁蒙河段风沙入黄过程研究，并加大水土保持力度，有效减少风沙入黄。

（6）建立黄河流域河长制的协同工作网络管理平台，实现黄河河长制管理数据共享化、业务流程化、评估智能化、通报自动化，提高监管效率。

（7）在全流域水沙明显减少的背景，局地暴雨仍可产生高含沙大洪水，如十大孔兑的西柳沟流域、黄河中游的窟野河、马莲河等流域在 2016 年均发生了暴雨洪水，对此应引起高度关注。

（8）在小浪底水库不进行调水调沙的情况下，下游水流可挟带入海的细泥沙在库区中亦可造成严重淤积，加重了拦沙库容的淤损。

（9）近年来宁蒙河段入黄风沙量较 1965—1985 年明显减少，约为原来的 1/3，不足 500 万 t，其成因主要是近年来平均风速明显降低，地表植被得到恢复，以及土地利用方式发生变化等。

第二部分　专题研究报告

第一专题　2016 年黄河河情变化特点

　　根据报汛资料,对 2016 年(运用年)的黄河河情特点进行了分析。分析表明,在黄河流域汛期降雨量较多年平均偏多 11.8% 的情况下,全年干流水量偏少 24%~74%,沙量偏少 65% 以上,其中山陕区间汛期降雨量偏多 48%,水沙量则分别偏少 18%、80%;全年干流未出现编号洪水,但受局地性暴雨影响,西柳沟、窟野河等部分支流出现了多年未见的较大洪水。

　　三门峡库区潼关以下库段全年发生淤积,潼关高程抬升 0.28 m,汛后潼关高程接近 328 m;小浪底水库全年没有排沙,库区淤积 1.323 亿 m³,干流占 75%,水库 275 m 高程下总库容为 94.96 亿 m³,其中干流占 51%;下游河道继续冲刷,西霞院以下河道年冲刷泥沙 0.505 亿 m³,目前下游河道最小平滩流量 4 200 m³/s。西河口 10 000 m³/s 水位 10.4 m,低于设防水位 1.6 m。降水量偏多而干流水沙量减少,部分支流却又发生高含沙洪水,小浪底水库未进行调水调沙使得大量细泥沙沉积在库区内,损失库容,这是当前治黄实践中需要关注的问题。

第一章 黄河流域降雨情势

一、汛期流域降雨情况

根据雨情报汛资料分析,2016 年 6 月黄河流域降雨量 79.5 mm,与多年(1956—2015年)同期平均相比偏多 55.6%(见表 1-1),各区间偏多 30.9%～95.8%,其中山陕区间(山西、陕西区间,下同)偏多 51.7%。

2016 年 7—10 月黄河流域降雨量 357.9 mm,与 2015 年汛期降雨量 229.0 mm 相比偏多 56.3%,与多年(1956—2015 年)均值 320.13 mm 相比偏多 11.8%,其中山陕区间较多年均值 289.8 mm 偏多 48.9%;兰托区间(兰州至托克托区间,下同)较多年均值偏多 36.1%;汾河、三小区间(三门峡至小浪底区间,下同)、沁河、小花干流(小浪底至花园口河段,下同)较多年均值偏多 15%～20%;兰州以上、大汶河、黄河下游较多年均值偏多15%以下;泾渭河(泾河、渭河,下同)、北洛河、龙三干流(龙门至三门峡,下同)较多年均值偏少 20%～26%(见图 1-1、表 1-1)。

汛期实测降雨量最大 843.6 mm,位置在大汶河的黄前雨量站。

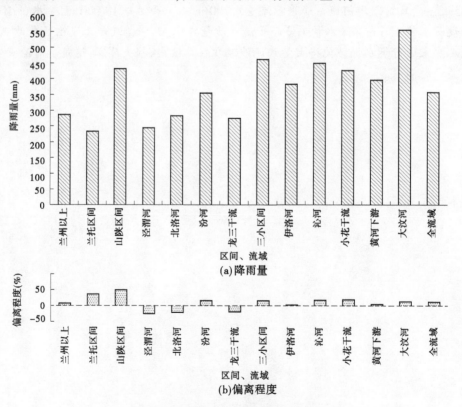

图 1-1 黄河流域汛期各区间降雨量及偏离程度

表 1-1　2016 年黄河流域区间降雨情况

区域	6月				汛期各月降雨量（mm）				汛期			
	雨量（mm）	距平（%）	最大雨量 量值（mm）	最大雨量 地点	7月	8月	9月	10月	雨量（mm）	距平（%）	最大雨量 量值（mm）	最大雨量 地点
兰州以上	48.6	68.0	126.5	岷县	97.5	84.5	65.5	40.3	287.8	5.7	476.7	双城
兰托区间	53.7	30.9	139.1	红山口	81.1	85.2	31.1	34.3	231.7	36.1	469.2	旗下营（三）
山陕区间	70.2	51.7	166.2	标家台	185.5	132.0	44.8	69.2	431.5	48.9	749.8	大柳塔
泾渭河	66.3	61.5	157.8	葛牌镇	94.2	49.0	45.2	55.3	243.7	-26.1	438.6	黑岭口
北洛河	65.8	64.6	156	张村驿	118.0	62.6	41.1	61.6	283.3	-22.4	419.3	志丹
汾河	58.5	55.6	129.8	尉庄	200.6	61.2	27.5	65.4	354.7	15.3	542.3	兰村
龙三干流	93.5	61.2	162.5	犁牛河	122.9	47.4	34.5	68.3	273.1	-19.7	411	犁牛河
三小区间	83	63.5	152.2	野猪岭	185.4	91.2	62.0	124.1	462.7	15.0	730	王屋
伊洛河	97.2	66.0	203	新兴	163.6	88.0	48.1	84.2	383.9	-0.7	658.6	张坪
沁河	122.2	71.5	217.4	柳树底	268.9	74.6	32.6	73.0	449.1	17.2	819.4	上梁
小龙干流	111.3	59.7	224.6	杨柏	194.2	73.7	57.3	101.2	426.4	19.4	548.4	杨柏
黄河下游	104	70.6	166	艾山	214.5	79.5	31.2	70.8	396.0	3.4	590.4	花园口
大汶河	131.2	95.8	236	临汶	280.7	195.5	40.7	39.1	556.0	12.2	843.6	黄前
全流域	79.5	55.6	236	临汶	156.4	90.9	45.0	65.6	357.9	11.8	843.6	黄前

注：表中距平的计算均值时段为 1956—2015 年。

二、主汛期降雨

2016 年主汛期(7—8 月)黄河流域降雨量 247.3 mm,占汛期降雨量 357.9 mm 的 69%,与 2015 年主汛期降雨量 123.2 mm 相比偏多 100.7%,与多年均值相比偏多 17.9%。其中,山陕区间较多年均值偏多 57.2%,兰托区间较多年均值偏多 40.7%,汾河、沁河、大汶河较多年均值偏多 23%~27%,泾渭河、北洛河、龙三干流较多年均值偏少 20%~27%,其余较多年均值偏多 10% 以下(见图 1-2)。

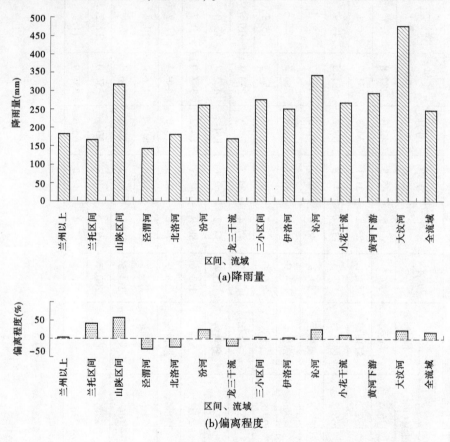

(a)降雨量

(b)偏离程度

图 1-2 黄河流域主汛期(7—8 月)各区间降雨量及偏离程度

三、秋汛期降雨

2016 年秋汛期(9—10 月)黄河流域降雨量 110.6 mm,与 2015 年秋汛期降雨量 105.8 mm 相比偏多 4.5%,与多年均值相比基本持平。其中三小区间较多年均值偏多 41.2%,小花干流较多年均值偏多 37.8%,山陕区间较多年均值偏多 29.9%,兰托区间较多年均值偏多 25.6%(见图 1-3);泾渭河、北洛河、龙三干流、大汶河较多年均值偏少 20%~25%。

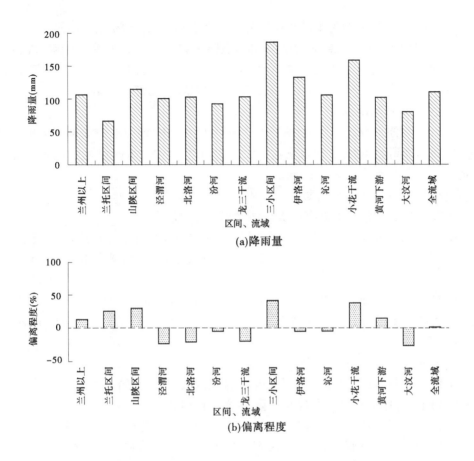

(a)降雨量

(b)偏离程度

图 1-3　黄河流域秋汛期(9—10 月)各区间降雨量及偏离程度

四、降雨过程

汛期有 6 次大的降雨过程,其中 5 次发生在主汛期。

(一)7 月 8—9 日降雨过程

7 月 8—9 日黄河流域有一次范围较大的降雨过程,主要降雨区在山陕区间北部、汾河中游和三花区间。

8 日,兰州以上部分地区降小到中雨,个别雨量站大到暴雨;山陕区间北部普降大到暴雨,部分地区降大暴雨,圪丑沟日雨量 199.6 mm;汾河部分地区降中到大雨,个别雨量站暴雨;三花区间部分地区降小到中雨,沁河局部降大到暴雨;黄河下游干流和金堤河局部降小到中雨,个别雨量站大雨。

9 日,兰州以上、山陕区间部分地区降小到中雨,个别雨量站大雨;伊洛河上游、沁河及小花干流普降中到大雨,部分地区降暴雨,个别雨量站大暴雨,沁河上梁站日雨量 211.2 mm。

(二)7 月 18—19 日降雨过程

7 月 18—19 日降雨主要集中在黄河中下游吴堡以下地区。

7 月 18 日山陕区间、泾渭河、洛河部分地区降中到大雨,局部暴雨,个别雨量站大暴雨;汾河部分,三花区间、黄河下游干流区间大部降小到中雨,局部大到暴雨。

7月19日山陕区间、泾渭河、洛河局部地区降小到中雨。汾河部分地区降中到大雨,局部暴雨到大暴雨;龙三干流大部降中到大雨,个别雨量站暴雨。三花区间大部降大到暴雨,个别雨量站大暴雨;黄河下游干支流大部降大到暴雨,局部大暴雨。

(三)7月21日降雨过程

7月21日黄河上游大部地区、渭河上中游降小到中雨,渭河上游局部降大雨;大汶河北部地区降暴雨到大暴雨,个别雨量站特大暴雨,日雨量200 mm以上站点有4处,最大日雨量为小安门雨量站的263.6 mm。

(四)7月30—31日降雨过程

7月30—31日黄河中下游有一次自西向东的降雨过程。

7月30日,山陕区间南部、汾河中下游、北洛河泾河渭河上游、龙三干流、三花区间大部降小到中雨,其中龙三干流、三花区间局部大到暴雨;黄河下游部分地区降小到中雨,大汶河个别雨量站大雨。

7月31日,山陕区间、泾渭洛河(泾河、渭河、洛河,下同)、龙三干流局部,三门峡以下干流区间大部分地区降小到中雨,个别雨量站大雨;伊洛沁河大部、大汶河部分地区降小到中雨,局部大到暴雨。

(五)8月14—17日降雨过程

8月14—17日,黄河兰托区间、山陕区间连续降大到暴雨,局部大暴雨。

8月14日,降雨主要集中在陕西佳县、吴堡和山西临县一带。

8月15日,主要雨区略微北移,降雨中心位于山西兴县附近黄河干流两侧。

8月16日凌晨,黄河吴堡附近区域又突降暴雨,1 h最大降雨量吴堡雨量站为72.0 mm,三川河后大成雨量站为63.8 mm,两站4 h累计降雨量分别为110.4 mm、128.6 mm。

8月16—17日,黄河兰托区间降大到暴雨,个别雨量站大暴雨,降雨主要集中在17日凌晨至上午,西柳沟流域3个测站中,最大24 h降雨量高头窑雨量站为228.6 mm,柴登壕为109.8 mm,均是有实测资料以来的最大值,分别约为多年平均值的5倍和3倍;位于沙漠出口处的龙头拐雨量站为89.6 mm,排第4位。

8月17日夜间至18日凌晨,山陕区间北部再降大到暴雨,其中皇甫川古城雨量站18日2—3时最大1 h降雨量为39.4 mm,最大3 h降雨量为75.4 mm。

(六)10月降雨过程

10月黄河流域降雨偏多7成,多为连续性降雨,强度一般不大。

(1)10月上旬、中旬黄河河源区、洮河上游至泾渭河上中游一带的流域南部地区出现连阴雨天气,连降小到中雨。黄河源区降雨主要集中在10月3—12日及15—17日,泾渭河降雨主要集中在10月4—15日。

(2)10月6日,黄河山陕区间、北洛河上中游、汾河上游降中到大雨,大雨主要集中在山陕区间北部,其个别雨量站降暴雨。

(3)10月下旬出现了历史上少有的流域性连阴雨天气,降雨集中在黄河中下游,多为小到中雨,偶有局地出现大雨,黄河上游降雨较中下游相对偏少,多为小雨。

第二章　黄河流域水沙特点

一、干支流水量控制

黄河流域干流主要控制水文站唐乃亥、兰州、头道拐、龙门、潼关、花园口和利津年水量分别为 134.72 亿 m³、235.46 亿 m³、116.38 亿 m³、141.61 亿 m³、168.70 亿 m³、178.16 亿 m³、77.49 亿 m³（见表 2-1），与多年平均（1950—2015 年）相比偏少 24%~74%；与近期均值（1987—2015 年）相比偏少 15%~50%（见图 2-1），与 2015 年相比偏少 11%~49%。

表 2-1　黄河流域干流主要控制水文站水沙量

站名	年		汛期		汛期占年比例(%)	
	水量 （亿 m³）	沙量 （亿 t）	水量 （亿 m³）	沙量 （亿 t）	水量	沙量
唐乃亥	134.72	0.042	70.85	0.035	52.6	83.3
兰州	235.46	0.149	92.52	0.134	39.3	89.9
石嘴山	182.30	0.238	73.90	0.155	40.5	65.1
头道拐	116.38	0.164	43.21	0.108	37.1	65.9
龙门	141.61	1.231	63.76	1.088	45.0	88.4
潼关	168.70	1.087	77.56	0.916	46.0	84.3
三门峡	157.63	1.115	71.67	1.110	45.5	99.6
小浪底	163.86	0	58.12	0	35.5	
花园口	178.16	0.060	67.90	0.025	38.1	41.7
高村	154.55	0.178	61.09	0.068	39.5	38.2
艾山	132.42	0.191	57.58	0.092	43.5	48.2
利津	77.49	0.102	45.04	0.084	58.1	82.4
华县	30.03	0.407	11.45	0.395	38.1	97.1
河津	8.69	0.003	6.54	0.003	75.3	100
㳀头	2.01	0.027	1.17	0.026	58.2	96.3
黑石关	12.95	0	5.00	0	38.6	
武陟	5.35	0.002	4.57	0.002	85.4	100
进入下游	182.16	0.002	67.69	0.002	37.2	100

主要支流控制水文站华县（渭河）、河津（汾河）、㳀头（北洛河）、黑石关（伊洛河）、武

陕(沁河)来水量分别为 30.03 亿 m³、8.69 亿 m³、2.01 亿 m³、12.95 亿 m³、5.35 亿 m³,与多年平均相比偏少 12%~74%(见表 2-1、图 2-1),与近期均值相比,除河津(汾河)和武陟(沁河)偏多外,其余仍然偏少。

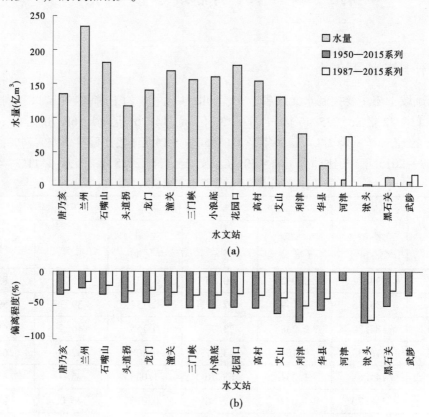

图 2-1 主要干支流水文站实测年水量及偏离程度

二、干支流沙量

干流主要控制水文站头道拐、龙门、潼关、花园口和利津年沙量分别为 0.164 亿 t、1.231 亿 t、1.087 亿 t、0.060 亿 t、0.102 亿 t(见表 2-1),较多年均值偏少 65% 以上(见图 2-2),与近期均值相比,偏少 60% 以上。

主要支流控制水文站华县(渭河)、河津(汾河)、洑头(北洛河)、武陟(沁河)年来沙量分别为 0.407 亿 t、0.003 亿 t、0.027 亿 t、0.002 亿 t,与多年均值相比,偏少 86% 以上(见图 2-2),与近期均值相比偏少 75% 以上。伊洛河基本上无来沙量。

三、干支流洪水

2016 年黄河流域干流未出现编号洪水,潼关和花园口全年最大流量分别为 2 450 m³/s 和 1 690 m³/s(见图 2-3)。但是受局地性暴雨影响,部分支流出现了多年未见的较大洪水,西柳沟龙头拐水文站 8 月 17 日 14 时 54 分洪峰流量 2 760 m³/s,均为 1989 年以来最大洪水;汾河河津水文站 7 月 24 日 20 时 18 分洪峰流量 483 m³/s,为该站 1996 年以

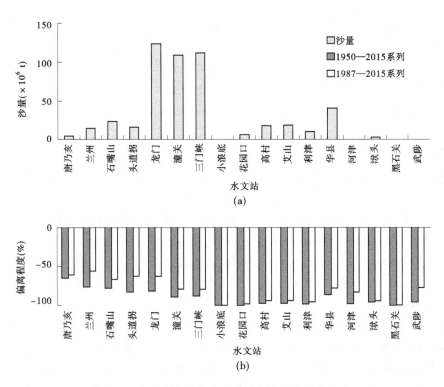

图 2-2 主要干支流水文站实测年沙量及偏离程度

来最大洪水;8月窟野河和泾河支流马莲河等也相继发生了洪水。

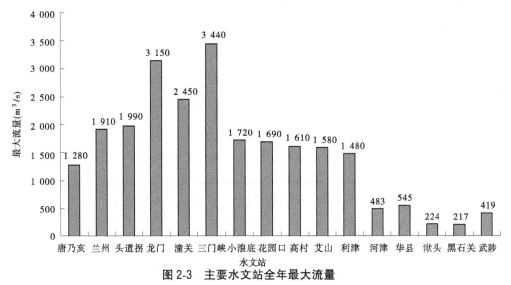

图 2-3 主要水文站全年最大流量

(一)兰州以上洪水

8月22日,兰州附近庄浪河流域降局地性暴雨到大暴雨,受此影响,庄浪河红崖子水文站8月23日6时24分洪峰流量481 m³/s(为1967年建站以来最大洪水),最大含沙量346 kg/m³(8月23日7时42分)。支流洪水演进至黄河干流,加上区间来水以及水库调蓄影响,兰州水文站 8 月 23 日 10 时洪峰流量 1 910 m³/s,15 时 48 分最大含沙量 36.9 kg/m³。

10 月上中旬,黄河河源地区连降小到中雨,受此影响,黄河门堂至唐乃亥区间出现一次洪水过程。支流白河唐克水文站 10 月 14 日 8 时最大流量 252 m³/s,黑河若尔盖水文站 10 月 15 日 8 时最大流量 134 m³/s,干流玛曲水文站 17 日 8 时最大流量 931 m³/s,军功水文站 18 日 8 时最大流量 1 060 m³/s,唐乃亥水文站 18 日 8 时最大流量 1 280 m³/s。

(二)兰托区间洪水

8 月 16—17 日,黄河兰托区间内蒙古河段降大到暴雨,十大孔兑部分河流出现一次较大洪水过程。西柳沟龙头拐水文站 17 日 14 时 54 分洪峰流量 2 760 m³/s,为 1989 年以来最大洪水,最大含沙量 149 kg/m³(17 日 15 时);罕台川响沙湾水文站 9 时 30 分洪峰流量为 1 690 m³/s,为 1989 年以来最大洪水,按年最大值排序,为有实测资料以来第 3 位,最大含沙量 143 kg/m³。支流洪水演进至黄河干流,包头水文站 17 日 17 时 30 分洪峰流量为 1 330 m³/s、最大含沙量 65.9 kg/m³,头道拐水文站 18 日 23 时洪峰流量为 1 990 m³/s。

(三)山陕区间

7 月 18—19 日,山陕区间南部降中到大雨,局部暴雨,吴堡至龙门区间干支流普遍涨水。清涧河延川水文站 19 日 5 时 12 分洪峰流量 520 m³/s,延水甘谷驿水文站 19 日 5 时 42 分洪峰流量 600 m³/s,昕水河大宁水文站和汾川河新市河水文站洪峰流量均为 280 m³/s,干支流来水加上吴堡至龙门未控区间来水,龙门水文站 19 日 13 时 30 分洪峰流量 2 340 m³/s,演进至潼关水文站 20 日 16 时洪峰流量 2 450 m³/s。该场洪水为今年入汛以来最大洪水,三门峡水库 21 日 10 时 24 分下泄最大流量 3 440 m³/s。

8 月 14—15 日陕西佳县、吴堡和山西临县一带降大到暴雨,黄河山陕区间北部皇甫川、秃尾河、窟野河、佳芦河、清凉寺沟、湫水河等支流相继涨水。秃尾河高家川水文站洪峰流量 857 m³/s(8 月 15 日 15 时 30 分)、最大含沙量 384 kg/m³(15 日 16 时 30 分),窟野河温家川洪峰流量 448 m³/s(15 日 15 时 54 分)、最大含沙量 63.2 kg/m³(15 日 16 时 6 分)。干支流来水及未控区间加水汇合至黄河干流吴堡水文站,洪峰流量为 4 300 m³/s(16 日 5 时 24 分)、最大含沙量 158 kg/m³(16 日 5 时)。

8 月 17—18 日,主雨区再次北移至陕西府谷和内蒙古鄂尔多斯一带,皇甫川上游纳林川沙圪堵水文站 18 日 3 时 12 分洪峰流量 3 030 m³/s,为 2003 年(3 930 m³/s)以来最大洪水,最大含沙量为 589 kg/m³(18 日 3 时 12 分);皇甫川皇甫水文站 18 日 6 时 36 分洪峰流量 2 290 m³/s,为 2012 年(4 720 m³/s)以来最大洪水,最大含沙量为 295 kg/m³(18 日 7 时)。支流洪水演进至黄河干流,18 日 10 时 42 分府谷洪峰流量 3 010 m³/s,最大含沙量为 103 kg/m³(18 日 11 时)。

8 月 20 日,山陕区间中部降大暴雨,佳芦河、清凉寺沟、湫水河、无定河等出现一次小洪水过程,吴堡再次涨水,20 日 20 时 36 分最大流量 2 300 m³/s,龙门 21 日 14 时 30 分洪峰流量 1 750 m³/s,潼关 22 日 6 时 12 分洪峰流量 1 660 m³/s。

(四)汾河洪水

7 月汾河连续出现多次降雨过程,上中旬降雨偏多 7 成以上,受降雨和水库调蓄的共同影响,汾河下游出现了一次持续时间较长的洪水过程。柴庄水文站流量大于 400 m³/s 的洪水过程达 82 h,20 日 9 时洪峰流量 437 m³/s,为该水文站 1996 年以来最大洪水,最大含沙量 21.6 kg/m³(7 月 20 日 10 时 20 分)。汾河下游出现漫滩,河津水文站 24 日 20 时 18 分洪峰流量 480 m³/s,为该站 1996 年以来最大洪水,最大含沙量 3.28 kg/m³(7 月 20 日 20 时)。

(五)泾渭河、北洛河

6 月 1—2 日,泾渭河部分地区降中到大雨,个别雨量站暴雨。受此影响,在渭河下游出现一次小洪水过程。渭河咸阳—临潼区间支流沣河秦渡镇水文站 2 日 7 时 45 分最大流量 156 m³/s,灞河马渡王水文站 2 日 12 时 15 分最大流量 400 m³/s;渭河临潼水文站 2 日 23 时 36 分最大流量 381 m³/s,华县水文站 4 日 8 时最大流量 366 m³/s。

受 8 月 14—15 日降雨影响,泾河支流马莲河出现一次洪水过程,马莲河洪德水文站 8 月 15 日 5 时 30 分洪峰流量 656 m³/s,庆阳水文站 15 日 17 时 30 分洪峰流量 572 m³/s,雨落坪水文站 16 日 1 时 36 分洪峰流量 577 m³/s,最大含沙量 958 kg/m³;演进至泾河干流景村水文站 16 日 9 时 42 分洪峰流量 682 m³/s,最大含沙量 721 kg/m³;张家山水文站 16 日 23 时 30 分洪峰流量 551 m³/s,最大含沙量 960 kg/m³;桃园水文站 17 日 4 时 54 分洪峰流量 543 m³/s,最大含沙量 941 kg/m³;再演进至渭河干流临潼水文站 17 日 10 时洪峰流量 362 m³/s,最大含沙量 760 kg/m³,华县水文站 17 日 20 时 42 分洪峰流量 412 m³/s,最大含沙量 808 kg/m³。

同期,北洛河也受该次降雨影响出现一次小洪水过程,北洛河吴旗水文站 15 日 5 时 45 分洪峰流量 680 m³/s,刘家河水文站 15 日 15 时 30 分洪峰流量 460 m³/s,交口河水文站 17 日 7 时 45 分最大流量 221 m³/s,至洑头水文站 17 日 23 时 38 分最大流量 218 m³/s,最大含沙量 833 kg/m³。

受 8 月 24 日降雨影响,渭河上游出现一次明显的洪水过程,渭河支流散渡河甘谷水文站 25 日 0 时 48 分洪峰流量 900 m³/s,渭河武山水文站 1 时 12 分洪峰流量 469 m³/s,北道水文站 11 时 36 分洪峰流量 453 m³/s,拓石水文站 23 时洪峰流量 394 m³/s。

(六)沁河洪水

受降雨和张峰水库、河口村水库调节的共同影响,7 月沁河出现了多次小洪水过程。沁河上游飞岭水文站 21 日 0 时洪峰流量 367 m³/s,为该站 2007 年以来最大洪水;受张峰水库调蓄影响,润城水文站 19 日 18 时 24 分最大流量 475 m³/s;受河口村水库调蓄影响,五龙口水文站 21 日 18 时 54 分最大流量 430 m³/s。丹河山落坪水文站 19 日 19 时 36 分洪峰流量 260 m³/s,为该水文站 2000 年以来最大洪水。沁河武陟水文站 22 日 15 时最大流量 420 m³/s。

(七)大汶河洪水

受 7 月 21 日降雨影响,大汶河出现一次洪水过程,大汶河南支楼德水文站 7 月 20 日 19 时洪峰流量 259 m³/s,大汶河干流大汶口水文站 21 日 1 时洪峰流量 474 m³/s;大汶河北支北望水文站 22 日 11 时 30 分洪峰流量 1 400 m³/s,大汶口水文站 22 日 16 时洪峰流量 1 360 m³/s。两次洪水向下游演进时因坦化逐渐连在一起,戴村坝水文站 23 日 8 时最大流量 950 m³/s。

受 8 月 16 日降雨影响,大汶河出现一次小洪水过程,大汶河北支北望水文站 8 月 17 日 10 时 42 分洪峰流量 706 m³/s,至大汶河干流临汶水文站 17 日 12 时 48 分洪峰流量 688 m³/s,演进至戴村坝水文站 19 日 3 时洪峰流量 552 m³/s。

第三章 山陕区间降雨及水沙关系

2016 年河口镇—龙门区间汛期降雨量 432 mm,实测水量 20.6 亿 m³,实测沙量 1.057 亿 t(见图 3-1),与多年平均相比,降雨量偏多 48%、水量偏少 18%、沙量偏少 80%。

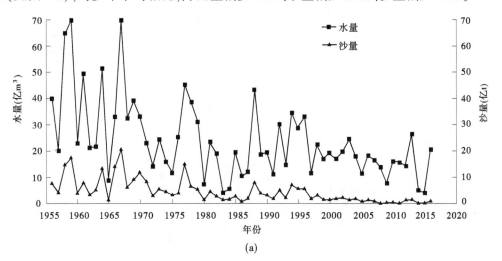

(a)

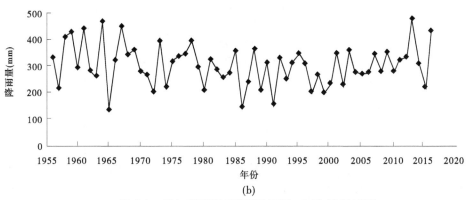

(b)

图 3-1 历年汛期河龙区间降雨量、水量、沙量过程

1975 年以前降雨量—水量—输沙量有着较好的相关关系,水量和沙量均随着降雨量的增减而增减(见图 3-2)。2000 年以后降雨量与实测水量关系改变,同一降雨量条件下,水量减少,沙量也减少,而且随着降雨量的增加,水量增加很少。相同降雨量条件下,2016 年水量较 1975 年以前减少 60%,沙量较 1975 年以前减少 90%。

2000 年以前各时期河龙区间实测水沙关系基本在同一趋势带,但 2000 年以后实测水沙关系明显分带,相同水量条件下沙量显著减少(见图 3-3)。2016 年水沙关系仍然符合 2000 年以来的变化规律。

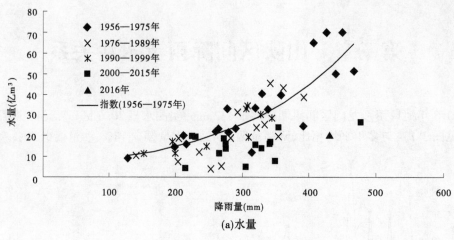

(a)水量

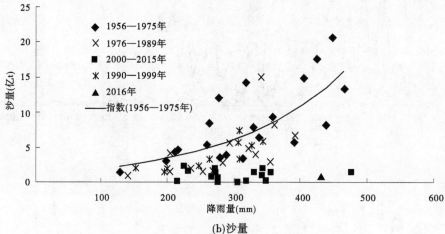

(b)沙量

图 3-2　河龙区间汛期降雨量与水沙量关系

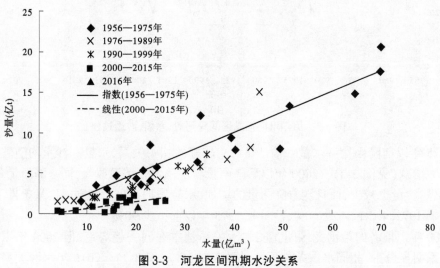

图 3-3　河龙区间汛期水沙关系

第四章　主要水库调蓄对干流水沙量的影响

截至 2016 年 11 月 1 日,黄河流域 8 座主要水库蓄水总量 260.68 亿 m³(见表 4-1),其中龙羊峡水库、刘家峡水库和小浪底水库蓄水量分别为 169.26 亿 m³、30.12 亿 m³、42.32 亿 m³,占蓄水总量的 93%。与上年同期相比,8 座水库蓄水总量增加 4.29 亿 m³,主要是小浪底水库增加 12.45 亿 m³。

表 4-1　2016 年主要水库蓄水量　　　　　　　　(单位:亿 m³)

水库	2016 年 11 月 1 日		非汛期蓄水变量	汛期蓄水变量	年蓄水变量	主汛期蓄水变量	秋汛期蓄水变量
	水位(m)	蓄水量					
龙羊峡	2 577.87	169.26	-37.37	25.09	-12.28	4.79	20.3
刘家峡	1 726.74	30.12	-0.31	4.51	4.2	4.28	0.23
万家寨	967.5	1.68	0.28	-1.31	-1.03	-1.5	0.19
三门峡	317.62	4.36	-0.03	-0.18	-0.21	-4.04	3.86
小浪底	251.11	42.32	-8.98	21.43	12.45	7.82	13.61
东平湖老湖	42.01	4.13	0.48	1.99	2.47	3.07	-1.08
陆浑	312.61	4.12	-0.65	-0.14	-0.79	0.08	-0.22
故县	524.24	4.69	-1.17	0.65	-0.52	0.36	0.29
合计		260.68	-47.75	52.04	4.29	14.86	37.18

注:"-"为水库补水。

截至 2017 年 6 月 1 日,黄河流域 8 座水库蓄水总量 229.52 亿 m³,其中龙羊峡水库、刘家峡水库、万家寨水库、三门峡水库和小浪底水库蓄水量分别为 147.28 亿 m³、30.8 亿 m³、3.23 亿 m³、4.57 亿 m³、32.85 亿 m³。

一、龙羊峡水库运用及对洪水的调节

截至 2016 年 11 月 1 日,龙羊峡水库水位为 2 577.87 m,较设计洪水位低 22.13 m,较上年同期水位降低 3.81 m;相应蓄水量 169.26 亿 m³,占调节库容(193.6 亿 m³)的 87%,较上年同期蓄水量减少 12.28 亿 m³(见图 4-1),全年最高水位 2 581.68 m,较上年最高水位降低 8.17 m,最低水位 2 568.15 m,较上年最低水位降低 7.58 m。水库主汛期蓄变量 4.79 亿 m³,秋汛期蓄变量 20.3 亿 m³,汛期蓄变量 25.09 亿 m³,较上年汛期增加 11.93 亿

m³;非汛期补水 37.37 亿 m³,较上年同期减少 3.68 亿 m³;全年补水 12.28 亿 m³,较上年 27.89 亿 m³ 减少 15.61 亿 m³(见图 4-2)。

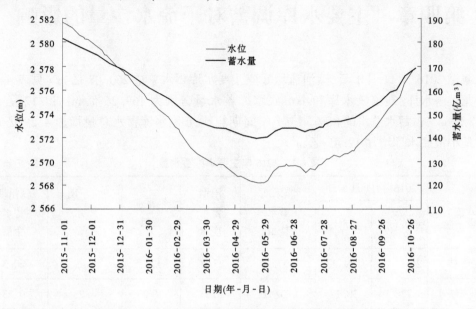

图 4-1　龙羊峡水库调蓄过程

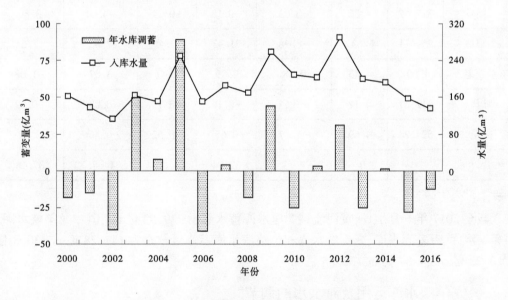

图 4-2　龙羊峡水库 2000 年以来调蓄量变化

全年入库有 3 场小洪水,洪峰流量分别为 1 040 m³/s、1 030 m³/s、1 100 m³/s(见图 4-3),第一场和第三场均被水库拦蓄,第二场经过水库调蓄,出库最大洪峰流量仅 860 m³/s。

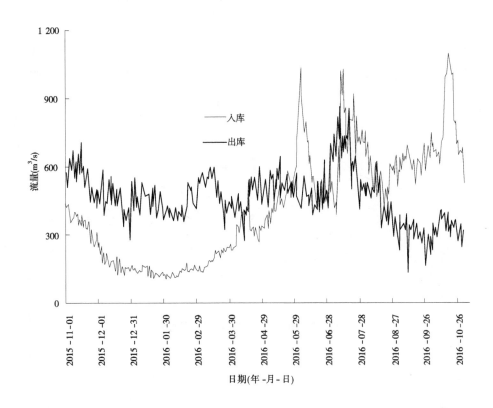

图 4-3　龙羊峡水库进出库流量调节过程

二、刘家峡水库运用及对洪水的调节

刘家峡水库是不完全年调节水库。截至 2016 年 11 月 1 日,库水位为 1 726.74 m,较正常蓄水位低 8.26 m,较上年同期高 3.8 m;相应蓄水量 30.12 亿 m³,占正常水位下库容(1998 年库容)的 72%,较上年同期蓄水量增加 4.51 亿 m³(见图 4-4)。全年最低水位 1 719.91 m,较上年最低水位低 0.44 m,最高水位 1 733.77 m,较上年最高水位低 0.48 m。水库主汛期蓄变量 4.28 亿 m³,秋汛期蓄变量 0.23 亿 m³。汛期蓄变量 4.51 亿 m³,与上年同期相比汛期增加 3.69 亿 m³;非汛期补水 0.31 亿 m³,与上年同期相比减少 1.92 亿 m³;全年蓄变量 4.2 亿 m³,较上年增加 5.61 亿 m³。

刘家峡水库出库过程主要根据防凌、防洪、灌溉和发电需要控制。全年入库洪水有 2 场(见图 4-5),均被水库拦蓄。

三、万家寨水库运用及对水流的调节

万家寨水库对水沙过程的调节主要在桃汛期、调水调沙期和灌溉期(见图 4-6)。

宁蒙河段开河期间,头道拐水文站形成了较为明显的桃汛洪水过程,洪峰流量 1 990 m³/s,最大日均流量 1 670 m³/s(见图 4-7)。

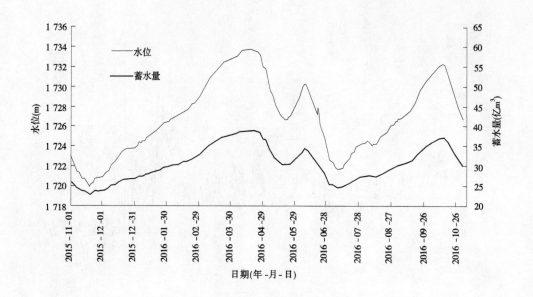

图 4-4　2016 年刘家峡水库调蓄过程

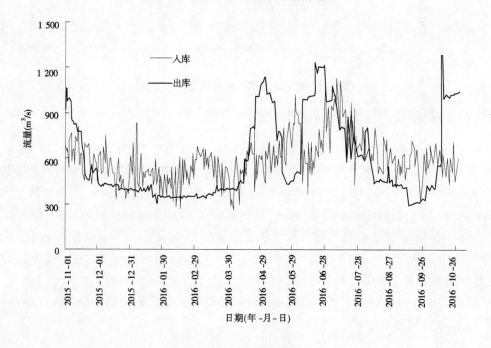

图 4-5　刘家峡水库进出库流量调节过程

2016 年由于万家寨水库库尾出现冰塞,万家寨水库提前下泄水量,出库(河曲水文站)最大瞬时流量 2 310 m³/s,最大日均流量 1 920 m³/s。利用桃汛洪水过程冲刷降低潼关高程期间,从万家寨水库安全考虑没有参与补水。

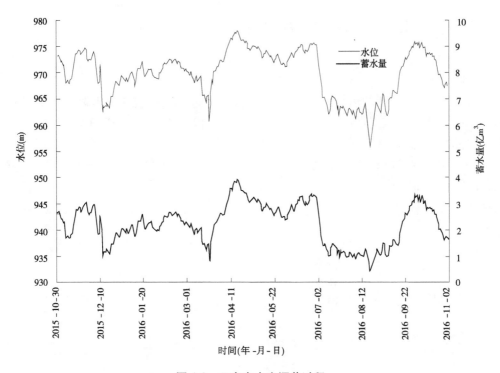

图 4-6　万家寨水库调蓄过程

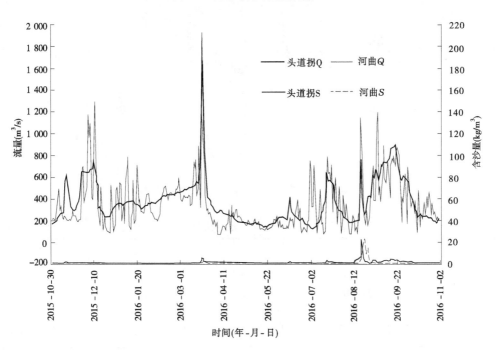

图 4-7　万家寨水库进出库水沙过程

四、三门峡水库运用及对径流的调节

(一)水库运用情况

1. 非汛期

三门峡水库非汛期的运用水位原则上仍按不超过 318 m 控制。实际平均运用水位 317.75 m,日均最高运用水位 318.71 m,水库运用过程见图 4-8。其中,3 月中旬为配合桃汛洪水冲刷潼关高程试验,降低库水位运用,最低降至 316.7 m,各月平均水位见表 4-2。与 2003—2015 年(318 m 控制运用)非汛期平均水位相比抬高 0.78 m,与最高运用水位相比抬高了 0.26 m。

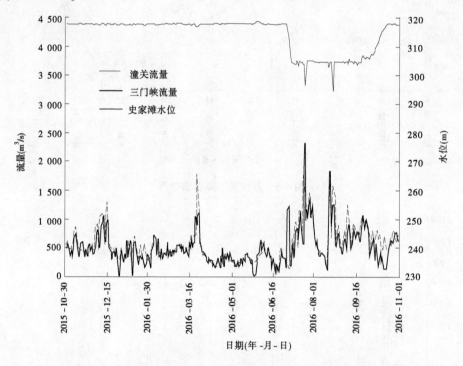

图 4-8 三门峡水库进出库流量和蓄水位过程

表 4-2 2016 年三门峡水库非汛期史家滩各月平均水位 (单位:m)

月份	11	12	1	2	3	4	5	6	平均
2016 年	317.77	317.62	317.60	317.72	317.62	317.81	317.99	317.84	317.75
2003—2015 年	316.88	317.33	317.23	317.39	316.06	317.38	317.55	316.03	316.97

非汛期水库水位在 318 m 以上的天数共 9 d(见表 4-3),占非汛期的比例为 3.7%,
317~318 m 的天数 232 d,占非汛期天数的 95.5%。

表 4-3　非汛期各级库水位出现的天数及占比例

出现时间	318~319 m	317~318 m	316~317 m	316 m 以下	合计
天数(d)	9	232	2	0	243
占非汛期比例(%)	3.7	95.5	0.8	0	100

2. 汛期

三门峡水库汛期运用原则上仍按平水期控制水位不超过 305 m、流量大于 1 500 m³/s
敞泄排沙的方式,实际运用过程如图 4-9 所示。汛期坝前平均水位 307.32 m,其中从 7 月
6 日至 9 月 29 日,三门峡水库共进行了 2 次敞泄运用,水位 300 m 以下的天数累计 4 d,最
低运用水位 294.65 m(见表 4-4)。

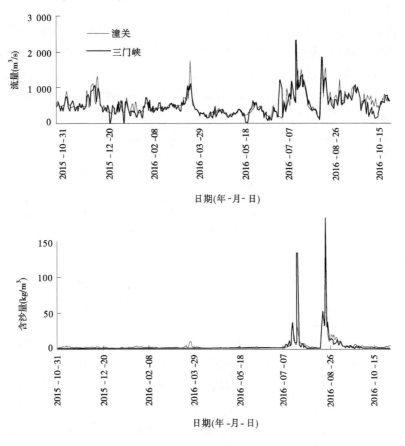

图 4-9　三门峡水库进出库日均流量、含沙量过程

表 4-4　三门峡水库敞泄运用时段特征值统计

序号	时段（月-日）	水位低于300 m天数(d)	坝前水位(m)		潼关最大日均流量(m³/s)
			平均	最低	
1	07-21—22	2	297.415	296.75	1 530
2	08-20—21	2	296.375	294.65	1 550

（二）水库对水沙过程的调节

2016 年三门峡水库非汛期平均蓄水位 317.75 m,最高日均水位 318.71 m,桃汛试验期间水库降低水位运用,最低降至 316.7 m。汛期坝前平均水位 307.32 m,其中从 7 月 6 日水库开始控制运用至 9 月 29 日恢复蓄水运用期间平均水位为 304.42 m。

非汛期水库蓄水运用,进出库流量过程总体上较为接近,桃汛期洪水潼关最大日均流量为 1 760 m³/s,相应出库流量削减至 1 040 m³/s。非汛期进库含沙量范围在 0.43 ~ 10.45 kg/m³,入库泥沙基本淤积在库内。

汛期平水期按水位 305 m 控制运用,进出库流量及含沙量过程均差别不大;洪水期水库敞泄运用时(坝前最低水位为 294.65 m),进出库流量相近(见图 4-9),而出库含沙量远大于入库,表 4-5 为低水位时进出库含沙量对比。

表 4-5　三门峡水库敞泄期进出库含沙量对比

水沙参数	7 月 21 日	7 月 22 日	8 月 20 日	8 月 21 日
坝前最低水位(m)	296.75	298.08	298.1	294.65
出库最大含沙量(kg/m³)	133.33	63.40	182.41	138.71
相应入库含沙量(kg/m³)	31.37	18.76	73.77	38.45

（三）水库排沙情况

2016 年三门峡水库全年入库水量为 168.70 亿 m³,入库沙量为 1.085 亿 t;相应出库水量为 157.63 亿 m³,排沙量为 1.115 亿 t,所有排沙过程均发生在汛期,汛期排沙量主要取决于流量过程和水库敞泄程度。

三门峡水库汛期排沙量为 1.115 亿 t,相应入库沙量为 0.916 亿 t,水库排沙比 122%(见表 4-6)。2016 年水库共进行了两次敞泄排沙,两次敞泄均发生在洪水期,第一次敞泄在 7 月 21—22 日,2 d 水库排沙 0.319 亿 t,期间入库泥沙仅 0.062 亿 t,排沙比达 515%;第二次敞泄在 8 月 20—21 日,排沙量达 0.319 亿 t,入库沙量为 0.134 亿 t,排沙比为 238%;两次敞泄过程 4 d 共排沙 0.638 亿 t,占汛期排沙总量的 57%,敞泄期平均排沙比 326%。非敞泄期入库沙量为 0.720 亿 t,排沙量 0.477 亿 t,排沙比为 66%,排沙量占总排沙量的 43%。

表 4-6　三门峡水库汛期排沙统计

日期 （月-日）	水库 运用 状态	史家滩 平均水位 （m）	潼关		三门峡		淤积量 （亿 t）	排沙比 （%）
			水量 （亿 m³）	沙量 （亿 t）	水量 （亿 m³）	沙量 （亿 t）		
07-01—05	蓄水	313.40	0.70	0.001	4.12	0	0	0
07-06—20	控制	304.42	10.11	0.172	8.52	0.103	0.069	60
07-21—22	敞泄	297.42	2.44	0.062	2.83	0.319	-0.257	515
07-23—8-19	控制	304.72	17.92	0.255	17.88	0.189	0.066	74
08-20—21	敞泄	296.38	2.46	0.134	2.00	0.319	-0.184	238
08-22—29	控制	304.97	26.60	0.250	24.04	0.184	0.066	74
09-30—10-31	蓄水	314.16	17.34	0.042	12.25	0.001	0.041	2
敞泄期		296.90	4.90	0.196	4.83	0.638	-0.441	326
非敞泄期		307.67	72.67	0.720	66.81	0.477	0.242	66
汛期		307.32	77.57	0.916	71.64	1.115	-0.199	122

汛期的平水期和敞泄期水库均进行排沙,排沙效果差别较大,平水期排沙比较小,而敞泄期排沙比较大。可见 2016 年三门峡水库排沙主要集中在洪水期,完全敞泄时库区冲刷量更大,排沙效率高,排沙比远大于 100%;小流量过程(平水期)排沙比均小于 100%。

五、小浪底水库运用及对径流的调节

(一)水库运用情况

2016 年小浪底水库按照满足黄河下游防洪、减淤、防凌、防断流及供水等需求为主要目标,进行了防洪和春灌蓄水、调水调沙及供水等一系列调度。全年水库最高水位达到 255.13 m(2 月 27 日 8 时),最低水位达到 236.61 m(7 月 12 日 8 时),库水位及蓄水量变化过程见图 4-10。

2016 年水库运用可划分为三个阶段:

第一阶段为 2015 年 11 月 1 日至 2016 年 6 月 30 日。水库以蓄水、防凌、供水为主。其中 2015 年 11 月 1 日至 2016 年 2 月 27 日水库蓄水,水位最高达到 255.13 m,相应蓄水量 49.76 亿 m³。2016 年 2 月 28 日至 6 月 30 日,为保证黄河下游工农业生产、城市生活及生态用水,水库向下游补水,至 2016 年 6 月 30 日 8 时,水库补水 28.51 亿 m³,蓄水量减至 22.25 亿 m³,库水位降至 238.53 m,保证了下游用水及河道不断流。

第二阶段为 7 月 1 日至 8 月 19 日。水库以防洪为主,水位始终控制在 240 m 以下,最高 239.98 m。

第三阶段为 8 月 20 日至 10 月 31 日。水库以蓄水为主,至 10 月 31 日 8 时,水位上升至 251.02 m,相应蓄水量为 42.15 亿 m³。

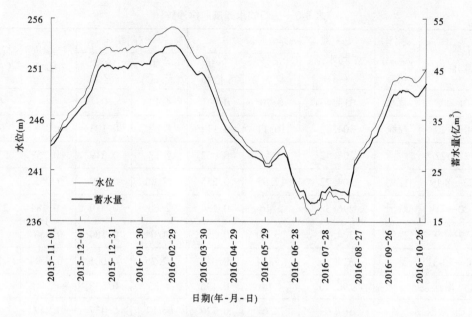

图 4-10　小浪底水库库水位及蓄水量变化过程

（二）水库对水沙过程的调节

全年入库沙量为 1.115 亿 t,入库泥沙主要集中在汛期两场洪水,两场洪水入库沙量 0.877 亿 t(见表 4-7),占年入库沙量的 79%。洪水期入库主要是细泥沙,两场洪水入库细泥沙达到 0.534 亿 t,占洪水期入库沙量的 61%。全年水库没有排沙(见图 4-11)。

表 4-7　小浪底水库洪水期入库水沙统计

时段 （月-日）	入库水量 （亿 m³）	入库沙量（亿 t）			
		细泥沙	中泥沙	粗泥沙	全沙
07-21—29	9.87	0.203	0.073	0.083	0.359
08-17—23	7.52	0.331	0.087	0.100	0.518

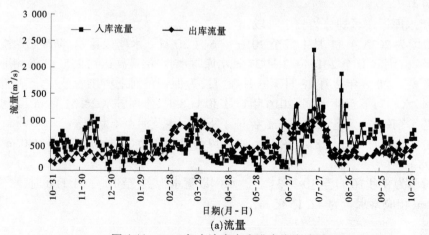

(a)流量

图 4-11　2016 年小浪底水库进出库水沙过程

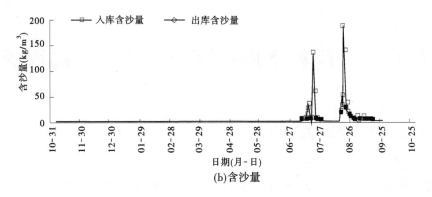

(b)含沙量

续图 4-11

第五章 三门峡水库库区冲淤及潼关高程变化

一、潼关以下库区冲淤特点

(一)冲淤量

根据大断面测验资料,2016 年潼关以下库区非汛期淤积 0.271 亿 m³,汛期冲刷 0.030 亿 m³,年内淤积 0.241 亿 m³(见表 5-1)。与 2015 年相比,2016 年汛期冲刷量更小, 非汛期淤积量也有所减少,全年淤积量减少(见图 5-1)。

表 5-1 潼关以下河段 2016 年冲淤量变化(坝址—黄淤 41) (单位:亿 m³)

时段	大坝—黄淤 12	黄淤 12—黄淤 22	黄淤 22—黄淤 30	黄淤 30—黄淤 36	黄淤 36—黄淤 41	大坝—黄淤 41
非汛期	-0.007	0.060	0.167	0.052	-0.001	0.271
汛期	0.096	-0.052	-0.100	-0.010	0.036	-0.030
全年	0.089	0.008	0.067	0.042	0.035	0.241

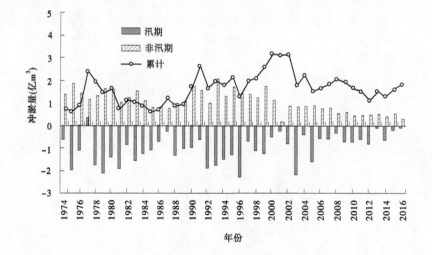

图 5-1 潼关以下干流河段历年冲淤量变化

(二)冲淤分布

全年各河段均表现为淤积,其中非汛期坝前段和潼关附近略有冲刷,中间淤积;汛期 中间河段冲刷,而坝前段和潼关附近均淤积。非汛期淤积强度较大的河段为黄淤 25—黄

淤 29,单位河长淤积量在 500 m³/m 以上,最大为 935 m³/m(见图 5-2);汛期黄淤 2—黄淤
8 淤积强度较大,单位河长淤积量在 500 m³/m 以上,最大为 1 259 m³/m,黄淤 27—黄淤
28 冲刷强度较大,单位河长冲刷值为 605 m³/m;全年来看,黄淤 4—黄淤 8 淤积强度较
大,最大为 1 434 m³/m。

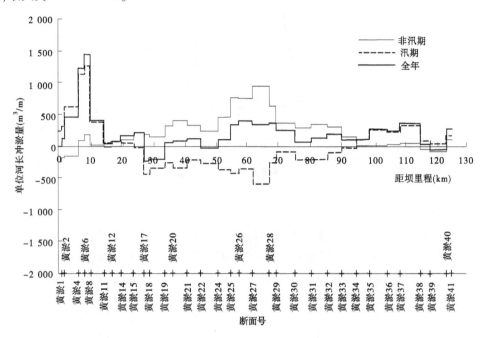

图 5-2　2016 年三门峡潼关以下库区单位河长冲淤量沿程分布

二、小北干流冲淤特点

(一)冲淤量

2016 年小北干流非汛期冲刷 0.119 亿 m³,汛期淤积 0.241 亿 m³,年内淤积 0.122 亿
m³(见表 5-2)。与 2015 年相比,2016 年非汛期冲刷量较小,汛期淤积量变化不大,全年淤
积,与 2015 年冲刷表现相反(见图 5-3)。

表 5-2　2016 年小北干流各河段冲淤量　　　　　　　　　　　　(单位:亿 m³)

时段	黄淤 41—黄淤 45	黄淤 45—黄淤 50	黄淤 50—黄淤 59	黄淤 59—黄淤 68	黄淤 41—黄淤 68
非汛期	0.008	−0.007	−0.026	−0.094	−0.119
汛期	0.048	0.071	0.032	0.090	0.241
全年	0.056	0.064	0.006	−0.004	0.122

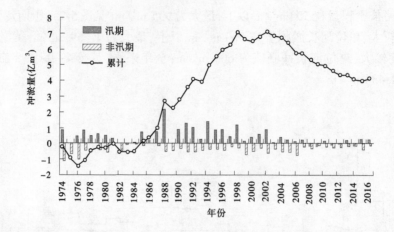

图 5-3　小北干流河段历年冲淤量变化

(二)冲淤分布

由图 5-4 可以看出,非汛期小北干流河段以冲刷为主,个别河段淤积,以黄淤 61—黄淤 66 河段冲刷强度最大;汛期以淤积为主,个别断面发生冲刷,其中黄淤 41—黄淤 51 和黄淤 60—黄淤 66 淤积强度最大;从全年来看,除黄淤 62 以上河段外,全河段基本上为淤积。

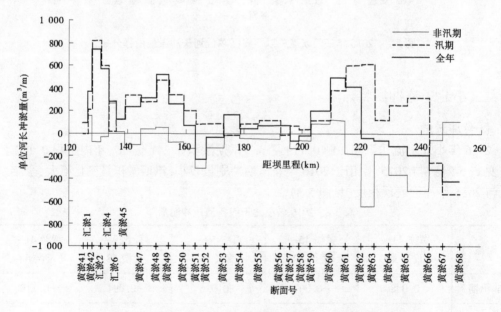

图 5-4　2016 年三门峡小北干流河段单位河长冲淤量沿程分布

三、潼关高程变化

2016 年汛后潼关高程为 327.94 m,较上年同期抬升 0.28 m,其中非汛期总体淤积抬升 0.35 m,桃汛期潼关高程抬升 0.02 m,汛期冲刷 0.07 m,年内潼关高程、流量变化过程见图 5-5。

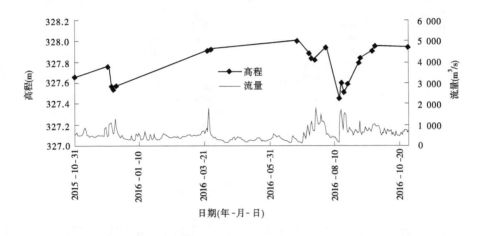

图 5-5　年内潼关高程、流量变化过程

从历年潼关高程变化过程(见图 5-6)看,2005—2010 年相对稳定,2011—2012 年水沙过程对冲刷有利,有明显下降,但 2013 年以来持续抬升。初步分析认为,抬升的原因主要有如下 3 方面:

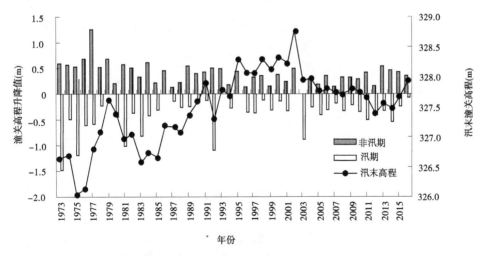

图 5-6　历年潼关高程变化过程

(1)连续枯水年份,汛后潼关高程与年径流量具有较好的关系,径流量少时潼关高程表现较高(见图 5-7),2013—2016 年平均水量仅 227.9 亿 m³,只有多年平均的 67%,2016

年只有多年平均的50%。

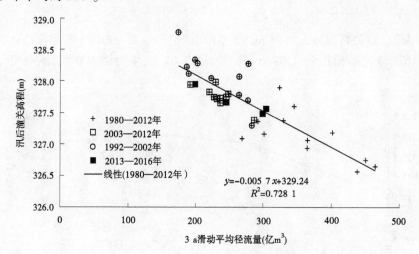

图5-7　历年汛后潼关高程与水量关系

（2）非汛期淤积部位偏上，非汛期318 m控制运用以来，非汛期的淤积部位下移至黄淤33以下，重心在黄淤18—黄淤32，黄淤33以上基本不淤积。与2012年相比，2013—2016年非汛期淤积部位偏上（见图5-8），不利于汛期冲刷。

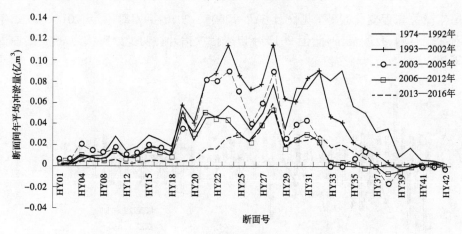

图5-8　三门峡库区不同断面冲淤量

（3）桃汛期洪水作用降低，2006年以来利用桃汛洪水冲刷降低潼关高程试验证明，桃汛期流量较大、坝前水位降低到312~313 m时，库区淤积的部分泥沙可以推移到黄淤26以下，汛期敞泄时容易被洪水冲刷挟带。而2016年桃汛洪水洪峰和水量减少，坝前最低水位316.7 m，非汛期除桃汛期有2 d略低外，均在317 m以上，平均为317.75 m，影响非汛期淤积部位的下移。

第六章　小浪底水库库区冲淤变化

一、水库冲淤特点

根据库区测验资料,利用断面法计算全库区淤积量为 1.323 亿 m^3,利用沙量平衡法计算库区淤积量为 1.115 亿 t。

(一)淤积集中于汛期

2016 年库区淤积全部集中于 4—10 月,淤积量为 1.702 亿 m^3。2015 年 10 月至 2016 年 10 月干流淤积量为 0.988 亿 m^3,支流淤积量为 0.335 亿 m^3(见表6-1)。由于泥沙在非汛期密实固结,淤积面高程有所降低,在淤积量计算时显示为冲刷。

表 6-1　小浪底各时段库区淤积量　　　　　　　　　　(单位:亿 m^3)

时段	2015 年 10 月至 2016 年 4 月	2016 年 4—10 月	2015 年 10 月至 2016 年 10 月
干流	-0.164	1.152	0.988
支流	-0.215	0.550	0.335
合计	-0.379	1.702	1.323

注:表中"-"表示发生冲刷。

(二)淤积空间分布

2016 年 4—10 月,除 HH09 至 HH10 断面(距坝 11.42~13.99 km)与 HH50 至 HH52 断面(距坝 98.43~105.85 km)外,库区其他库段均发生不同程度淤积(见图 6-1),其中 HH11—HH46 断面(含支流)淤积量为 1.551 亿 m^3,是淤积的主体。2015 年 10 月至 2016 年 4 月,由于泥沙沉降密实等原因,库区大部分河段,尤其是库区中下段,淤积量计算时显示为冲刷。

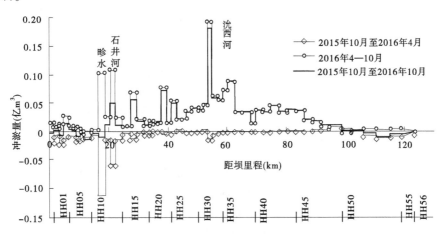

图 6-1　2016 年小浪底库区断面间冲淤量分布(含支流)

年度内全库区淤积集中在高程220~240 m,该区间淤积量达到1.387亿 m³;其他高程区间发生少量冲刷或淤积(见图6-2)。

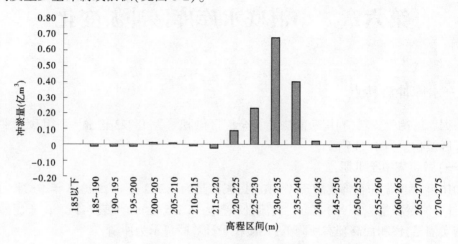

图6-2　2016年小浪底库区不同高程的冲淤量分布

小浪底水库库区汇入支流较多,平面形态狭长弯曲,总体上是上窄下宽。距坝68 km以上为峡谷段,河谷宽度多在500 m以下;距坝65 km以下宽窄相间,河谷宽度多在1 000 m以上,最宽处约2 800 m。一般按此形态将水库划分为大坝—HH20断面、HH20—HH38断面和HH38—HH56断面三个区段研究淤积状况。表6-2给出了2015年10月至2016年10月上述三段冲淤状况。可以看出,干流淤积主要集中在HH20(距坝33.48 km)断面以下库段,如2016年4—10月和2015年10月至2016年10月两时段,HH20以下干流单位长度淤积量均为0.01亿 m³/km,而HH20以上的两时段淤积量分别只有0.006亿 m³/km和0.001亿 m³/km。

表6-2　不同库段冲淤量　　　　　　　　　　　　　　　(单位:亿 m³)

时段		大坝—HH20 (0~33.48 km)	HH20—HH38 (33.48~64.83 km)	HH38—HH56 (64.83~123.41 km)	合计
2015年10月至 2016年4月	干流	-0.138	-0.013	-0.013	-0.164
	支流	-0.202	-0.013	0	-0.215
2016年4—10月	干流	0.185	0.638	0.329	1.152
	支流	0.291	0.259	0	0.550
2015年10月至 2016年10月	干流	0.047	0.625	0.316	0.988
	支流	0.089	0.246	0	0.335

注:表中"-"表示发生冲刷。

(三)支流淤积情况

2016年支流淤积量为0.335亿 m³,其中2015年10月至2016年4月与干流同时期表现基本一致,由于淤积物的密实作用而表现为淤积面高程的降低,淤积量显示为-0.215亿 m³,而2016年4—10月淤积量为0.550亿 m³。支流泥沙主要淤积在库容较大的支流,如畛水、石井河、沇西河[见图6-3(a)]及近坝段的煤窑沟等支流。表6-3列出了2016年4—10月淤积量大于0.02亿 m³的支流。支流淤积主要为干流来沙倒灌所致,淤积集中在沟口附近,沟口向上沿程减少。2016年4—10月干、支流的详细淤积情况见图6-3(b)。

表6-3 典型支流冲淤量 （单位:亿 m³)

支流		位置	2015年10月至2016年4月	2016年4—10月	2015年10月至2016年10月
左岸	东洋河	HH18—HH19	-0.012	0.061	0.049
	西阳河	HH23—HH24	-0.007	0.053	0.046
	芮村河	HH25—HH26	-0.002	0.027	0.025
	沇西河	HH32—HH33	-0.003	0.071	0.068
	亳清河	HH32—HH33	-0.007	0.052	0.045
右岸	畛水	HH11—HH12	-0.099	0.086	-0.013
	石井河	HH13—HH14	-0.046	0.089	0.043

注:表中"-"表示发生冲刷。

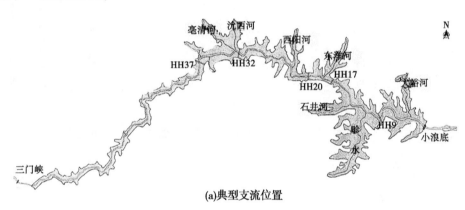

(a)典型支流位置

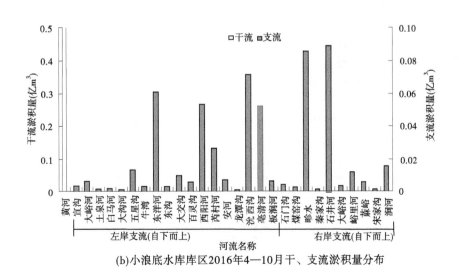

(b)小浪底水库库区2016年4—10月干、支流淤积量分布

图6-3 典型支流位置及淤积量分布

(四)库区累计淤积

从 1999 年 9 月开始蓄水运用至 2016 年 10 月,小浪底水库全库区断面法淤积量为 32.495 亿 m³,其中干流淤积量为 26.012 亿 m³,支流淤积量为 6.483 亿 m³,分别占总淤积量的 80% 和 20%。1999 年 9 月至 2016 年 10 月小浪底库区不同高程下的累计淤积量分布见图 6-4。

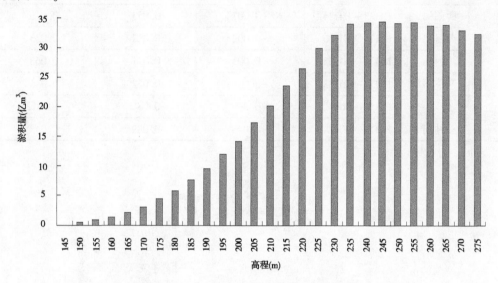

图 6-4　1999 年 9 月至 2016 年 10 月小浪底水库库区累计淤积量分布

二、库区淤积形态

(一)纵向淤积形态

2015 年 11 月至 2016 年 6 月,三门峡水库下泄清水;小浪底水库无泥沙出库,干流纵向淤积形态在此期间变化不大。

2016 年 7—10 月,小浪底水库库区干流仍保持三角洲淤积形态。表 6-4、图 6-5 给出了三角洲淤积形态要素统计与干流纵剖面。与 2015 年 10 月相比,由于泥沙淤积,2016 年 10 月三角洲洲面段有所抬升,尤其是 HH28 断面(距坝 46.2 km)以上淤积明显,最大淤积厚度为 9.65 m(HH38),洲面比降由 1.35‰ 增加为 2.06‰。三角洲前坡段与尾部段冲淤变化不大,三角洲顶点仍位于距坝 16.39 km 的 HH11 断面,三角洲顶点高程为 222.59 m,较 2015 年 10 月抬升 0.24 m。

表 6-4　干流纵剖面三角洲淤积形态要素统计

时间 (年-月)	顶点		坝前淤积段	前坡段		洲面段	
	距坝里程 (km)	深泓点高程(m)	距坝里程 (km)	距坝里程 (km)	比降 (‰)	距坝里程 (km)	比降 (‰)
2015-10	16.39	222.35	0~2.37	2.37~16.39	22.9	16.39~93.96	1.35
2016-10	16.39	222.59	0~2.37	2.37~16.39	22.9	16.39~91.51	2.06

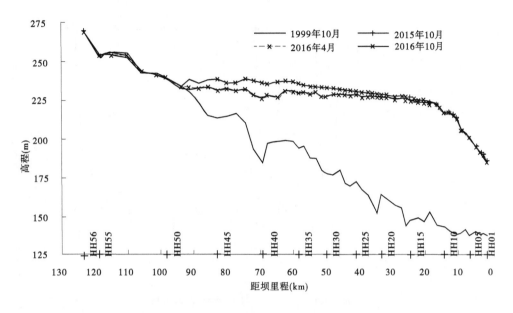

图 6-5　小浪底水库干流纵剖面套绘(深泓点)

与 1999 年 10 月原始地形相比,由于泥沙淤积,库区淤积面大幅度抬升,HH16 断面(距坝 26.01 km)抬升最大,达到 83.42 m。

(二)横向淤积形态

随着库区泥沙的淤积,横断面总体表现为同步淤积抬升趋势。图 6-6 为 2015 年 10 月至 2016 年 10 月三次库区部分横断面套绘图,可以看出不同的库段冲淤形态及过程有较大的差异。

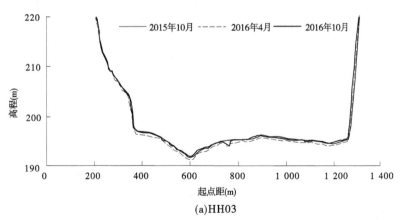

(a)HH03

图 6-6　小浪底水库干流典型横断面套绘图

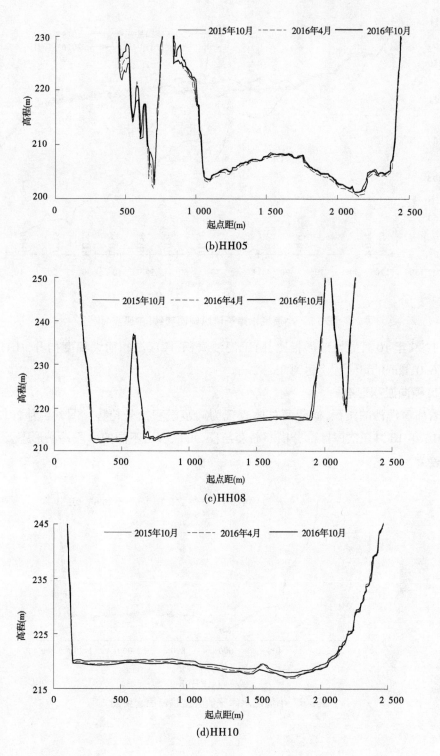

(b)HH05

(c)HH08

(d)HH10

续图 6-6

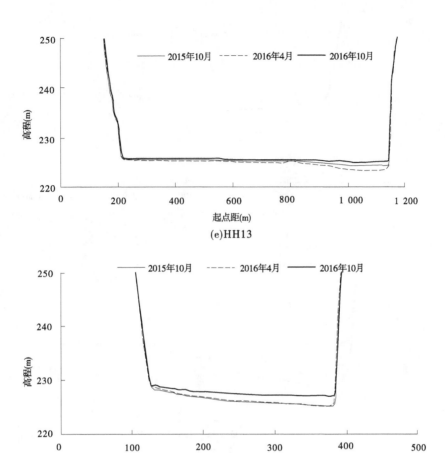

(e)HH13

(f)HH18

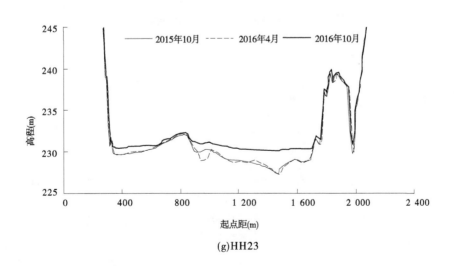

(g)HH23

续图 6-6

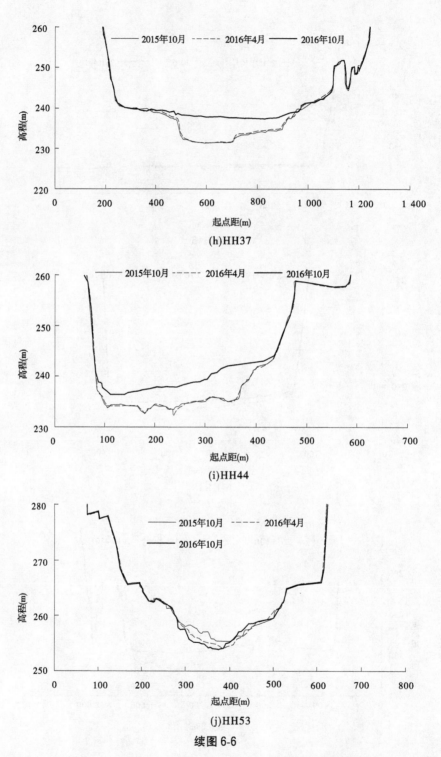

(h)HH37

(i)HH44

(j)HH53

续图 6-6

2015 年 10 月至 2016 年 4 月,受水库蓄水以及泥沙密实固结的影响,库区淤积面表现为下降,但全库区地形总体变化不大。

受汛期水沙条件及水库调度等的影响,与2016年4月地形相比,2016年10月地形变化较大。其中,近坝段地形受水库泄流及调度的影响,横断面呈现不规则形状,如HH03断面;三角洲顶点HH11断面(距坝16.39 km)以下库段冲淤变化较小,如HH05断面、HH08断面;三角洲顶点HH13—HH49断面发生淤积,尤其是HH15—HH48断面抬升明显;HH50断面以上库段,地形变化较小。

三、支流拦门沙坎变化

支流河床倒灌淤积过程与天然的地形条件(支流口门的宽度)、干支流交汇处干流的淤积形态(有无滩槽或滩槽高差、河槽远离或贴近支流口门)、来水来沙过程(流量、含沙量大小及历时)等因素密切相关。随干流滩面的抬高,支流沟口淤积面同步上升,支流淤积形态取决于沟口处干流的淤积面高程。干流浑水倒灌支流,并沿程落淤,表现出支流沟口淤积较厚,沟口以上淤积厚度沿程减少。

图6-7、图6-8给出了部分支流纵、横断面套绘图。非汛期由于淤积物的密实而表现为淤积面有所下降。由于汛期运用水位较高,库区回水位于三角洲洲面,三角洲洲面泥沙淤积较多,相对应地,位于干流三角洲洲面的支流泥沙淤积也较多,淤积面抬升相对较高。如石井河抬升1~2 m,东洋河抬升2~3 m,西阳河抬升2~4 m,沇西河抬升2~3 m。

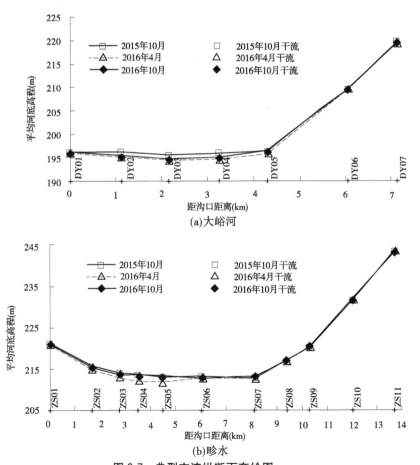

图6-7 典型支流纵断面套绘图

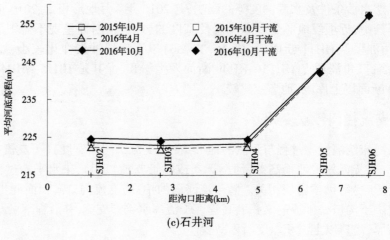

(c)石井河

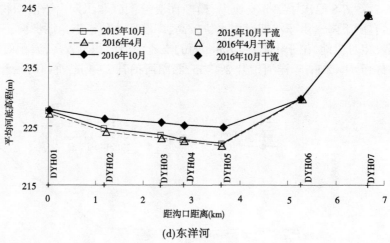

(d)东洋河

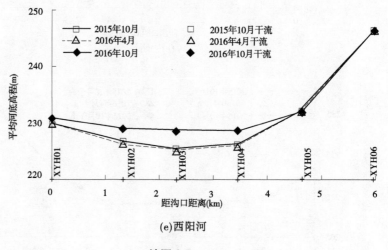

(e)西阳河

续图 6-7

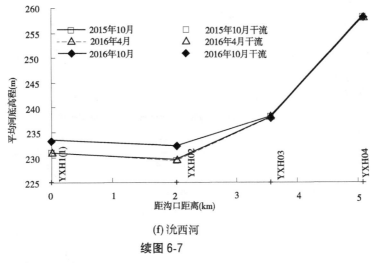

(f) 沇西河

续图 6-7

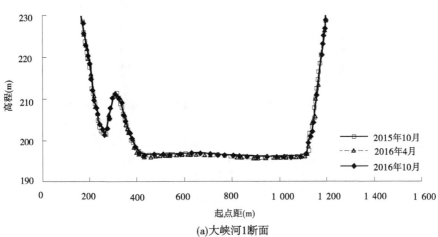

(a)大峡河1断面

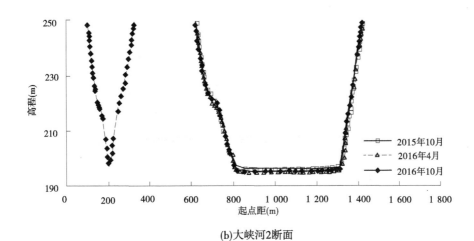

(b)大峡河2断面

图 6-8　典型支流横断面套绘图

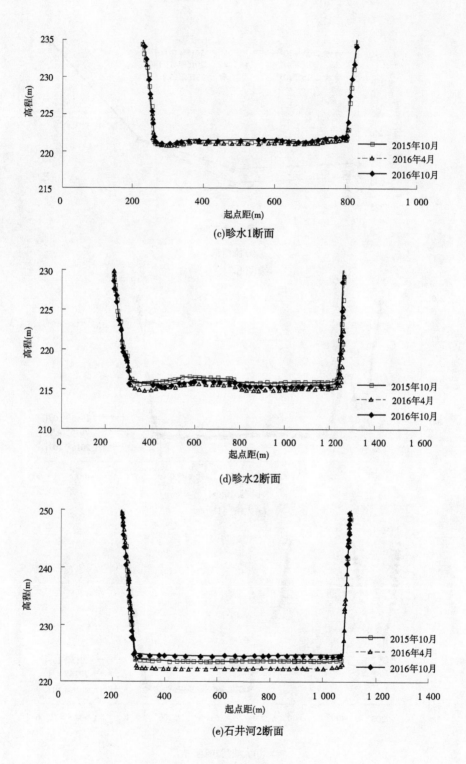

(c)畛水1断面

(d)畛水2断面

(e)石井河2断面

续图 6-8

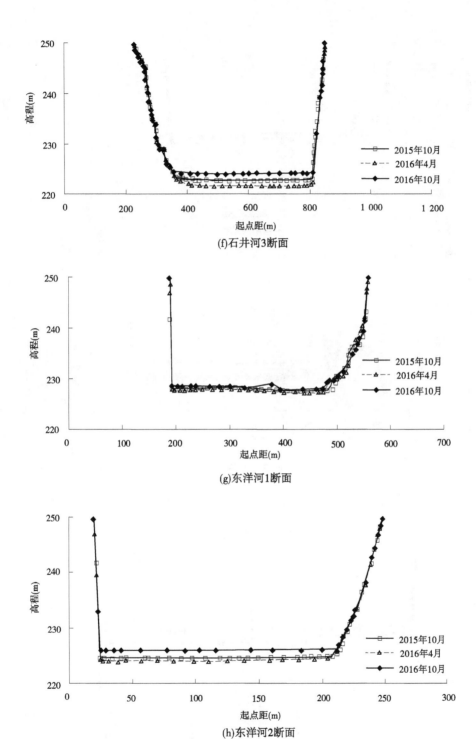

(f)石井河3断面

(g)东洋河1断面

(h)东洋河2断面

续图6-8

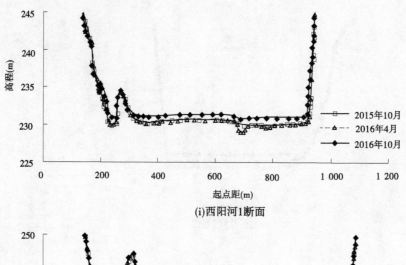

(i)西阳河1断面

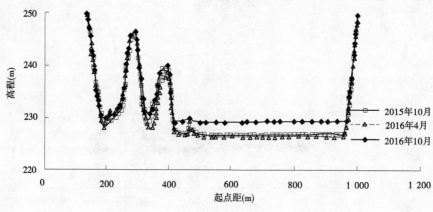

(j)西阳河2断面

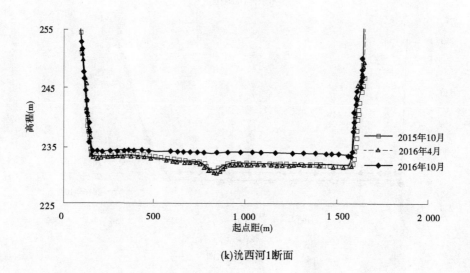

(k)沁西河1断面

续图 6-8

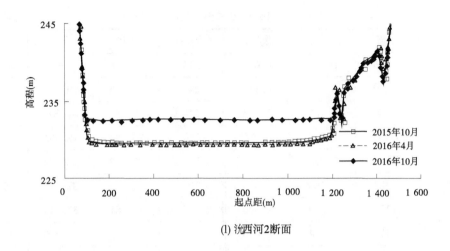

(l) 沇西河2断面

续图6-8

部分支流纵剖面仍呈现一定的倒坡,拦门沙坎仍然存在,如畛水、东洋河、西阳河、沇西河。2015年10月畛水沟口对应干流滩面高程为223.6 m,而畛水内部4断面仅212.8 m,高差达到10.8 m,沟口滩面高程223.6 m以下畛水库容约1.1亿 m³。西阳河、东洋河、沇西河均出现不同程度的拦门沙坎。各支流拦门沙坎参数见表6-5。

表6-5 各支流拦门沙坎参数统计

支流名称	支流口干流滩面高程(m)	最低点		高差(m)
		断面位置	高程(m)	
大峪河	198.2	DY03	194.8	3.4
东洋河	229.2	DYH05	224.9	4.3
西阳河	231.2	XYH03	228.8	2.4
沇西河	234.8	YXH02	232.5	2.3
畛水	223.6	ZS06	212.8	10.8
石井河	225.3	SJH02	224.2	1.1

从图6-8看,支流横断面基本上处于平行抬升淤积状态。

四、库容变化

随着水库淤积的发展,库容也随之变化。至2016年10月水库275 m高程下总库容为94.965亿 m³,其中干流库容为48.768亿 m³,支流库容为46.197亿 m³。表6-6及图6-9给出了各高程下的库区干支流库容分布。起调水位210 m高程以下库容为1.632亿 m³,其中干流0.877亿 m³;汛限水位230 m以下库容为10.109亿 m³,其中干流4.856亿 m³。

表 6-6 2016 年 10 月小浪底水库库容 （单位：亿 m³）

高程(m)	干流	支流	总库容	高程(m)	干流	支流	总库容
190	0.016	0.001	0.017	235	7.364	7.667	15.031
195	0.090	0.027	0.117	240	11.025	10.735	21.760
200	0.250	0.185	0.435	245	15.440	14.307	29.747
205	0.505	0.435	0.940	250	20.196	18.361	38.557
210	0.877	0.755	1.632	255	25.252	22.902	48.154
215	1.383	1.260	2.643	260	30.634	27.915	58.549
220	2.131	2.239	4.370	265	36.361	33.444	69.805
225	3.192	3.484	6.676	270	42.431	39.526	81.957
230	4.856	5.253	10.109	275	48.768	46.197	94.965

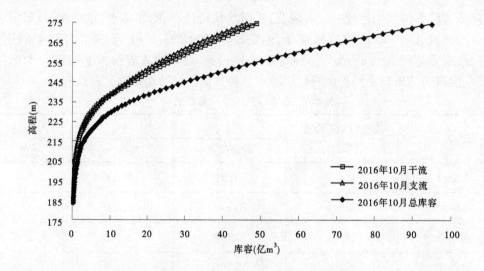

图 6-9 小浪底水库 2016 年 10 月库容曲线

第七章 黄河下游河道冲淤演变

一、水沙情况

2016 年小浪底、黑石关和武陟水文站的水量分别为 163.86 亿 m³、12.95 亿 m³ 和 5.35 亿 m³,进入下游(小浪底、黑石关、武陟三站之和)的水量为 182.16 亿 m³,东平湖向黄河加水 1.05 亿 m³。小浪底水库全年未排沙,进入下游的沙量为 0.002 亿 t,入海利津沙量 0.102 亿 t。

2016 年全年黄河下游未发生大的洪水过程(见图 7-1),最大流量不足 1 700 m³/s。沿程水文站断面的最大流量分别为 1 720 m³/s(小浪底)、1 690 m³/s(花园口)、1 640 m³/s(夹河滩)、1 610 m³/s(高村)、1 520 m³/s(孙口)、1 580 m³/s(艾山)、1 560 m³/s(泺口)和 1 480 m³/s(利津),最大含沙量分别为 0 kg/m³(小浪底)、1.14 kg/m³(花园口)、1.87 kg/m³(夹河滩)、2.44 kg/m³(高村)、3.23 kg/m³(孙口)、3.27 kg/m³(艾山)、2.99 kg/m³(泺口)和 4.40 kg/m³(利津)(见表 7-1)。

图 7-1 2016 年花园口和利津水沙过程线

表 7-1 2016 年黄河下游水文站最大流量和含沙量

站名	最大流量 (m³/s)	相应时间 (年-月-日 T 时:分)	相应水位 (m)	最大含沙量 (kg/m³)	相应时间 (年-月-日 T 时:分)
小浪底	1 720	2016-06-20T22:30	135.46	0	
花园口	1 690	2016-07-24T20:00	90.88	1.14	2016-07-22T09:06
夹河滩	1 640	2016-07-25T14:00	73.87	1.87	2016-07-26T08:00

站名	最大流量 （m³/s）	相应时间 （年-月-日 T 时:分）	相应水位 （m）	最大含沙量 （kg/m³）	相应时间 （年-月-日 T 时:分）
高村	1 610	2016-07-26T04:00	60.09	2.44	2016-03-05T08:00
孙口	1 520	2016-07-26T20:00	45.82	3.23	2016-07-25T08:00
艾山	1 580	2016-07-27T08:18	38.80	3.27	2016-07-27T08:00
泺口	1 560	2016-07-27T20:00	27.99	2.99	2016-07-29T08:00
利津	1 480	2016-07-28T13:29	11.68	4.40	2016-07-26T08:00

二、下游河道冲淤变化

（一）沙量平衡法冲淤量

小浪底至利津河段 2015 年 10 月至 2016 年 4 月共冲刷 0.017 亿 t，2016 年 4—10 月共冲刷 0.084 亿 t，见表 7-2。整个运用年共冲刷 0.101 亿 t。2016 运用年艾山以下河道微淤。

表 7-2　黄河下游各河段沙量平衡法冲淤量　（单位:亿 t）

时间	花园口 以上	花园口— 夹河滩	夹河滩— 高村	高村— 孙口	孙口— 艾山	艾山— 泺口	泺口— 利津	利津 以上
2015 年 10 月至 2016 年 4 月	-0.035	-0.041	-0.034	0.004	0.007	0.039	0.043	-0.017
2016 年 4—10 月	-0.025	-0.016	-0.027	-0.011	-0.013	0.005	0.003	-0.084
合计	-0.060	-0.057	-0.061	-0.007	-0.006	0.044	0.046	-0.101

（二）断面法冲淤量

根据黄河下游河道 2015 年 10 月、2016 年 4 月和 2016 年 10 月三次统测大断面资料，计算分析了 2016 年非汛期和汛期各河段的冲淤量（见表 7-3）。全年西霞院—利津河段共冲刷 0.505 亿 m³（主槽），其中非汛期冲刷 0.348 亿 m³，汛期冲刷 0.157 亿 m³，冲刷集中在非汛期；从冲淤的沿程分布看，非汛期具有"上冲下淤"的特点，高村以上河段冲刷，高村—艾山河段淤积；汛期大部分河段冲刷，但艾山—泺口河段发生淤积。就整个运用年来看，艾山—泺口河段淤积，其他河段冲刷。

（三）1999 年汛后以来下游冲淤变化

根据断面法，自 1999 年 10 月小浪底水库投入运用以来到 2016 年汛后，全下游主槽共冲刷 20.533 亿 m³，其中利津以上冲刷 19.926 亿 m³。冲刷主要集中在夹河滩以上河段，夹河滩以上河段长度占全下游的 26%，冲刷量为 12.208 亿 m³，占全下游的 59%；夹河滩以下河段长度占全下游的 74%，冲刷量为 8.325 亿 m³，只占全下游的 41%，冲刷上多下少，沿程分布不均。从 1999 年汛后以来各河段主槽冲淤面积看，花园口以上河段冲刷

4 480 m²,花园口—夹河滩河段冲刷超过了 6 601 m²,而艾山以下尚不到 1 000 m²,见图 7-2。

表 7-3　2016 运用年下游河道断面法主槽冲淤量计算成果　（单位:亿 m³）

河段	非汛期	汛期	运用年	占全下游比例（%）
	2015 年 10 月至 2016 年 4 月	2016 年 4—10 月	2015 年 10 月至 2016 年 10 月	
西霞院—花园口	-0.123	-0.046	-0.169	37
花园口—夹河滩	-0.112	-0.003	-0.115	25
夹河滩—高村	-0.137	0.007	-0.130	28
高村—孙口	0.025	-0.083	-0.058	13
孙口—艾山	0.014	-0.028	-0.014	3
艾山—泺口	0	0.019	0.019	-4
泺口—利津	-0.015	-0.023	-0.038	8
利津—汊 3	0.035	0.013	0.048	-11
西霞院—高村	-0.372	-0.042	-0.414	91
高村—艾山	0.039	-0.111	-0.072	16
艾山—利津	-0.015	-0.004	-0.019	4
西霞院—利津	-0.348	-0.157	-0.505	111
西霞院—汊 3	-0.313	-0.144	-0.457	100
占运用年比例（%）	68	32	100	

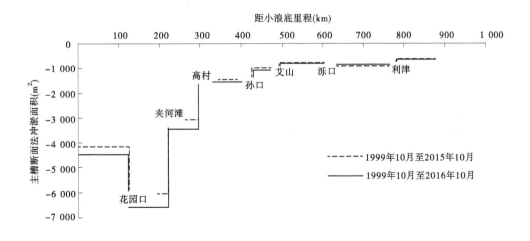

图 7-2　1999 年汛后至 2016 年汛后黄河下游各河段主槽冲淤面积

小浪底水库运用以来,非汛期高村以上每年冲刷、高村—艾山冲淤交替、艾山—利津每年淤积,见图 7-3(a);汛期高村以上每年冲刷但冲刷呈减少趋势,高村—艾山河段自 2002 年开始一直冲刷、艾山—利津 2015 年以前每年冲刷,2014 年以后冲刷有所减弱,见图 7-3(b)。

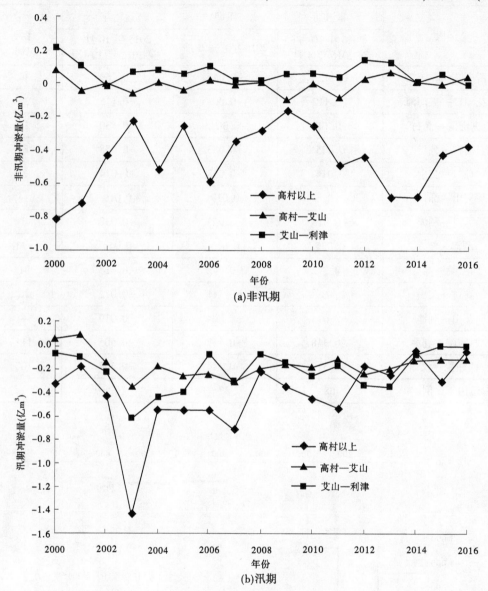

图 7-3　小浪底运用以来非汛期和汛期冲淤变化过程

三、排洪能力变化

(一)同流量水位变化

2016 年下游最大流量不到 2 000 m³/s,为了说明汛期的水位变化情况,将 2016 年最大流量的水位,分别与上年调水调沙洪水涨水期和落水期的同流量水位相比,计算其变化,列于表7-4。可以看出,同流量水位利津和夹河滩抬升,其他站均下降。

表7-4 同流量水位变化统计

水文站	2016年最大流量 (m³/s)	和2015年相比水位变化(m)	
		涨水期	落水期
花园口	1 670	−0.10	−0.11
夹河滩	1 530	0.04	0.19
高村	1 660	−0.18	−0.18
孙口	1 450	0.09	−0.24
艾山	1 600	−0.03	−0.24
泺口	1 560	0.05	−0.01
利津	1 530	0.22	0.01

(二)平滩流量变化

利用各站的设计水位—流量关系线,对照当年当地平均滩唇高程和各站的设防流量,确定出各站的警戒水位和设防水位。2017年汛前各水文站的警戒流量分别为7 200 m³/s(花园口)、6 800 m³/s(夹河滩)、6 100 m³/s(高村)、4 350 m³/s(孙口)、4 250 m³/s(艾山)、4 600 m³/s(泺口)和4 650 m³/s(利津)。

经综合分析论证,在不考虑生产堤的挡水作用下,黄河下游各河段平滩流量为:花园口以上河段一般大于7 000 m³/s;花园口—高村为6 000~7 000 m³/s;高村—艾山及艾山以下均在4 200 m³/s以上。孙口上下的彭楼—陶城铺河段为全下游主槽平滩流量较小的河段,最小值为4 200 m³/s,所在断面分别为徐沙洼(二)、陈楼、龙湾(二)、大田楼和路那里断面,详见图7-4。

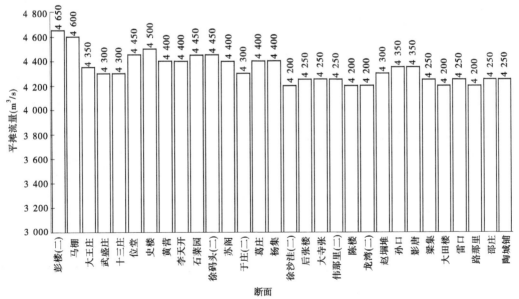

图7-4 2017年汛初彭楼—陶城铺河段平滩流量沿程变化

还需指出,2002 年、2003 年之后,黄河下游生产堤加高加固现象十分普遍,有些滩区在 20 世纪 90 年代以来形成的滩唇附近又加修了生产堤。从近年来的实际水位表现看,若水位高出嫩滩滩唇一定范围,如果持续时间不长,则生产堤发生溃口的可能性不会太大,并可起到增加河道主槽平滩流量的作用。不过,也有一些河段主流距生产堤很近,如果洪水期河势变化较大,就有可能发生主流顶冲生产堤现象,从而在接近满槽附近发生漫滩。

第八章 小浪底水库运行以来黄河三角洲海岸演变

自 1999 年汛后黄河小浪底水库运用以来,尤其是 2002 年调水调沙运用以来,黄河口利津水文站水沙发生了显著的变化。除此之外,汊 1 断面附近河道实施了人工裁弯取直工程,口门附近河道先后在 2004 年 6 月、2007 年 6 月发生摆动。水沙条件的变化、河道整治工程的实施、口门附近河道的摆动等因素必将影响黄河河口河道和海岸的地貌演变。小浪底水库运用至今,黄河河口河道和海岸观测了大量的水文泥沙与河床海床演变等资料,为分析黄河河口、海岸演变特点提供了相对可靠的基础,据此分析了小浪底水库运用后黄河河口河道和海岸的演变特点。

一、利津来水来沙条件

1976 年汛初至 1996 年 6 月,利津水文站平均年水量为 261 亿 m³,平均年沙量为 6.5 亿 t,平均含沙量为 25 kg/m³。小浪底水库开始运行至 2016 年 12 月,利津水文站平均年水量为 160 亿 m³,平均年沙量为 1.28 亿 t,平均含沙量为 8 kg/m³。其中,1999 年 10 月至 2002 年汛前水沙较枯;2002 年汛前开始实施调水调沙,其后年水量一直较大,但沙量在 2003 年、2004 年较大,含沙量 2002 年、2003 年、2004 年较大,其他年份较少,2016 年汛期更是小水小沙(见图 8-1~图 8-3)。

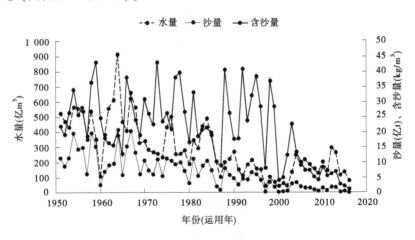

图 8-1 利津站 1950 年以来逐年径流量和输沙量变化

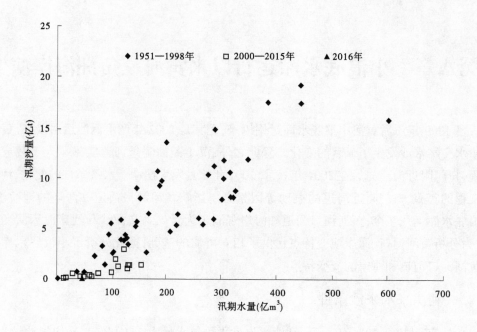

图 8-2　利津汛期水量和沙量关系

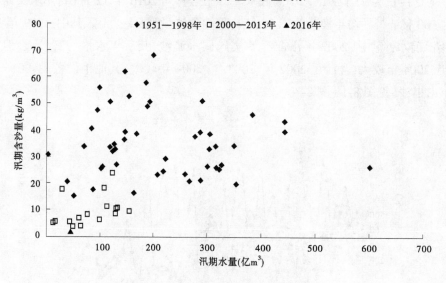

图 8-3　利津汛期水量和含沙量关系

二、小浪底水库运用以来黄河河口河道演变

(一)黄河河口河道的划分

黄河三角洲附近海域在东营港附近存在 M_2 分潮无潮点,潮差具有"马鞍型"分布的特点,即东营港附近的潮差最小,由此向渤海湾湾顶和莱州湾湾顶逐渐增大,最大约为2.2 m,平均约为1.5 m。黄河河口河道的感潮段长度与河道比降等有关,为15~30 km。

潮流段较短,当入海流量小于 1 000 m³/s 时,滞流点进入口门内约 5 km;当入海流量为
1 000~2 000 m³/s 时,滞流点在拦门沙顶部变动;当入海流量大于 2 000 m³/s 时,滞流点
在拦门沙前沿。

清水沟流路行河时期,河口平均海平面平交于河口河道与清 4 断面附近(见图 8-4)。
为此,本书沿用以往的河段划分,把利津—清 4 作为不受潮汐影响河段,即径流段。1996
年 8 月以前,清 7 上下游比降差别较大,因此把清 4 以下至口门河段细化为清 4—清 7 河
段和清 7—口门河段。考虑到 2004 年后才在黄河河口河道下游端设置测验断面汊 3(见
图 8-5),因此用清 7—汊 3 代表清 7—口门河段。需要强调的是,清 4—清 7 和清 7—汊 3
都是径流和潮汐混合段。

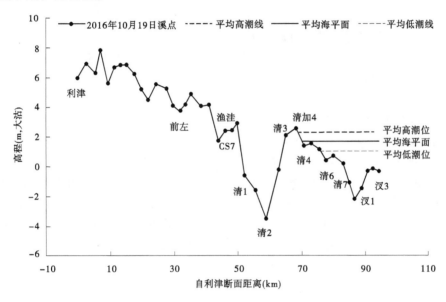

图 8-4　小浪底水库运行期间清水沟感潮段确定

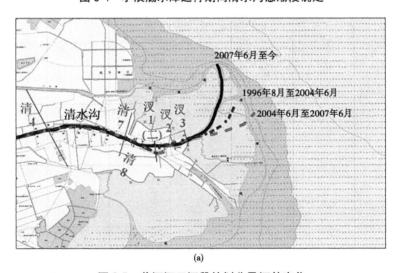

(a)

图 8-5　黄河河口河段的划分及河势变化

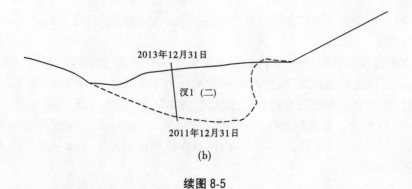

2013年12月31日

汊1 (二)

2011年12月31日

(b)

续图 8-5

(二)黄河河口河道河势和河长变化

1976 年 5 月黄河河口人工改道清水沟流路,8 月在清水沟流路的清 8 断面上游附近左岸实施了人工改汊。至 2016 年 12 月,河势有 3 次较大的变化(见图 8-5),分别为 2004 年 6 月向右(东)摆动、2007 年 6 月向左(北)摆动、2012 年汊 1 附近人工裁弯取直。清 8—汊 2 河段在 2011 年人工裁弯取直前沿图 8-5 中"2004 年 6 月至 2007 年 6 月"虚线行河,之后沿着图 8-5 所示的"2007 年 6 月至今"实线行河。

利用黄河每年实测的河势图和黄河三角洲附近海域实测水深图,量测利津—黄河口门附近 2 m 等深线的长度(以下简称"河长")。小浪底水库运行后,由于入海泥沙较少,平均年沙量约为 1.2 亿 t/a,黄河口门平均延伸速度为 0.3 km/a,最大为 1.0 km/a,远小于 1996 年 8 月改汊前的延伸速度(约为 1.4 km/a)(见图 8-6);2015 年河长约为 109 km,比 1996 年 8 月改汊前的最大河长(113 km)短 4 km;2016 年河长与 2015 年相比变化不大。按照目前的延伸速率,需 4~14 a 达到 1996 年 8 月时的河长。

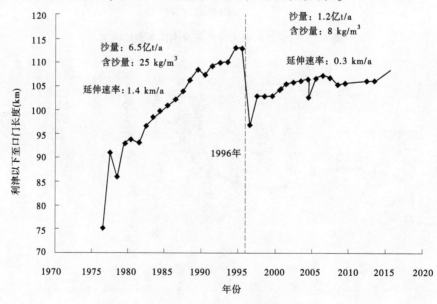

图 8-6 黄河河口清水沟流路河长逐年变化

（三）黄河河口河道冲淤

如上所述，利津—清4河段不受潮汐影响，主要受上游水沙条件影响，清4—清7和清7—汉3河段不仅受上游水沙条件影响，而且受潮汐影响。1996年8月改汊以前，清4以下河段在1980—1985年大水大沙年河床仍是淤积抬高的，表现出与清4以上径流性河道"大水冲、小水淤"明显不同的冲淤特性，即在同样的水沙条件下，河口具有"易淤"的特性，形成台阶状纵剖面。小浪底水库运用以来，利津—汉3各段演变特性如下：

（1）运用年冲淤特点。2005年10月至2016年10月运用年利津以下河口河道淤积0.048亿m³，其中利津—清4、清4—清7、清7—汉3淤积体积分别为0.032 1亿m³、0.005 5亿m³、0.010 6亿m³，年均淤积面积分别为45 m²、43 m²、93 m²，可见此运用年内清7—汉3淤积量明显大于清4—清7河段，因此此运用年清7以下河段呈现溯源淤积特征。

（2）小浪底水库运用以来各时段冲淤特点。1999年10月至2016年10月利津以下的河口河道冲刷0.536 8亿m³，其中利津—清4、清4—清7、清7—汉3分别冲刷0.496 8亿m³、0.034 4亿m³、0.005 6亿m³，年均冲刷面积分别为41 m²、16 m²、3 m²，即小浪底水库运用以来，虽然利津—清4、清4—清7、清7—汉3都表现冲刷，但是清4以下的感潮段冲刷效率明显小于清4以上河段。

1999年10月至2002年4月，即小浪底调水调沙前期，利津以下各段微冲微淤，但冲淤过程相反。图8-7中利津—清4、清4—清7的冲淤量，计算初始时间均为1999年10月，清7—汉3则始于2004年4月。由图8-7可看出，小浪底水库开始运用到2002年汛前调水调沙，受枯水过程的影响，利津—清4先微淤、后微冲，而清4—清7则为先微冲、后微淤。

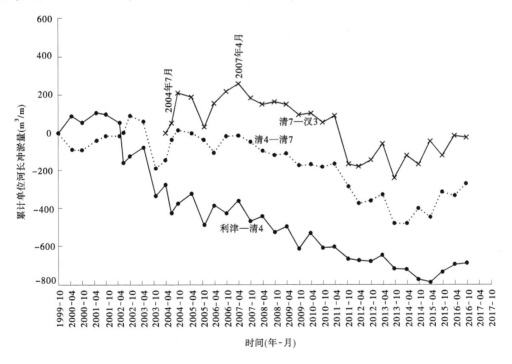

图8-7 利津—汉3段累计单位河长冲淤量变化

2002 以后调水调沙期,再细分为两个时期,其中 2002 年至 2004 年 7 月进入河口的含沙量较大,清 4 以上大冲而清 4 以下大淤;其后受低含沙量、较大洪水过程的影响,利津—清 4、清 4—清 7、清 7—汊 3 呈现趋势性冲刷(见图 8-7),此时段清 4—清 7 冲刷速度(单位时间单位河长的冲刷量)约为 34 m²/a,高于长时段(小浪底水库运用以来)的年均冲刷速率 16 m²/a。

(四) 黄河河口河道水位变化

利津以下常设的一号坝、西河口水位站同流量(3 000 m³/s)水位变化见图 8-8。小浪底水库运用以来,一号坝、西河口同流量水位分别下降 1.02 m、0.92 m。目前 3 000 m³/s 水位相当于 1985 年水位。

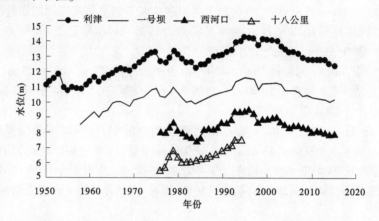

图 8-8　黄河河口河道同流量(3 000 m³/s)水位变化过程

目前,西河口 10 000 m³/s 水位(见图 8-9)约为 10.4 m,低于此处设防水位(12 m)1.6 m。

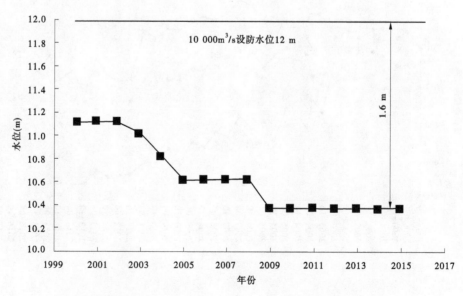

图 8-9　西河口 10 000 m³/s 水位变化过程及其与设防水位的比较

三、小浪底水库运用以来黄河河口海岸演变特点

(一)黄河口门海域 2000—2015 年度冲淤演变

图 8-10 为 2000—2015 年黄河三角洲附近海域−2 m 等深线变化。总体来看,此期间行河河口附近海岸(清水沟清 8 汊河附近海岸)淤积延伸 4 km,−2 m 等深线淤积面积 47 km²。不行河的海岸蚀退,清水沟老沙嘴附近海岸蚀退 8 km,−2 m 等深线蚀退面积 59 km²;刁口河附近海岸蚀退 4 km,−2 m 等深线蚀退面积 52 km²。

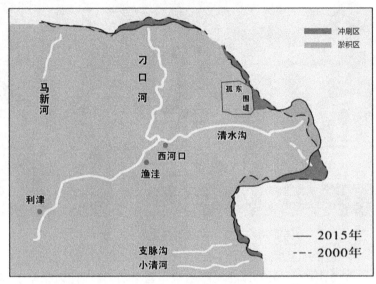

图 8-10 2000—2015 年黄河三角洲附近海域−2 m 等深线变化

冬季时渤海以东北风为主,风向正对清水沟流路的左岸。冬季大风造成的壅水(或称增水)和大风后的退水(或称减水)与较强波浪联合作用易造成左岸蚀退。2004 年 12 月 31 日卫星影像显示(图 8-11 中箭头所指处),在汊 3 断面下游左岸有明显的大面积滑坡区,2007 年卫星影像显示也正是在这里清水沟出汊、向左(北)行河(见图 8-12)。

图 8-11 2004 年 12 月 31 日黄河口卫星影像

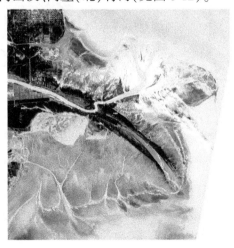

图 8-12 2007 年 6 月黄河三角洲 SPOT 卫星影像

(二)黄河口门海域2000—2015年泥沙粒径空间分布

海底质泥沙粒径分布是反映河海动力作用下入海泥沙运动特点的重要指标之一。黄河三角洲附近海域底质泥沙平均粒径的变化范围在3.6~79.4 μm,总体上近岸侧的沉积物较粗,越向深水处的海床粒径越细,粒径分布符合重力分选规律(见图8-13)。

图8-13　2015年黄河三角洲海底质分布

在东北强风等作用下,渤海湾先增水后退水。退水水流挟带较粗泥沙向东输移,但由于东营港海岸的转向,因此向东输移的泥沙越过东营港后,在惯性力作用下,落淤于海床,形成较粗泥沙向深海输移(见图8-14、图8-15)。另外,在行河的清水沟河口,较粗泥沙逐

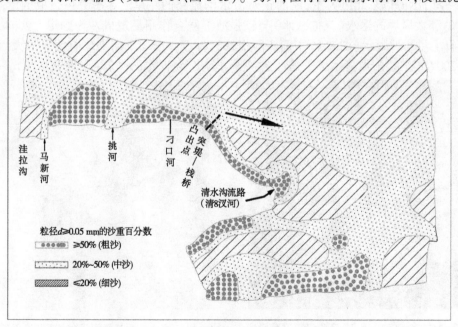

图8-14　刁口河海岸较粗泥沙沿岸向东输移

渐沉积在口门及水下三角洲前坡,在风浪等作用下,以滑坡或浊流形式,输移到水下三角洲坡脚处。2017年用多波束仪器在清水沟口也测到了这种泥沙流。美国密西西比河河口也存在这种较粗泥沙沿海岸陡坡向深海输移(mass transport)的情况。

上述特点说明了莱州湾中东部存在的较粗泥沙可能来自于现代黄河河口。

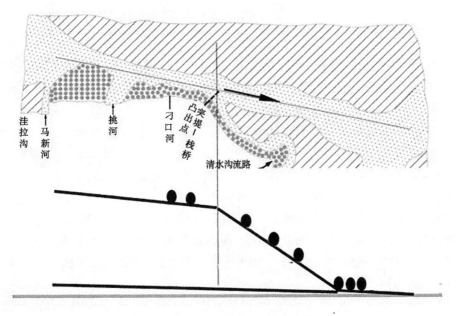

图 8-15 刁口河海岸较粗泥沙沿岸向东输移机理

第九章 认识及建议

一、主要认识

(1)2016 年汛期流域降雨量较 1956—2015 年平均偏多 11.8%,其中河龙区间偏多 48%;与多年平均相比,水沙量均不同程度偏少,潼关水量 168.70 亿 m³、沙量 1.087 亿 t,花园口和利津水沙量均为近期较小值。

(2)2016 年黄河流域干流未出现编号洪水过程。不过,支流西柳沟、皇甫川、泾河出现了高含沙洪水。

(3)截至 2016 年 11 月 1 日,流域 8 座水库蓄水总量 260.68 亿 m³,较上年同期增加 4.29 亿 m³。三门峡水库入库沙量 1.085 亿 t,排沙 1.115 亿 t,小浪底水库没有排沙。

(4)2016 年潼关以下库区年淤积 0.241 亿 m³,北干流淤积 0.122 亿 m³;2016 年汛后潼关高程为 327.94 m,全年升高 0.28 m。潼关高程近三年持续升高,初步分析其原因:①连续枯水年份,径流量少;②2013—2016 年非汛期淤积部位偏上;③桃汛期洪水洪峰和水量减少,冲刷作用减弱。

(5)2016 年小浪底库区淤积量为 1.323 亿 m³,淤积主要集中在三角洲洲面段的 HH28 断面(距坝 46.2 km)以上。至 2016 年 10 月,库区累计淤积 32.495 亿 m³,支流拦门沙坎仍然存在,其中畛水拦门沙坎最高达到 10.8 m。

(6)2016 年下游河道利津以上冲刷 0.505 亿 m³,小浪底水库运用以来,下游主槽共冲刷 19.926 亿 m³。冲刷主要集中在夹河滩以上河段,占全下游的 59%。目前下游彭楼—陶城铺河段仍然为全下游主槽平滩流量较小的河段,最小值为 4 200 m³/s。

(7)2016 运用年利津—汊 3 河道淤积 0.048 亿 m³,清 4 以下河段淤积面积呈现“上小、下大”溯源淤积的特征。小浪底水库运用以来,利津—汊 3 的河口河道累计冲刷 0.54 亿 m³,平均年冲刷率自上而下减小,河口延伸平均速度由清 8 改汊前的 1.4 km/a 降至 0.3 km/a,除行河河口附近海岸向海淤进外,黄河三角洲浅海海岸都是蚀退的。

二、建议

(1)桃汛期适当降低三门峡水库坝前水位到 312~313 m,调整非汛期淤积部位,有利于汛期冲刷。针对近期潼关高程的抬升,需进一步开展三门峡水库运用方式对近期水沙条件适应性分析。

(2)加强汛期小浪底水库异重流观测,当观测到水库发生异重流并运行到坝前时,及时打开排沙洞,将泥沙排出水库,并开展增大小浪底水库调水调沙期出库沙量的辅助措施研究。

(3)加强改走北汊前期研究和调水调沙研究,确保黄河河口有较大的平滩流量,减少突发大洪水的影响,延长清水沟流路的使用年限。来沙量较大时,通过黄河三角洲沟渠网把泥沙相对均匀地分散到黄河三角洲蚀退的海岸,且同时通过放淤抬高三角洲洲面高程,进一步整治河口输沙渠道,以提高输沙用水效率,这样能进一步降低河口淤积延伸速率,也能降低防潮堤前的海岸冲刷速率,改良三角洲盐碱地,改善三角洲附近海域生态。

第二专题　2016 年西柳沟流域水沙情势调查分析

　　2016 年 8 月 16—17 日，黄河上游支流十大孔兑的西柳沟、罕台川流域形成较大洪水，部分淤地坝发生溃决。本着全面跟踪黄河河情变化，及时发现黄河的新情况、新问题，分析其原因，为治黄生产实践提出指导性意见或建议的宗旨，对此次暴雨洪水进行了调研，特别是对孔兑流域面积较大、关注较多的西柳沟进行了较为全面的调研，根据现场调研、资料收集与后期资料分析，对西柳沟"8·17"暴雨洪水发生的过程、特点、表现进行了分析，解析了其产生影响（溃坝）的原因，初步对西柳沟泥沙锐减的原因进行了分析，并通过实地测量与模型计算分析了此次暴雨的泥沙来源，提出了 2016 年西柳沟流域水沙情势变化的一些初步认识和建议，为今后黄河的治理开发提供参考。

第一章　孔兑概况

十大孔兑位于黄河干流三湖河口至头道拐河段的南部,包括毛不拉孔兑、布日嘎斯太沟、黑赖沟、西柳沟、罕台川、壕庆河、哈什拉川、母哈日沟、东柳沟和呼斯太河(见图 1-1)。流域上游为鄂尔多斯台地北缘,沟壑纵横,地表支离破碎,沟壑密度 3~5 km/km²,是以水力侵蚀为主的地区。中游为库布齐沙漠,受干旱和季风多的气候影响,风力侵蚀极为严重,为典型的风沙区。下游为黄河冲积平原区,地面坡度较小,土壤侵蚀轻微。上中游水土流失面积 8 187.1 km²,占上中游总面积的 95%,其中上游水蚀面积 4 680.6 km²。严重的水土流失,对当地及周边地区造成严重危害,特别是洪水灾害影响最大。同时孔兑泥沙是黄河河道泥沙的重要来源之一,大量泥沙进入黄河对干流防洪和两岸社会经济发展产生威胁。如有实测资料以来,西柳沟最大洪峰流量 6 940 m³/s(1989 年),最大含沙量 1 550 kg/m³(1976 年),多年平均含沙量 131 kg/m³(1960—2012 年);罕台川多年平均含沙量达 179 kg/m³(1980—2012 年)。

图 1-1　内蒙古十大孔兑流域水系图

西柳沟是十大孔兑中水文、气象观测记录较全的流域之一,流域把口站为龙头拐水文站,建于 1960 年 4 月,至今一直观测。另有 3 个气象观测站,分别为高头窑、柴登壕及韩家塔。其中韩家塔气象站 1963 年建站,1980 年停测;高头窑气象站建于 1964 年;柴登壕气象站建于 1965 年,至今一直观测。各站点分布位置见图 1-2,龙头拐水文站位于流域中游风沙区与下游平原区的交界处,高头窑、柴登壕气象观测站位于上游丘陵沟壑区。

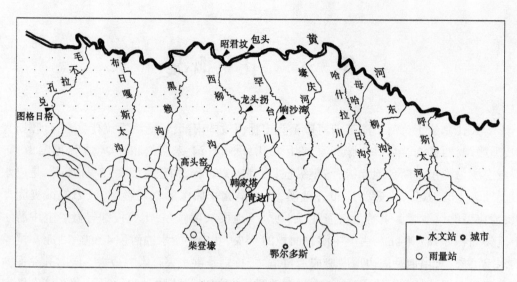

图 1-2 内蒙古十大孔兑流域测站分布图

第二章　2016年暴雨洪水特征分析

一、"8·17"暴雨过程

受副热带高压影响,2016年8月16—18日,内蒙古鄂尔多斯市出现强对流降水天气,主要降雨区为达拉特旗十大孔兑的西柳沟、罕台川等流域。2016年8月16日22时至8月18日00时,西柳沟、罕台川上游发生(特)大暴雨,暴雨中心在西柳沟的乌兰斯太沟、黑塔沟、哈塔图沟和罕台川的纳林沟、河洛图、合同沟(见图2-1),暴雨造成孔兑流域爆发洪水。

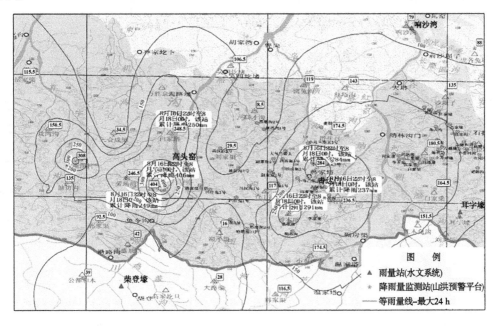

图2-1　8月16日22时至8月18日00时200+降雨量分布

根据山洪预警平台降雨量监测点资料,从最大24 h降雨量看,有4个雨量监测点的降雨量超过250 mm,为特大暴雨(见表2-1),其中最大降雨量在高头窑,达404 mm;100~250 mm暴雨级别的有33个监测点,其中3个雨量监测点超过200 mm。

水文系统雨量站点统计的"8·17"暴雨雨强见表2-2。

表 2-1 8 月 16 日 22 时至 8 月 18 日 00 时实时雨量极值

测站编码	测站名称	1 h 最大雨量（mm）	3 h 最大雨量（mm）	6 h 最大雨量（mm）	12 h 最大雨量（mm）	24 h 最大雨量（mm）
40546047	高头窑	59.5	138.5	261	348.5	404
40545120	呼斯图村	52.5	104	188	247.5	308
40548045	神木塔	69.5	157	230	260.5	291
40548055	赫家渠	65	132.5	211.5	246.5	284
40546070	白家塔	43	110.5	152.5	194.5	248.5
40546055	劳场湾	39.5	87.5	145	198.5	246.5
40548030	昌汉沟	57	146	200.5	226	236.5

表 2-2 "8·17"暴雨各雨量站雨强统计   （单位：mm）

测站名称	3 h	6 h	12 h	24 h	场次
龙头拐	34.1	36.8	43.4	86.4	89.6
柴登壕	46.4	70.4	79.3	109.8	139.5
高头窑	60	96	181.6	228.6	248.6
青达门	50	92	118	143	143

本次暴雨包含两场降雨，第 1 场降雨从 8 月 16 日 22 时至 17 时 14 时，第 2 场降雨从 8 月 17 日 21 时至 8 月 18 日 5 时。第 1 场降雨历时长、强度大，最大 3 h、6 h、12 h 降雨大多发生在第 1 场降雨；第 2 场降雨相对降雨历时短、强度小。

高头窑雨量站连续 3 h 最大降雨量为 60 mm，6 h 为 96 mm，12 h 达 181.6 mm，属特大暴雨，最大 24 h 降雨为 228.6 mm，是有实测资料以来的最大值。柴登壕雨量站连续 3 h 降雨量为 46.4 mm，6 h 降雨量为 70.4 mm，之后减弱，属大暴雨，最大 24 h 降雨量为 109.8 mm，为有实测资料以来第 2 大值。位于沙漠出口处的龙头拐雨量站最大 24 h 降雨量为 86.4 mm，排第 4 位。位于西柳沟和罕台川流域边界的青达门雨量站，最大 6 h 降雨量 92 mm，24 h 为 143 mm，属大暴雨。流域最大 24 h 雨量平均为 143 mm，为多年平均的 3.1 倍，为历年最大值。由此说明此次西柳沟雨区降雨过程普遍达到暴雨级别，局部地区达特大暴雨。

二、洪水过程

受降雨影响，西柳沟出现了 1989 年以来的最大洪水。龙头拐水文站 8 月 17 日 10 时流量开始起涨，18 日 14:38 基本结束，持续时间约 29 h，17 日 15 时许出现洪峰流量 2 760 m³/s，为有实测资料以来的第 5 位，相应最大含沙量为 149 kg/m³。相应径流量和输沙量分别为 6 381 万 m³ 和 496.5 万 t(见图 2-2)。

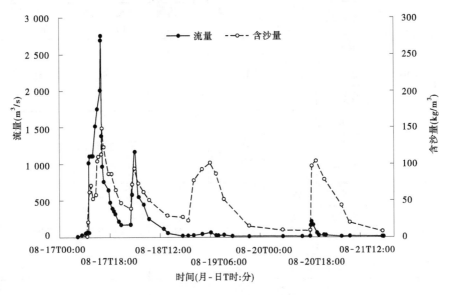

图 2-2 "8·17"洪水过程

"8·17"洪水洪峰与最大含沙量基本相对应,整个过程出现两次大的洪峰,即 8 月 17 日 15 时的最大洪峰流量 2 760 m³/s,8 月 18 日 2 时 40 分的 1 170 m³/s;后续又出现两次较小的洪峰,分别在 8 月 19 日 6 时洪峰流量为 57.5 m³/s,8 月 20 日 20 时洪峰流量为 198 m³/s。与之对应 4 个沙峰中,8 月 19 日和 8 月 20 日在洪峰流量较小的情况出现较大的沙峰,分别为 101 kg/m³ 和 104 kg/m³。分析其原因,最大洪峰流量出现的主要原因在于降雨,8 月 16 日 22 时开始降雨,随着雨强的增大,产汇流加快,洪峰流量出现;第二次洪峰过程是受降雨和西柳沟 17 日溃决的淤地坝共同影响,淤地坝在洪水前期延缓了径流的汇集和流量的叠加,削减了洪峰流量,减轻了孔兑下游防洪压力,但随着淤地坝的溃决,在后续的过程中淤地坝拦截的洪水与泥沙集中倾泻,形成较大的洪峰;同理,后续的两次洪峰也与淤地坝的溃决有关,根据统计,18 日以后陆续有 5 座淤地坝溃决。

三、洪水特点

为进一步说明本次洪水过程,选取历史实测资料中与之相近的典型洪水过程进行对比。同时,为了对比的方便及可靠,后续分析降雨量采用水文系统在西柳沟设置的雨量站进行分析,具体见表 2-3。

选取与"8·17"洪水次洪量接近的 1989 年洪水比较,同时根据西柳沟流域场次洪水中洪峰流量与输沙量有较好的相关性,进而选取与"8·17"洪水洪峰接近的 1966 年、1973 年洪水比较。分析表明,本次洪水过程呈现降雨量大、洪峰小、输沙量小的特点。

表 2-3　西柳沟典型场次洪水水沙特征值

年份	起止时间 (月-日)	雨量站	降雨量 (mm)	平均雨量 (mm)	洪峰流量 (m³/s)	最大含沙量 (kg/m³)	次洪量 (万 m³)	次洪输沙量 (万 t)
2016	08-16—20	龙头拐	89.6	159.2	2 760	149	6 381	496.5
		柴登壕	139.5					
		高头窑	248.6					
1989	07-21	龙头拐	105.9	106.6	6 940	1 240	7 275	4 016
		柴登壕	67					
		高头窑	147					
1966	08-13—14	龙头拐	19.5	71.5	3 660	1 380	2 349	1 657
		柴登壕	48.7					
		高头窑	73.5					
		韩家塔	144.4					
1973	07-17—18	龙头拐	17.5	29.1	3 040	1 550	1 372	1 065
		柴登壕	56					
		高头窑	16					
		韩家塔	27					

(一)雨强大

由图 2-3 可知,从有实测资料以来西柳沟龙头拐、高头窑、柴登壕 3 个雨量站 24 h 雨量看,2016 年高头窑 228.6 mm 为历年最大值,柴登壕 109.8 mm 为历年第 2 大值,龙头拐 86.4 mm 为历年第 4 大值。

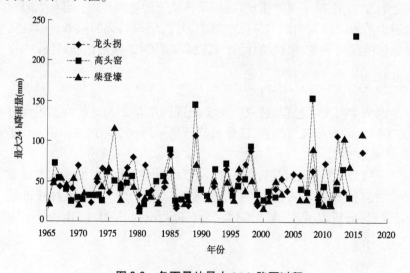

图 2-3　各雨量站最大 24 h 降雨过程

(二)洪峰流量小,含沙量低

由图2-4可知,"8·17"洪水过程中洪峰流量为2 760 m³/s,仅为1989年洪峰流量6 940 m³/s的40%;从最大含沙量看,"8·17"洪水过程中最大含沙量为149 kg/m³,不到1989年1 240 kg/m³的12%,1990年以前年最大含沙量多年平均为800 kg/m³。分析表明,"8·17"暴雨条件下洪峰流量和最大含沙量显著减少。

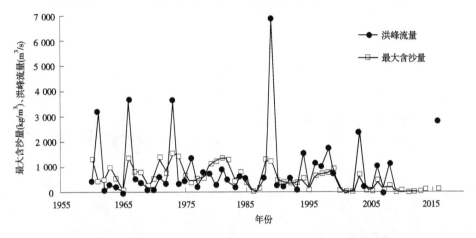

图2-4 西柳沟龙头拐水文站历年洪峰流量、最大含沙量变化过程

(三)径流大,输沙量小

由图2-5可知,从年际变化来看,2016年西柳沟年径流量为7 176万m³,历史第4大值,是1989年以后出现的最大径流量,年输沙量为499万t,是2003年以后出现的最大输沙量;2000年之前西柳沟多年平均径流量为3 123万m³,年输沙量为521万t;相对而言,2016年西柳沟年径流量较往年偏大,输沙量偏少。

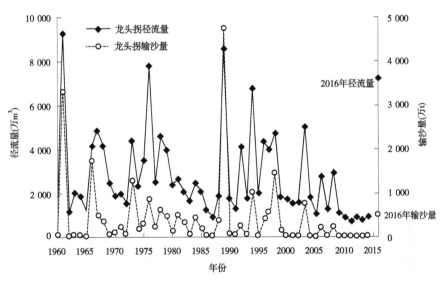

图2-5 西柳沟龙头拐水文站历年径流量与输沙量变化过程

四、洪水表现

此次暴雨过程,西柳沟龙头拐水文站出现1989年以来的最大流量,但是最大含沙量远小于相应洪水的含沙量。选取西柳沟上几个点进行考察,分别为西柳沟上游高头窑附近水毁公路处、西柳沟上中游交汇处、与沿黄公路西柳沟大桥交汇处、龙头拐水文站,以及西柳沟入黄口。通过考察分析洪水对河道的影响如下。

(一)上游高头窑附近冲淤不明显

在西柳沟上游高头窑附近,漫水公路被淘刷冲毁,位于高头窑村上游约2 km处,从洪水过后河滩上的树木来看,洪水漫滩后水深在2 m以上,但洪水过后树木既没有冲刷露出树根,也没有明显淤积,该处河道冲淤不明显(见图2-6)。

图2-6 西柳沟上游水毁公路下河道情况

(二)部分沙丘滑塌,边岸坍塌

西柳沟上游丘陵区与库布齐沙漠最南端的交界处,河道较宽,洪水漫滩到达沙丘边缘,沙丘部分滑塌,增大了水流含沙量。洪水过后主槽下切,边岸坍塌,左岸滩高2 m以上,右岸滩坎高出约0.53 m(见图2-7)。可见此处河床表现为冲刷,沙漠沙不断补给。

图2-7 西柳沟上中游交汇处两岸状况

(三)洪水后下游主槽冲刷明显

从图2-8所示龙头拐水文站实测断面可知,洪水后滩地微淤、主槽冲刷明显;入黄口附近洪水过后支流河道展宽,裸露的滩地并没有明显的淤积;进入黄河后形成明显的冲积扇,支流向黄河延伸(见图2-9)。可见西柳沟下游并没有明显的淤积,挟带的泥沙堆积在黄河河道边岸。

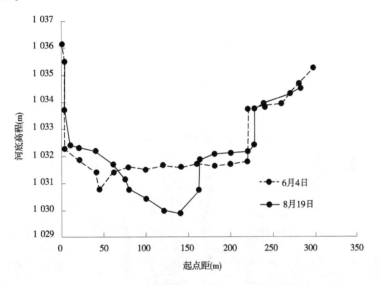

图2-8　龙头拐水文站实测断面

图2-9　西柳沟入黄口附近河道和入黄口冲积扇

(四)对黄河干流影响

8月17—20日,干流流量在230~300 m³/s,孔兑洪水进入干流,对干流流量过程产生较大影响。包头水文站最大流量达1 260 m³/s,洪水过程持续2 d(见图2-10)。

由于干流流量过小,孔兑入黄口产生淤积(见图2-11),形成明显的冲积扇,支流流路向黄河河道延伸。与洪水前河势对比,洪水前主流带宽浅且靠近西柳沟的入汇处,而洪水过后,受淤积影响,主流向北摆动。

从包头水文站水位流量关系看,洪水前后同流量水位抬升约0.30 m,说明河床淤积抬升。孔兑洪水过后,干流流量增加至800 m³/s,并不足以冲刷前期淤积物,水位没有下

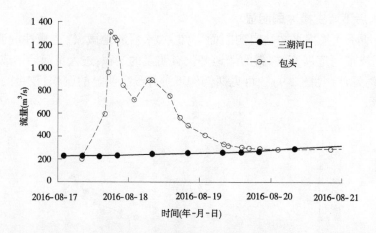

图 2-10　洪水期黄河干流流量过程

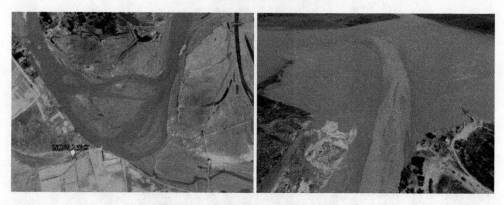

图 2-11　西柳沟入黄口洪水前后对比

降(见图 2-12)。可见孔兑洪水入汇造成了干流河床的淤积抬升,位于包头水文站上游近 20 km 的西柳沟入汇口附近河床抬升远大于 0.30 m。

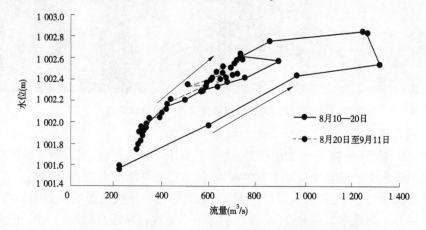

图 2-12　2016 年"8·17"洪水包头水文站水位流量关系

　　对比 1989 年"7·21"洪水情况,1989 年 7 月 21 日黄河干流流量为 1 230 m³/s,泥沙进入黄河后,在汇流处淤堵,形成长达 600~1 000 m、宽约 10 km、高 2 m 的沙坝。从

图 2-13 所示昭君坟水文站水位流量关系看,洪水前后同流量水位抬升超过 2 m。

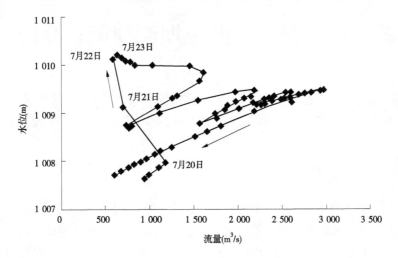

图 2-13　1989 年"7·21"洪水昭君坟水文站水位流量关系

第三章　西柳沟淤地坝溃坝调查分析

本次暴雨洪水过程共造成十大孔兑 19 座淤地坝溃决,其中西柳沟溃坝 14 座。为了进一步明晰溃坝情况,分析溃坝原因及溃坝的影响,对西柳沟溃决的 14 座淤地坝进行了实地调研。

一、十大孔兑淤地坝概况

从 20 世纪五六十年代开始,在十大孔兑上游开展了水土保持生态建设,在中游开展了防风固沙林带和引洪淤地工程建设。20 世纪 80 年代以来,该区先后开展了试点小流域、骨干坝工程、沙棘示范区、罕台川水土保持综合治理、黄土高原水土保持世行贷款项目、沙棘拦沙工程等水土保持项目。近年来,鄂尔多斯市推行了封山禁牧制度,生态修复初见成效。

孔兑上中游工程措施主要有淤地坝、引洪淤地、梯田、沟头防护等。梯田数量极少,引洪工程修建后由于各种原因实际起作用的很少,淤地坝是十大孔兑流域治理的主要工程措施。

十大孔兑的淤地坝主要分布在毛不拉、黑赖沟、西柳沟、罕台川、哈什拉川及呼斯太河(见图 3-1)。从建成时间看,大体分为两个阶段,第一阶段为 1988—2002 年,是大范围零星骨干坝建设,主要在呼斯太河、哈什拉川、毛不拉和罕台川四条孔兑;第二阶段是 2003 年至今,主要建设在毛不拉、西柳沟和罕台川三条孔兑上。截至 2014 年,十大孔兑现存淤地坝共计 365 座,其中骨干坝现存 144 座,控制面积 602.76 km²,总库容 12 731.21 万 m³,淤积库容 984.45 万 m³;中型坝现存 121 座,控制面积 196.61 km²,总库容 2 265.93 万 m³,淤积库容 378.23 万 m³;小型坝现存 105 座,控制面积 85.16 km²,总库容 526.36 万 m³,淤积库容 133.99 万 m³。

二、西柳沟淤地坝溃坝情况

截至 2014 年,十大孔兑共有淤地坝 365 座,其中西柳沟 113 座,位于降雨中心的有 96 座,控制流域面积 208 km²,设计总库容 4 203 万 m³,设计拦泥库容 2 206 万 m³,累计淤积量 186 万 m³。降雨中心的淤地坝大部分为 2012 年前建成的"两大件"工程。

此次暴雨过程,共造成达拉特旗 19 座淤地坝垮坝(见图 3-2),其中骨干坝 12 座、中型坝 5 座、小型坝 2 座。全部分布在西柳沟和罕台川两条流域,占淤地坝总数的 11%。涉及西柳沟流域乌兰斯太沟、黑塔沟、哈他土等 3 条坝系和罕台川流域纳林沟、合同沟、河洛图等 3 条坝系。其中西柳沟溃坝骨干坝 11 座、中型坝 2 座、小型坝 1 座(见表 3-1)。

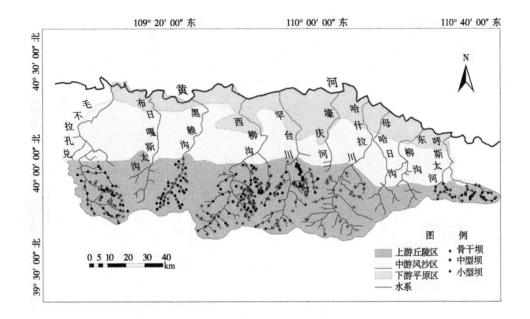

图 3-1 十大孔兑淤地坝工程分布图

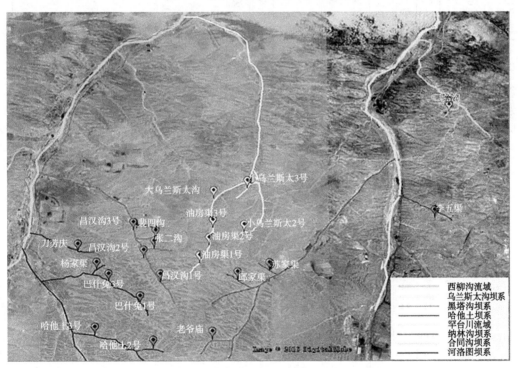

图 3-2 被调查的淤地坝分布图

表 3-1 西柳沟"8·17"淤地坝溃坝情况统计

坝系	坝名	坝型	坝长 (m)	坝高 (m)	总库容 (万 m³)	防洪库容 (万 m³)	拦泥库容 (万 m³)	设计标准	枢纽组成	建坝时间	溃坝形式	溃坝时间
黑塔沟坝系	昌汉沟 1 号	骨干坝	298	14	164.3	73.5	90.8	30 年一遇	两大件	2009	溃决	18 日 08:00
	昌汉沟 2 号	骨干坝	357	12	99.43	44.46	54.97	20 年一遇	两大件	2010	漫决	17 日 14:30
	昌汉沟 3 号	骨干坝	351	12.3	158.3	70.8	87.5	30 年一遇	两大件	2010	漫决	17 日 14:30
	张二沟	中型坝	142	9	17.44	8.51	8.93	10 年一遇	两大件	2009	无溃口	无溃口
	裴四沟	中型坝	229	12	21.37	10.43	10.94	10 年一遇	两大件	2010	溃决	17 日 11:09
	油房渠 1 号	骨干坝	251	11.2	67.98	36.66	31.32	20 年一遇	两大件	2006	溃决	17 日 13:50
	油房渠 2 号	骨干坝	251	11.6	92.98	50.14	42.84	20 年一遇	两大件	2006	漫决	17 日 13:50
乌兰斯太沟坝系	油房渠 3 号	骨干坝	291	10.5	81.57	43.98	37.59	20 年一遇	两大件	2006	漫决	17 日 13:50
	大乌兰斯太沟 2 号	骨干坝	304	10.6	86.4	46.59	39.81	20 年一遇	两大件	2006	溃决	17 日 16:27
	小乌兰斯太沟 2 号	小型坝	303	13.2	5.7	3.73	1.97	5 年一遇	一大件	2006	漫决	17 日 13:07
	小乌兰斯太沟 3 号	小型坝	382	13.1	5.7	3.73	1.97	5 年一遇	一大件	2006	无溃口	无溃口
	巴什兔 1 号	骨干坝	278	15	81.4	36.4	45	20 年一遇	两大件	2010	溃决	20 日 16:00
	巴什兔 3 号	骨干坝	363.4	16.4	199.87	89.38	110.49	30 年一遇	两大件	2010	溃决	18 日 08:00
哈他土沟坝系	哈他土 2 号	骨干坝	327.6	12.6	107	47.88	59.12	30 年一遇	两大件	2010	溃决	18 日晚
	哈他土 3 号	骨干坝	505.8	14.6	240.19	107.41	132.78	30 年一遇	两大件	2012	溃决	20 日 12:00 开口泄洪, 22 日溃坝
	杨家渠	中型坝	220	10.5	30.56	14.91	15.65	10 年一遇	两大件	2011	漫决	17 日 11:21
	刀劳庆	骨干坝	351.1	14.1	78.31	33.03	45.28	20 年一遇	两大件	2009	无溃口	无溃口

注:本表统计包括查看但未拆查的张二沟、小乌兰斯太 3 号和刀劳庆坝。

· 156 ·

三、溃坝原因分析

通过现场查勘、走访群众、查阅资料并与地方水土保持部门进行座谈,初步分析本次淤地坝水毁的主要原因如下。

(一)超标准洪水造成的漫决

淤地坝设计标准为5~30 a一遇,8月17日的强降雨产生的洪水进入坝区后,短时间内洪量超出滞洪库容,致使洪水漫过坝顶,逐步将坝体淘刷冲毁,从而产生溃决。漫顶溃坝多发生在8月17日产汇流期,如西柳沟支沟乌兰斯太沟上的油房渠1号、2号、3号骨干坝(见图3-3~图3-5)。

图3-3 油房渠1号淤地坝溃决剖面及漫决全貌

图3-4 油房渠2号淤地坝漫决下游水位痕迹及漫决全貌

图3-5 油房渠3号淤地坝溃决剖面及漫决全貌

(二) 淤地坝工程多为"两大件"

此次西柳沟溃坝的14座淤地坝中"两大件"淤地坝有13座，剩余1座为"一大件"，由此看出溃决的淤地坝都没有设置泄洪设施，遇超标准暴雨洪水，不能及时排泄，导致高水位运行最终溃坝。另外，排水涵管按无压流设计，实际运行时难以控制无压泄水，同时排水涵管消力池出口没有防冲设计。

(三) 淤地坝工程结构缺陷导致的溃坝

本次淤地坝溃口主要发生在排水涵管处，这是因为高水位长时间运行导致排水卧管土石接合部发生接触冲刷而垮坝。其结构方面存在的问题是排水涵管底板不均匀沉陷以及排水涵管间接缝不合理，导致混凝土涵管间接缝处易发生错位、渗漏，缩短了渗径。如昌汉沟1号坝(见图3-6)。

图3-6　昌汉沟1号坝溃口处上游和下游被冲散的涵管

(四) 运行不规范

暴雨期间，卧管多孔放水，形成有压流，加剧了管子接缝处渗漏淘刷土体的速度，同时也使消力池消能不足导致溯源冲刷，管子节节失稳导致坝体坍塌。

四、淤地坝对洪水泥沙的影响

(一) 缓洪削峰，拦截泥沙

此次"8·17"暴雨过程中，由于降雨集中，短时间内汇流形成了较大的洪水，暴雨中心正是淤地坝布置密集区，三条坝系设计拦沙库容2 206万 m³(见表3-2)，洪水进入淤地坝库区后，淤地坝拦蓄了洪水，蜗管泄流量仅0.33~0.66 m³/s，延缓了径流的汇集和流量的叠加，削减了洪峰流量，减轻了孔兑下游防洪压力。

虽然有14座出现了溃决，但对洪水的拦蓄和溃坝时间的滞后，仍起到了错峰的作用，避免了集中汇流和洪峰过大。

表 3-2 西柳沟暴雨中心坝系统计

所属坝系	数量(座)	控制面积 (km²)	设计总库容 (万 m³)	设计拦沙库容 (万 m³)	目前累计淤积量 (万 m³)
乌兰斯太沟	26	52	1 002	455	49
黑塔沟	32	74	1 502	826	89
哈塔图沟	38	82	1 699	925	48
合计	96	208	4 203	2 206	186

本次暴雨中心西柳沟有 96 座淤地坝,控制流域面积为 208 km²,占产流区面积的 23.7%,可以基本拦截控制区域的产沙量。但在洪水期间,西柳沟有 14 座淤地坝溃决,坝体的溃口和坝区的冲刷,部分增加了进入沟道的沙量。根据现场勘察和观测,坝区的冲刷仅集中在坝前,对于有后续洪水的坝区会冲刷形成一定的主槽,宽度与开口有关,不会发展到整个坝区(见图 3-7)。图 3-8 是杨家渠淤地坝溃口处。实地测量溃口宽约为 20 m,坝前冲刷深度在 2.1~2.3 m。根据 4 座溃决淤地坝的现场测量估算,西柳沟有 14 座淤地坝溃决,溃决的坝体和坝前的溯源冲刷增加泥沙 30 万~50 万 m³。

图 3-7 昌汉沟 1 号坝溃口处上游

(二)溃决造成的坝区冲刷量有限

从现场调查来看,本次淤地坝溃决后呈现的冲刷形式有两大类型:一种是溯源冲刷;另一种是沿程冲刷。调查中有 1 座淤地坝(图 3-8 的杨家渠淤地坝)溃决时间较早,又经后续的洪水,表现以沿程冲刷为主;剩余溃决的淤地坝冲刷形式为溯源冲刷,如从图 3-7 所示昌汉沟 1 号淤地坝垮坝后现场查勘可看出,冲刷的最大宽度与口门相当,向上发展范围迅速缩小,由此可知,该情况溃决的淤地坝冲刷量不大,对西柳沟的输沙量影响有限。

图 3-8　杨家渠淤地坝溃口处和坝区冲刷

第四章　水沙关系分析

与 1989 年洪水相比,"8·17"洪水过程呈现降雨量大、径流量大,洪峰小、含沙量低、输沙量少的特点。分析原因在于长期的人类活动对西柳沟流域水沙关系产生一定的影响,促使水沙关系发生变化,特别是西柳沟沙量锐减。本次从降雨—输沙关系分析西柳沟流域水沙关系变化的规律,寻求水沙关系变化的原因。

一、降雨—输沙关系

从产流产沙的物理成因出发,选择降雨因子,建立基准年输沙量与降雨参数关系,解析基准年的水沙关系。

西柳沟上游以砾质丘陵区为主,部分有黄土或风沙覆盖,考虑到孔兑流域的地貌特点,一般降雨条件对地表侵蚀作用弱而不产沙。参考黄土地区可引起侵蚀的日降雨量标准研究成果,将 10 mm 作为临界雨量标准;对于砾质土壤地表的侵蚀作用,主要取决于暴雨或大暴雨。考虑不同雨量级侵蚀强度的不同,采用日降雨量在 10~50 mm、50~100 mm 及大于 100 mm 的年累计降雨总量(分别用 $P_{10~50}$、$P_{50~100}$ 和 P_{100} 表示)作为表征降雨因子的参数,建立年输沙量与降雨因子的关系。

基准年选择主要根据流域治理措施的实施程度。孔兑治理分 3 个阶段:1980 年之前孔兑流域植被覆盖较差,可以认为孔兑下垫面条件处于自然状态;1981—2004 年孔兑流域植被覆盖逐渐变好,下垫面发生变化,为植被恢复期;2005 年至今,由于各种措施实施效果的显现,植被覆盖恢复较好,生态环境明显好转。根据孔兑的治理阶段,原则上以 1980 年以前流域水利水保措施数量较少作为基准期,代表"天然情况",2006 年以来代表现状条件,进行流域人类活动对径流和输沙量影响的水文分析计算。根据西柳沟实际情况(为了更好地利用 1989 年的洪水资料),本次以 1989 年以前作为西柳沟基准年,根据 1966—1989 年实测降雨量与输沙量资料建立西柳沟年输沙量与流域降雨因子"天然情况"下的关系如下:

$$W_s = 53.586 + 0.699P_{10~50} + 4.174P_{50~100} + 40.542P_{100} \qquad (4-1)$$

可见,大暴雨和暴雨影响输沙的权重最大。

从图 4-1 分析,治理措施稳定显效期和基准期呈明显的两个趋势带,均存在输沙量随降雨量增加而增加的趋势,相同降雨条件下治理后的产沙量明显小于治理前基准年。根据基准期关系分析,2016 年西柳沟降雨条件下的可能输沙量为 5 278 万 t,实际输沙量 499 万 t,人类活动的影响减少泥沙 4 779 万 t,减沙效益达 90%。

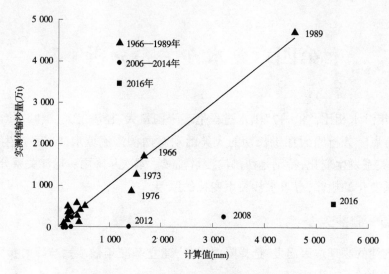

图 4-1 西柳沟实测年输沙量与计算值关系

二、泥沙大幅度减少原因

流域水沙变化的主要影响因素包含气候条件和下垫面,淤地坝、水库、梯田、林草植被等是影响下垫面变化的主要因素。

对于西柳沟流域,目前尚没有水库,梯田也基本没有,最多人类活动的高头窑煤矿为井矿,对流域产沙基本没有影响,除气候因素外,只有淤地坝和林草植被覆盖度变化是影响泥沙减少的主要因素。

(一)淤地坝的影响

2016 年淤地坝的影响包含两部分,一是现有淤地坝的拦沙;二是溃坝的影响。

西柳沟现有淤地坝 113 座,位于降雨中心的有 96 座,控制流域面积 208 km²,占上游产流区面积的 23.7%,若淤地坝可以拦截控制流域的全部泥沙,则可以拦截产沙量的 23.7%。

洪水期间有 14 座淤地坝溃坝,会增加部分泥沙。从现场调查来看,淤地坝溃决后坝区呈现的冲刷形式主要有两种:一种是溯源冲刷;另一种是沿程冲刷。调查中有 1 座淤地坝(杨家渠淤地坝)溃决时间较早,又有后续洪水,表现以沿程冲刷为主;剩余溃决的淤地坝冲刷形式为溯源冲刷,冲刷的最大宽度与口门相当,向上发展范围迅速缩小,可知,溃决的淤地坝冲刷量不大。但仍会补充部分泥沙,实际拦沙量小于 23.7%。

由图 4-2 可知,西柳沟从上游沟道到穿越沙漠区为泥沙粒径迅速衰减过程,到下游平原区后,河床泥沙级配组成相对稳定而均匀,干流的河床组成沿程细化显著,到龙头拐以下河床泥沙约 80% 以上小于 0.25 mm,中数粒径为 0.157 mm,悬移质泥沙更细。

(二)林草植被的影响

十大孔兑上游林草措施开展较早。20 世纪 50 年代提出"禁止开荒,保护牧场"治理

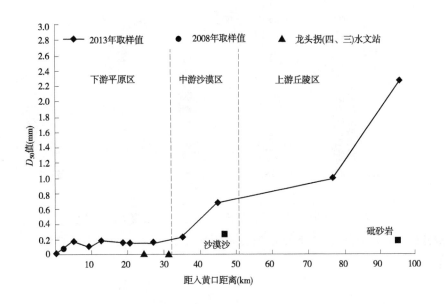

图 4-2　西柳沟河床质中数粒径(D_{50})的沿程变化

对策,60 年代陆续开展种树种草项目,70 年代实施"逐步退耕,还林还牧,林牧为主,多种经营"的治理方针,80 年代贯彻"三种五小"(每年种树、种草、种柠条各 100 万亩,建设小水利、小流域、小草库伦、小经济林、小农机具)和"资源开发与环境保护并重"两个治理方针,90 年代以后进一步加大林草治理力度,在利用柠条改良草场、沙棘治理砒砂岩沟壑等方面取得了显著成就。但在 1999 年以前,受到人力、财力及管理权限的限制,鄂尔多斯林草的破坏速度大于恢复速度。从 1999 年起,颁布禁牧、休牧和轮牧的政策,推进舍饲圈养,落实封山禁牧制度,使孔兑生态环境开始明显好转,至今,孔兑的草原植被得到明显的恢复,其平均高度、平均覆盖度呈现上涨趋势。

根据遥感解译、反演计算和分析,统计十大孔兑典型地理单元不同年份的植被覆盖度平均值见图 4-3。1999—2012 年孔兑的草原植被得到明显的恢复,平均覆盖度呈增加趋势,2016 年孔兑的林草植被平均覆盖度达到 45.6%,植被的恢复对产洪产沙有很大影响。

根据"十二五"期间研究成果,黄土丘陵沟壑区产沙系数和林草植被覆盖率的概念及计算方法,兼顾大空间范围降雨观测的实际精度,结合孔兑流域降雨特点,选择日降雨量大于 25 mm 的年降水总量作为降雨指标,记为 P_e,采用刘晓燕等提出的黄土丘壑区林草植被减沙计算方法,分析了"8·17"暴雨的产沙量和林草植被的减沙作用。

产沙系数计算公式为

$$S_i = \frac{W_s}{A_e} \times \frac{1}{P_e} \tag{4-2}$$

式中:S_i 为产沙系数,指流域在单位有效降雨下单位易侵蚀面积上的产沙量,$t/(km^2 \cdot mm)$;W_s 为流域年产沙量,t;A_e 为流域易侵蚀面积,是指流域内剔除河川地和石山区后的

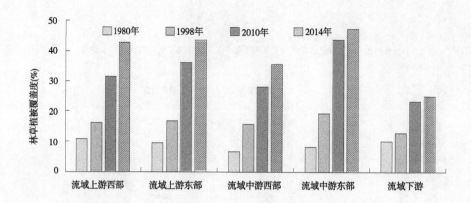

图 4-3 十大孔兑典型地理单元不同年份的植被覆盖度平均值

土地面积, km²; P_e 是有效降雨量, mm, 取日降雨量大于 25 mm 的年降水总量。

林草植被覆盖率计算公式为

$$V_e = 100 \times \frac{A_{1s}}{A_e} \tag{4-3}$$

式中: V_e 为产沙林草植被覆盖率, 指流域易侵蚀区的林草叶茎正投影面积占易侵蚀区面积的比例(%); A_{1s} 为易侵蚀区林草叶茎的正投影面积, km²。

选择梯田较少的黄土丘壑区支流, 分别按雨强为多年平均值的 50%、1 倍、2 倍、3 倍和 4 倍, 计算不同时期的林草覆盖度及相应的产沙指数, 参考刘晓燕等成果点绘的两者关系可知, 在相同林草覆盖度情况下, 雨强越高产沙指数越大, 该现象与现有认识基本一致, 即雨强是影响侵蚀产沙的重要因素。不过, 在雨强为多年平均值的 2~4 倍区间, 相同林草覆盖度对应的流域产沙指数差别不明显。鉴于此, 将雨强为多年平均值 2~4 倍的数据进行整合, 由此得到黄土丘陵沟壑区的产沙系数与林草植被覆盖度的关系为

$$S_i = 835.64 \times e^{-0.0728V_e} \tag{4-4}$$

西柳沟多年平均雨强为 0.16 mm/h, 2016 年为 0.58 mm/h, 为强降雨过程, 但目前还没有砾质丘陵区产沙的研究成果, 参考上述公式进行计算, 可以大体上反映林草植被的影响。其中有效降雨量为 178.6 mm, 计算得到 2016 年暴雨条件下西柳沟上游的产沙量为 473 万 t, 按 1980 年前林草植被情况计算, "天然情况" 可能产沙量为 6 529 万 t, 因植被覆盖度的增加, 减少产沙 6 056 万 t。

综合以上分析, 淤地坝的拦沙量若按 20% 考虑, 为 95 万 t; 根据 "十二五" 成果, 西柳沟沙漠区年均补充沙量为 105 万 t; 根据产沙和拦沙计算, 2016 年龙头拐的沙量为 483 万 t, 实测值 499 万 t, 二者非常接近。

第五章　洪水泥沙来源组成分析

一、研究方法

首先选择西柳沟流域中小乌兰斯太沟 1 号骨干坝进行了比较详细的实地测量分析，实际测量计算了这个骨干坝控制的流域在"8·17"暴雨过程中的产水量和侵蚀产沙量，作为对整个西柳沟流域侵蚀产沙分析的基础。小乌兰斯太沟 1 号骨干坝控制面积 3.84 km²，该坝控制的小流域位于西柳沟的支流乌兰斯太沟的上游（见图 5-1），从本次降雨强度的分布、植被、土壤等方面考虑都具有比较好的代表性。采用通用土壤侵蚀流失方程模型（USLE）计算西柳沟流域产沙量。

小乌兰斯太沟1号
骨干坝流域

图 5-1　小乌兰斯太沟 1 号骨干坝流域位置

二、小乌兰斯太沟 1 号骨干坝流域产水、产沙量

通过实地观测"8·17"洪水在坝前产生的水迹线、泥沙淤积分布，结合坝前沟道地形分析计算本次强降雨过程中坝前蓄水量及淤地坝以上流域的产沙量。实地观测小乌兰斯太沟 1 号骨干坝坝前水迹线见图 5-2，泥沙淤积平均厚度见图 5-3、图 5-4。

实际测量和计算结果为，本次降雨过程中右侧主沟道泥沙淤积长度 455 m，淤积量 20 952 m³；左侧支沟淤积长度 227 m，沟道淤积量 3 200 m³；坝前洼地内淤积量 3 618 m³。本次降雨过程中坝前沟道中共淤积泥沙体积 27 770 m³，按照土体干密度约 1.4 g/cm³ 计算，则淤积量为 38 878 t。根据小乌兰斯太沟 1 号骨干坝控制面积 3.84 km² 计算，则侵蚀

图 5-2　小乌兰斯太沟 1 号骨干坝坝前水迹线位置示意图

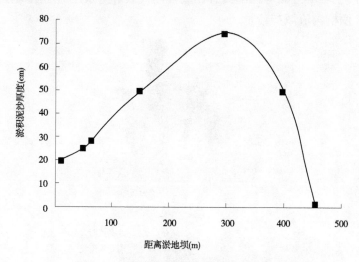

图 5-3　主沟道泥沙淤积厚度沿程分布

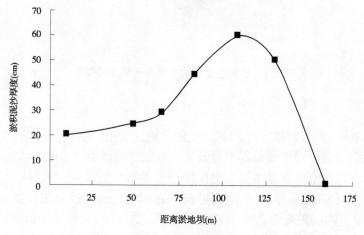

图 5-4　左支沟泥沙淤积厚度沿程分布

强度约 10 124 t/km²。

根据水迹线并还原降雨过程中排出的水量(约 40 000 m³)计算,本次降雨中坝库蓄水量 348 000 m³,则径流深约 90.7 mm,径流平均含沙量约 111.7 kg/m³。

三、西柳沟流域的模型计算

(一)计算方法

采用通用土壤侵蚀流失模型(USLE)计算西柳沟流域坡面产沙量:

$$W_s = RKLSCP \tag{5-1}$$

式中:W_s 为单位面积上水力侵蚀土壤流失量,t/(hm²·a);R 为降雨侵蚀力因子,MJ·mm/(hm²·h·a);K 为土壤可蚀性因子,t·hm²·h/(hm²·MJ·mm);L 为坡长因子(无量纲);S 为坡度因子(无量纲);C 为植被覆盖和经营因子(无量纲);P 为水土保持措施因子(无量纲)。

坡度因子采用刘宝元通过试验得到的计算公式:

$$S = \begin{cases} 10.8\sin\theta + 0.03 & (\theta < 5°) \\ 16.8\sin\theta - 0.5 & (5° \leqslant \theta < 10°) \\ 21.9\sin\theta - 0.96 & (\theta \geqslant 10°) \end{cases} \tag{5-2}$$

坡长因子的计算方法为

$$L = (\lambda/22.1)^m \tag{5-3}$$

式中:λ 为坡长,m;m 为坡长指数,根据坡度不同取不同的值:

$$m = \begin{cases} 0.2 & (\theta \leqslant 1°) \\ 0.3 & (1° < \theta \leqslant 3°) \\ 0.4 & (3° < \theta \leqslant 5°) \\ 0.5 & (\theta > 5°) \end{cases} \tag{5-4}$$

(二)数据处理

1. 地形因子 LS

采用分辨率为 30 m 的 DEM 数据计算坡度和坡长的组合因子 LS 的分布,结果见图 5-5。

2. 水土保持措施因子 P 值

P 值定义为在其他条件相同的情况下,布设某一水土保持措施的坡地土壤流失量与无任何水土保持措施的坡地土壤流失量之比值。P 值的大小介于 0~1。

根据西柳沟土地利用类型估算 P 值的分布。西柳沟土地利用类型资料来自中国科学院资源与环境数据中心 2010 年中国土地利用现状遥感监测数据,分辨率为 30 m(见图 5-6)。根据有关研究成果对不同土地利用类型的 P 值进行了赋值(见表 5-1),然后得到 P 值的分布图(见图 5-7)。

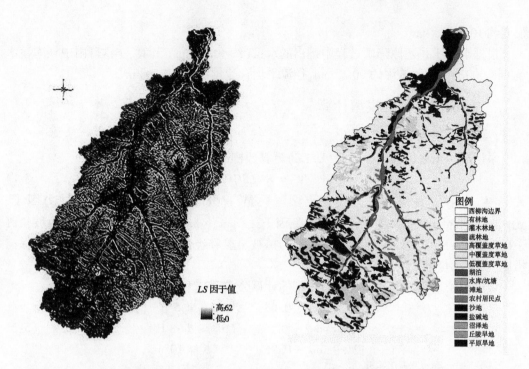

图 5-5　西柳沟流域地形因子(LS)值的分布　　　　图 5-6　西柳沟流域土地类型分布

表 5-1　西柳沟流域不同土地利用类型水保措施因子 P 取值

土地利用类型	水土保持措施因子 P 取值	土地利用类型	水土保持措施因子 P 取值
有林地	0.90	滩地	0.1
灌木林地	0.55	农村居民点	0.1
疏林地	1.00	沙地	0.45
高覆盖度草地	1.00	盐碱地	1.00
中覆盖度草地	1.00	沼泽地	0.10
低覆盖度草地	1.00	丘陵旱地	1.10
湖泊	0	平原旱地	1.00
水库/坑塘	0		

3. 降雨侵蚀力因子 R 值

降雨量资料来自流域内达拉特旗山洪预警平台各雨量站数据。8 月 16 日 22 时至 18 日 0 时降雨等值线分布见图 5-8。

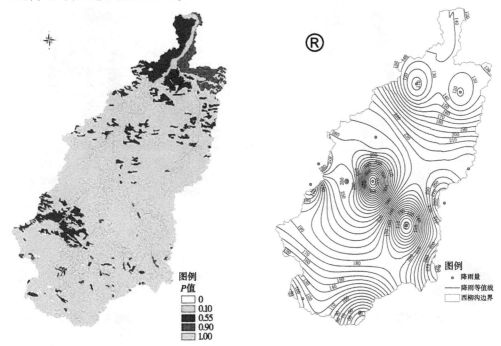

图 5-7 西柳沟流域 P 值分布   图 5-8 西柳沟流域等雨量线

采用 Creams 模型计算次降雨的降雨侵蚀力因子(R):

$$R = 1.03Q^{1.51} \tag{5-5}$$

式中:Q 为次降雨量,mm。

降雨侵蚀力因子 R 值分布见图 5-9。

4. 植被覆盖和经营因子 C 值

采用归一化植被指数(NDVI)单因子计算 C 值的分布。NDVI 采用中国 500M NDVI 月合成 2015 年 5 月数据(见图 5-10)。

由 NDVI 值计算 C 值的方法采用:

$$C = \begin{cases} 1 & (V_C = 0) \\ 0.6508 - 0.3436 \lg(V_C) & (0 < V_C < 78.3\%) \\ 0 & (V_C \geq 78.3\%) \end{cases} \tag{5-6}$$

式中:V_C 为植被覆盖度(%)。

V_C 与 NDVI 的换算关系采用:

$$V_C = 108.49 \times I_C + 0.717 \tag{5-7}$$

由此得到的西柳沟流域植被覆盖度分布图(见图 5-11)及地表植被覆盖和经营因子 C 值分布图(见图 5-12)。

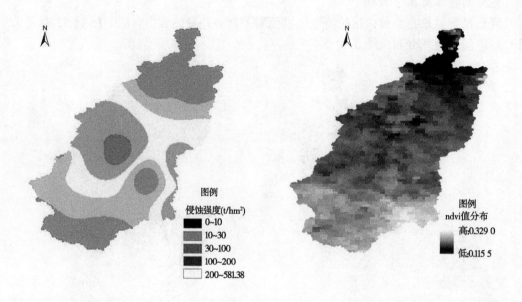

图 5-9　降雨侵蚀力因子 R 值分布　　　图 5-10　归一化植被指数(NDVI)分布

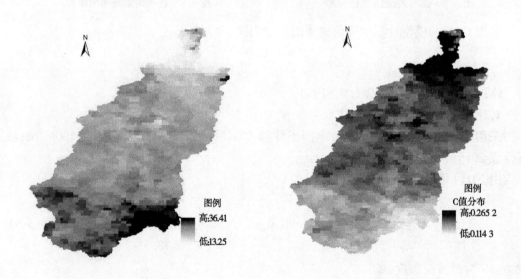

图 5-11　植被覆盖度值(V_C)分布　　　图 5-12　C 值分布

5. 土壤可蚀性因子 K 值

西柳沟土壤可蚀性因子与土壤类型、入渗性、有机质含量等多种因素相关。目前缺乏西柳沟土壤可蚀性的研究数据,根据实际观测本区分布有含有砂砾的薄层黄土、砒砂岩出露形成的含砾细沙土及风沙(细沙土),综合考虑,结合诺莫图取 $K = 0.20$。

(三)模型计算结果

根据通用土壤侵蚀流失方程模型式(5-1),可以计算得到西柳沟流域在此次"8·17"暴雨过程产沙量的分布(见图5-13)。

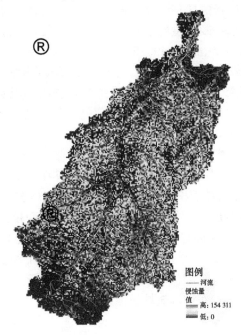

图例
——河流
侵蚀量
值
高: 154 311
低: 0

图 5-13 西柳沟流域产沙量分布

计算结果表明西柳沟流域坡面产沙量 612.7 万 t。按照龙头拐以上面积 1 143.74 km²,则流域平均产沙模数 5 357.4 t/km²。

需要指出的是,流域包括坡面和沟道两部分,通用土壤侵蚀流失方程模型(USLE)只能用来计算坡面产沙的部分,而在暴雨条件下沟道也可能受到侵蚀从而产生大量的泥沙。例如,对于本次"8·17"暴雨采用通用土壤侵蚀流失方程(USLE)计算小乌兰斯太沟 1 号骨干坝流域坡面产沙量约 1.86 万 t,仅占实测总产沙量 3.89 万 t 的 47.8%;实地野外观测也可以看到沟道有显著的下切、拓宽及沟头溯源侵蚀现象,即在暴雨条件下沟道产沙量也是很大的。因此,考虑沟道产沙的部分,整个西柳沟流域在"8·17"暴雨产沙量可能在 1 000 万 t。

第六章　认识与建议

一、主要认识

（1）孔兑流域"8·17"降雨是有记载以来的最大暴雨，高头窑站 24 h 降雨量达 228.6 mm，但洪峰和含沙量都显著减小，洪峰仅有 2 760 m³/s，最大含沙量也仅为 149 kg/m³，相应水量与沙量分别为 6 381 万 m³ 与 496.5 万 t。虽然孔兑洪水来沙量已经大幅度减少，但对干流流量较小的情况仍产生不利影响，造成干流河床的淤积。

（2）暴雨造成 14 座淤地坝溃决，溃决形式主要是漫决和泄水建筑物的非常规运行。溃坝原因：一是降雨量过大，进入坝区水量迅速超过淤地坝的库容；二是淤地坝缺少泄水设施；三是淤地坝工程结构缺陷及运行管护不规范。

（3）人类活动改变了西柳沟流域降雨输沙关系，使得相同降雨条件下输沙量大幅度减少。淤地坝在此次暴雨洪水过程中缓解了洪水的叠加，削减了洪峰，对于进入沟道的泥沙有较好的拦截作用，但其控制流域面积比例仅为 23.7%，拦沙作用有限，即使溃坝，坝区淤积物也相对稳定，仅在坝前形成局部冲刷坑，向上溯源范围有限；而植被的恢复对产洪产沙有很大影响，2016 年暴雨条件下，西柳沟上游的产沙量为 473 万 t，按 1980 年前林草植被情况计算，"天然情况"可能产沙量为 6 529 万 t，因植被覆盖度的增加，减少产沙 6 056 万 t。

（4）小乌兰斯太沟 1 号骨干坝流域坡面产沙量约 1.86 万 t，占总实测产沙量 3.89 万 t 的 47.8%；通过模型计算得到西柳沟流域坡面产沙量 612.7 万 t。

二、建议

（1）虽然孔兑来沙量已经大幅度减少，对干流仍产生不利影响，需加强泥沙来源的分析，继续加大孔兑的综合治理，减少泥沙入黄。为此，在今后进一步研究中需加强降雨、产沙等基础资料观测，研究砾石丘陵区的降雨产沙关系，沟道产沙与坡面产沙对入黄泥沙的影响，进而为孔兑流域综合治理措施的完善和实施提供科学依据。

（2）对于跨越孔兑沟道的道路，要进行严格的防洪评价工作，特别是漫水路，设计涵洞要满足一定的过流能力；严禁在水文站附近建设漫水路，以免对水文观测产生影响。

（3）建议进一步加大病险淤地坝除险加固力度，加大投资力度，加快实施已列入《黄土高原地区中型以上病险淤地坝除险加固工程实施方案》的工程；进一步修订完善淤地坝技术标准，此次暴雨溃坝也暴露出在淤地坝规划、设计、施工、运行方面存在的技术问题和政策问题，急需开展淤地坝规划设计、除险加固、运行管理、应急抢险及效益评估等方面的关键问题研究，加强现场监测，以优化坝系布置、结构设计，修改完善相关技术标准、规范，不断理顺管理体制和运行机制，定量评价淤地坝的建设效益。进一步加强淤地坝信息化监管，考虑淤地坝位置偏远，应增加集水位观测和坝体运行状况监测一体的图像传输系统（摄像头监控）。

第三专题　2016年窟野河水沙情势

　　窟野河为黄河中游右岸的一级支流，是黄土高原土壤侵蚀最为剧烈的流域之一，也是河龙区间发生洪水最为频繁的支流，泥沙多且粗。历史上多次发生 10 000 m³/s 以上的洪水，最大含沙量高达 1 500 kg/m³。流域多年平均径流量 6.33 亿 m³、输沙量 1.022 亿 t(1954—1999 年)。近年来，受人类活动影响，窟野河水文情势发生了较大变化，径流量大幅度减少，而输沙量减少幅度更大。2016 年窟野河流域发生了多场暴雨过程，年降水量达有实测资料以来的最大值，但是径流量较小，输沙量更少。对 2016 年窟野河暴雨、洪水进行分析，对于认识黄河流域水沙变化机理具有很大意义。

第一章 降雨过程

2016 年 7—8 月,山陕区间遭遇大范围、高强度暴雨,其中窟野河流域主要有 4 次暴雨过程,分别为 7 月 8 日、7 月 11 日、7 月 24 日,以及 8 月 11—17 日的较长时间的连续降雨过程。

(1)7 月 8 日暴雨主要集中在王道恒塔以下流域,暴雨中心位于温家川附近贾家沟,中心面雨量 48.1 mm,其中太和寨雨量站日降雨 172 mm,为全年最大单站日雨量[见图 1-1(a)]。

(2)7 月 11 日王道恒塔上游降雨,暴雨中心面雨量 85.5 mm,最大日雨量发生在大柳塔雨量站,日降雨量 102.6 mm,48 h 雨量 171.8 mm[见图 1-1(b)]。

(3)7 月 24 日降雨主要集中在特牛川以上,暴雨中心位于道劳岱梁雨量站,日降雨量 96.6 mm[见图 1-1(c)]。

(4)8 月 11—17 日,乌兰木伦河及特牛川降雨,布尔台雨量站最大日降雨 103.8 mm,14 日暴雨中心位于高家塔雨量站,日降雨 122.6 mm[见图 1-1(d)],17 日暴雨中心位于霍洛雨量站,日降雨 115.4 mm[见图 1-1(e)、表 1-1]。

表 1-1 2016 年窟野河场次雨量特征 (雨量:mm)

日期(月-日)	暴雨中心雨量	面雨量	最大单站雨量	中心站
07-08	122.2	48.1	172.0	太和寨
07-11	85.5	36.5	102.6	大柳塔
08-14	118.3	51.3	122.6	高家塔
08-17	106.8	52.0	115.4	霍洛

窟野河 2016 年降雨具有以下 3 个特点:

(1)雨强大。乌兰木伦河上游塔拉壕雨量站最大 2 h、最大 6 h、最大 12 h 和最大 24 h 的降雨量分别为 62.6 mm、115.8 mm、131.2 mm 和 193.2 mm,贾家沟太和寨雨量站最大 2 h、最大 6 h、最大 12 h 和最大 24 h 的降雨量分别为 62.4 mm、106.2 mm、148.6 mm 和 148.6 mm。

(2)场次多。单站日降雨量大于 50 mm 的场次有 9 场。

(3)年雨量历年最大。流域年降雨量为 717.7 mm(见图 1-2),为有实测降雨资料以来的最大降雨年份,较多年(1954—1999 年)平均降雨量 380.5 mm 偏丰 88.6%。其中 7—8 月降雨量 433.5 mm,占全年降雨量的 60.4%。全年最大降雨量发生于太和寨雨量站,降雨量为 940.5 mm。年降雨量大于 800 mm 的有 10 个雨量站,且主要集中在干流神木以下的下游河段。

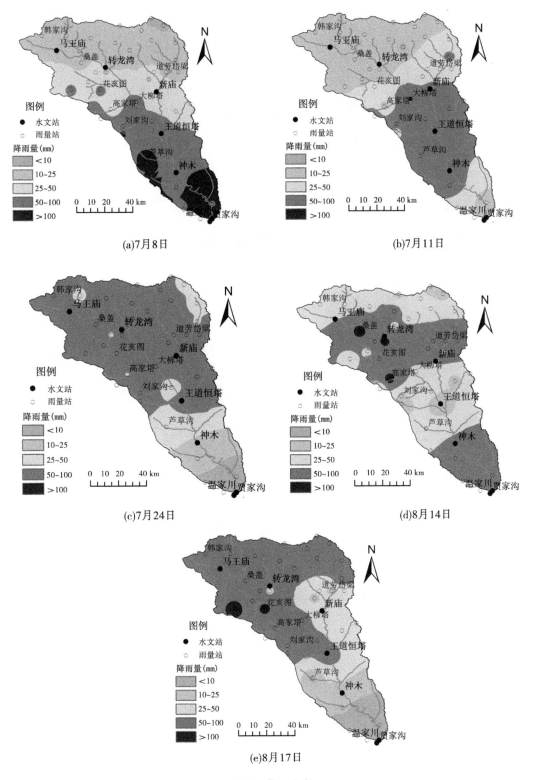

(a)7月8日   (b)7月11日

(c)7月24日   (d)8月14日

(e)8月17日

图1-1　暴雨分布

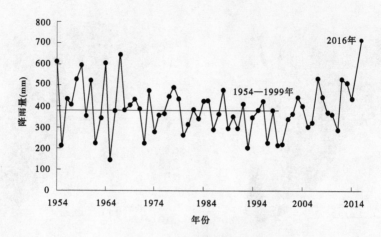

图1-2　窟野河历年降雨量

第二章　洪水和含沙量过程

受暴雨影响,窟野河发生了 3 场较为明显的洪水过程(见图 2-1),与历史洪水相比,尽管降雨量为有实测资料以来的最大,但 2016 年洪水表现为洪峰流量小、含沙量低。温家川水文站最大洪峰流量仅 456 m³/s,最大含沙量仅 63.2 kg/m³,与近年较大暴雨洪水相比(2012 年窟野河暴雨洪水,最大洪峰流量 2 000 m³/s,最大含沙量 132 kg/m³),洪峰和沙峰都较小。支流牸牛川新庙水文站最大洪峰流量 448 m³/s,最大含沙量仅 61.6 kg/m³。乌兰木伦河最大流量及最大含沙量均较小。

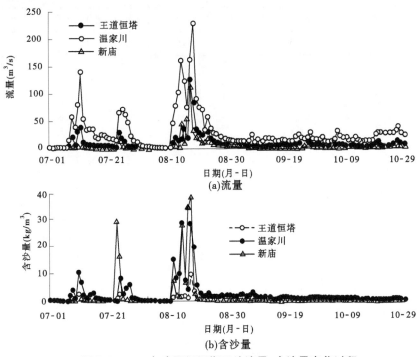

图 2-1　2016 年窟野河汛期日均流量、含沙量变化过程

其中 7 月 11 日前后洪水主要来自乌兰木伦河及窟野河下游,牸牛川几乎没有来水来沙。含沙量也较低,温家川水文站最大含沙量仅 16.8 kg/m³。

7 月下旬牸牛川还有一次洪水过程,最大洪峰流量 155 m³/s,但演进至温家川没有形成较大的洪峰。

8 月 12 日起,受连续降雨影响,温家川发生连续两次洪水过程,其中 8 月 15 日洪水主要来自牸牛川及窟野河下游,温家川最大洪峰流量 448 m³/s,最大含沙量 63.2 kg/m³,为全年最大含沙量。8 月 18 日则是整个流域发生洪水,王道恒塔、新庙、温家川水文站的洪峰流量都在 300 m³/s 以上(见表 2-1),洪水过程中温家川水文站洪峰流量 456 m³/s,为全年最大峰值,牸牛川新庙水文站最大含沙量 61.6 kg/m³,为该站全年最大含沙量。

表 2-1 窟野河洪峰及沙峰

日期 （月-日）	站点	洪峰时间 （年-月-日 T 时:分）	流量 （m³/s）	沙峰时间 （年-月-日 T 时:分）	含沙量 （kg/m³）
07-11—12	王道恒塔	2016-07-11T21:06	284	2016-07-11T21:30	2.63
	新庙		—		
	温家川	2016-07-12T11:48	254	2016-07-11T19:30	16.8
08-12—15	王道恒塔	2016-08-12T20:12	45.7	2016-08-12T22:00	2.17
	新庙	2016-08-15T08:00	137	2016-08-15T08:30	48.8
	温家川	2016-08-15T15:54	448	2016-08-15T15:54	63.2
08-18	王道恒塔	2016-08-18T11:42	354	2016-08-18T14:00	15.2
	新庙	2016-08-18T08:00	314	2016-08-18T08:36	61.6
	温家川	2016-08-18T21:18	456	2016-08-18T21:30	52.4

第三章 径流和输沙特征

一、年内径流和输沙

2016 年窟野河把口控制水文站温家川年径流量为 4.999 亿 m³,年输沙量为 208 万 t。从年内水沙分配上看(见表 3-1),2016 年窟野河径流量主要集中在汛期,径流量为 3.19 亿 m³,占年径流量的 63.8%,而汛期径流量主要集中在 7—8 月,其径流量占汛期径流量的 67.6%。沙量在汛期更为集中,其中汛期沙量 205 万 t,占全年的 98.6%,7—8 月输沙量 195 万 t,占汛期的 95.1%。

表 3-1 2016 年温家川径流量、输沙量

水沙量	7—8 月	汛期	全年	7—8 月占汛期(%)	汛期占年(%)
径流量(亿 m³)	2.155	3.19	4.999	67.6	63.8
输沙量(万 t)	195	205	208	95.1	98.6

二、场次洪水

根据 2016 年 3 场洪水过程统计(见表 3-2),乌兰木伦河王道恒塔水文站水量 0.619 亿 m³,沙量 17.5 万 t,分别占温家川水文站的 33.1% 和 9.1%;牸牛川新庙水文站水量 0.350 亿 m³、沙量 71.4 万 t,分别占温家川的 18.7% 和 37.0%。温家川三场洪水洪量共计 1.871 亿 m³,占年水量 4.999 亿 m³ 的 37.4%,沙量 193.0 万 t,占年沙量 208 万 t 的 92.8%。可见,输沙主要发生在这几场洪水期。

表 3-2 2016 年窟野河场次洪水特征

时间 (月-日)	洪量 (亿 m³)			沙量 (万 t)			洪峰流量 (m³/s)	最大含沙量 (kg/m³)	面雨量 (mm)
	王道恒塔	新庙	温家川	王道恒塔	新庙	温家川	温家川	温家川	
07-08—16	0.112	0.010	0.428	1.1	0	21.3	254	16.8	117.3
07-24—29	0.064	0.027	0.250	0.8	5.6	11.9	—	—	55.8
08-12—26	0.443	0.313	1.193	15.6	65.8	159.8	448,456	63.2	178.9
合计	0.619	0.350	1.871	17.5	71.4	193.0			

前两次洪水特牛川来水和来沙都较小,其中7月8—16日洪水过程中特牛川水量仅占温家川的2.3%,该场洪水特牛川没有来沙,7月24—29日特牛川水沙占温家川比例也较小,其中水量占5.9%,沙量占14.3%。8月12—26日形成了两次洪峰,温家川洪峰流量分别为448 m³/s和456 m³/s。

三、历年水沙过程比较

2016年窟野河温家川年径流量4.999亿m³,输沙量208万t,与多年(1954—1999年)平均6.33亿m³、1.022亿t相比,分别减少了21.0%和98.0%。图3-1为温家川水文站历年径流量、输沙量过程,可以看出,进入2000年以后,温家川径流量大幅度减小,不过仍以输沙量减小幅度更大,尽管近几年径流量较2000年后有大幅增加,但输沙量仍然较低。

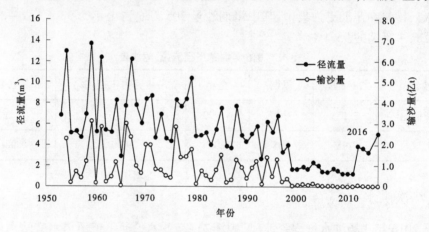

图3-1　窟野河温家川水文站历年径流、输沙量过程

乌兰木伦河王道恒塔历年径流量、输沙量过程(见图3-2)也表明,2000年以前,乌兰木伦河平均径流量1.95亿m³,平均输沙量0.254亿t,但进入2000年以后径流量大幅度减小,平均输沙量仅有28万t。

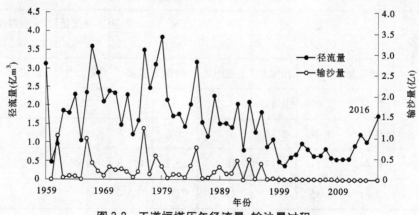

图3-2　王道恒塔历年径流量、输沙量过程

第四章　产流产沙关系变化

根据研究,1990 年以前窟野河的场次洪量与降雨有一定的趋势关系,随着流域的综合治理,降雨产流产沙关系发生变化。图 4-1、图 4-2 分别为干流温家川和支流特牛川新庙在大暴雨期间的产洪产沙与降雨的关系。由图 4-1、图 4-2 可以看出,2016 年的几场洪水的点群明显位于趋势带的下方,说明与历史暴雨相比,2016 年相同降雨条件下产洪量大幅减少,同时可以看出,无论是干流还是支流特牛川,在暴雨过程中产沙量极少。

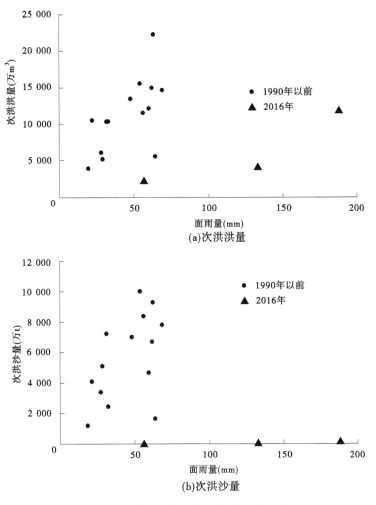

图 4-1　温家川面雨量与次洪洪量、沙量关系

在 1975 年以前的"天然时期",窟野河的年输沙量与日降雨量大于 25 mm 的总量(P_{25},有效降雨量)具有较好的趋势关系(见图 4-3)。在天然情况下(1956—1975 年),流域输沙量随 P_{25} 的增大而增加,但 2007—2014 年由于受人类活动的影响,无论降雨如何

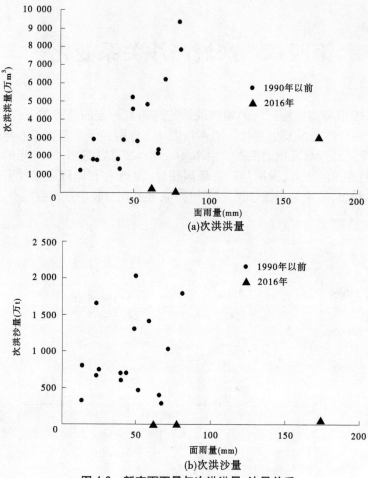

(a)次洪洪量

(b)次洪沙量

图 4-2　新庙面雨量与次洪洪量、沙量关系

变化,产沙量极少。2016 年的 P_{25} 达到了 362 mm,但是产沙量依然极少。

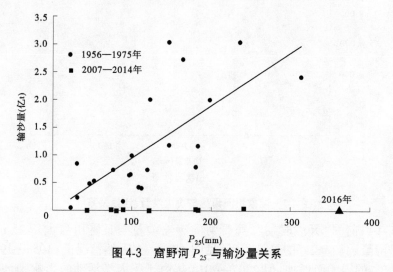

图 4-3　窟野河 P_{25} 与输沙量关系

第五章　结论和建议

5.1　主要结论

（1）2016 年窟野河流域有 4 次暴雨过程，面降雨量 717.7 mm，为有实测降雨资料以来的最大降雨年份，具有雨强大、场次多的特点。

但发生的洪水过程只有 3 场，且洪峰流量小，含沙量低，温家川最大流量仅 456 m^3/s，最大含沙量仅 63.2 kg/m^3。全年输沙主要发生在洪水期。

（2）2016 年窟野河温家川年径流量 4.999 亿 m^3，输沙量 208 万 t，较多年平均（1954—1999 年）分别减少了 21.0% 和 98.0%。与 2000 年以来相比，径流量明显增大，而输沙量依然维持在极少状态。

（3）降雨径流产沙关系表明，天然时期流域输沙量随有效降雨量的增大而增加，近期受人类活动的影响，无论雨量大小，产沙量极少。

5.2　建　议

窟野河流域影响下垫面变化条件复杂，建议对水沙量减少的原因、下垫面变化下的产流产沙机理做进一步研究。

第四专题　"2016·8"泾河高含沙洪水特点及其在渭河下游的冲淤特性

　　在近年黄河流域普遍少沙的情势下,2016年8月14—15日渭河发生高含沙洪水(简称"2016·8"洪水),其降雨、洪水传播过程,以及洪水在渭河下游河道的冲淤情况,引起了有关方面的关注。根据实测资料对"2016·8"渭河流域—泾河上游马莲河降雨情况及洪德以上流域历史降雨特点、下垫面条件变化情况、降雨产沙关系情况等进行了分析,对由此降雨形成的高含沙洪水的水沙特点及洪水演进、洪水传播等情况进行了研究,并根据仅有资料对该场高含沙洪水在渭河下游的冲淤情况进行了初步研究。

第一章 基本情况

一、流域概况

马莲河是泾河的支流,发源于陕西省定边县白于山,全长 375 km,流域面积 19 086 km²,干流设有洪德、庆阳和雨落坪 3 处水文站[见图 1-1(a)]。洪德水文站位于马莲河上游,控制面积 4 640 km²,为多沙粗沙区。流域属黄土丘陵沟壑区第五副区,水土流失十分严重。洪德水文站 1958—2016 年平均输沙量 3 750 万 t,是黄河中游粗泥沙的重要来源区之一。

洪德水文站以上流域 1976 年以前有 3 处雨量站,降水量摘录多为 6 h 或几个小时降雨量。1977 年雨量站增加至 12 处,大部分雨量站降水量摘录表有小时降雨记录,为计算小时降雨强度提供了条件。洪德以上流域 12 处雨量站分布见图 1-1(b)。雨量站之间间距一般 15 km 以上,最大间距约 55 km。

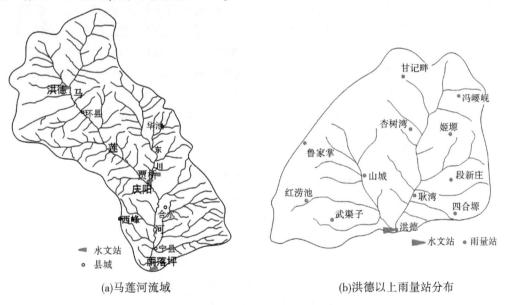

(a)马莲河流域　　　　　　　　　(b)洪德以上雨量站分布

图 1-1　马莲河流域图及洪德以上雨量站分布图

二、"2016·8"降雨情况

2016 年 8 月 14—15 日马莲河上游环县以上地区发生中到大雨,局部地区暴雨,雨量站降雨量和最大 1 h 降雨强度见表 1-1。洪德以上流域 2016 年汛期、年降水量分别为 204 mm 和 312 mm,该场暴雨面雨量 33.3 mm,占汛期、年降水量的 16% 和 11%。本次降雨历时短、强度大,降雨历时 6 h,最大 1 h 降雨强度为洪德的 39.6 mm/h,最大 3 h 降雨强度为 20.7 mm/h。从表 1-1 可看出,四合塬、洪德、段新庄 3 处雨量站日降雨量均超过 50 mm,其中暴雨中心四合塬 24 h 降雨 83.2 mm,洪德 24 h 降雨 53.0 mm,段新庄 24 h 降雨 52.4 mm。

表 1-1　2016 年 8 月 14—15 日降雨量

统计要素	各雨量站降雨量(mm)										
	甘记畔	冯崾岘	杏树湾	段新庄	耿湾	四合塬	鲁家掌	山城	红涝池	武渠子	洪德
14 日降雨量	16.2	19.0	27.4	52.4	48.6	83.2	13.0	5.8	22.0	3.8	53.0
15 日降雨量	0	0	0.8	0	0.8	0.4	5.2	0	4.0	0.8	9.4
降雨量合计	16.2	19.0	28.2	52.4	49.4	83.6	18.2	5.8	26	4.6	62.4
最大雨强（mm/h）	10.6	7.4	7.2	10.8	21.6	18.2	4.4	2.0	6.6	2.2	39.6

三、洪水泥沙情况

2016 年 8 月 14—15 日渭河二级支流马莲河上游地区降中到大雨,局部地区暴雨,导致马莲河发生高含沙洪水,马莲河洪德水文站、庆阳水文站、雨落坪水文站及泾河张家山水文站,渭河临潼和华县水文站,相继观测到了含沙量大于 800 kg/m^3 的高含沙小洪水。其中洪德水文站洪峰流量 656 m^3/s,最大含沙量 916 kg/m^3;张家山水文站洪峰流量 551 m^3/s,最大含沙量 960 kg/m^3。该场洪水演进到渭河华县水文站,洪峰和最大含沙量略有减小,洪峰流量为 412 m^3/s,最大含沙量为 808 kg/m^3,是华县站 1950 年以来第 4 大含沙量。

四、洪德以上流域历史降雨特点

结合 2016 年 8 月 14—15 日洪德以上流域面降雨情况,统计分析了 1977—1990 年和 2006—2016 年日降雨量 30 mm 以上 61 场降雨特征值,暴雨中心最大 1 h 降雨强度为 54.7 mm/h,发生在 1989 年 7 月 16 日的洪德雨量站,暴雨中心最大 1 h 降雨强度大于等于 40 mm/h、30 mm/h 和 20 mm/h 的场次是 4、12 和 21,分别占总场次的 6.6%、19.7% 和 34.4%。2016 年 8 月 14 日暴雨中心洪德最大 1 h 降雨强度为 39.6 mm/h,在 61 场洪水中排名第 5,最大 1 h 雨强大于等于 39.6 mm/h 的场次共 5 场,占 61 场的 8.2%。

点绘 61 场降雨最大 3 h 平均雨强(单站)与场次总降雨量、最大日降雨量的关系(单站)可以看出(见图 1-2),场次降雨的总降雨量、最大日降雨量与最大 3 h 降雨强度总体呈正相关关系,但点群带宽较大,表明最大 3 h 降雨强度相同条件下,场次降雨的总降雨量、最大日降雨量相差较大。暴雨中心总降雨量最大值 155.3 mm,发生在 1977 年 8 月 4—5 日的耿湾雨量站;日降雨量最大值是 135 mm,发生在 1977 年 8 月 4 日的耿湾;最大 3 h 雨强最大值是 33.6 mm/h,发生在 1989 年 7 月 16 日的洪德,该场降雨最大 1 h 降雨量 54.7 mm,3 h 降雨量 100.8 mm;2016 年 8 月 14—15 日暴雨中心总降雨量和日降雨量分别是 83.6 mm、83.2 mm,有 10 场总降雨量大于 83.2 mm,有 5 场日降雨量大于 83.2 mm,2016 年 8 月 14 日最大 3 h 雨强为洪德的 20.7 mm/h,有 4 场降雨大于 20.7 mm/h,3 h 最大雨强大于等于 20.7 mm/h 的场次占 61 场的 8.2%。

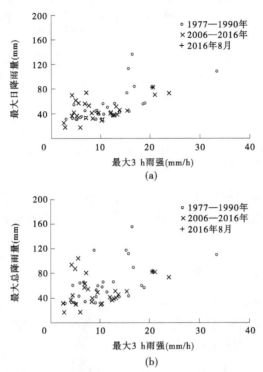

图 1-2　61 场降雨最大 3 h 平均雨强(单站)与场次总降雨量、最大日降雨量关系(单站)

场次降雨大雨量覆盖范围可以用日降雨量大于 50 mm 的雨量站处数来表示,处数多,覆盖面积大,反之亦然。在历史统计资料中,暴雨中心总降雨量和最大 3 h 雨强都大于 2016 年 8 月 14—15 日降雨的 10 场降雨中,洪德以上流域范围内有 18 处雨量站的日降雨量超过 50 mm,而洪德以上 2016 年 8 月 14—15 日日降雨量超过 50 mm 的雨量站有 3 处,介于中间。

因此,从场次降雨量、降雨强度看,2016 年 8 月 14—15 日降雨属于降雨量较大、降雨强度也较大的暴雨。

五、洪德以上下垫面变化

表 1-2 所示是洪德以上下垫面变化情况,林草覆盖度是指易侵蚀区内林草叶茎的正投影面积占林草地面积的比例,以反映林草地自身的植被覆盖度。林草植被覆盖率是指流域易侵蚀区土地上的林草叶茎正投影面积占易侵蚀区面积的比例。易侵蚀区林草覆盖率可以基本体现林草叶茎及其枯落物对易侵蚀区地表土壤的保护程度,并基本反映林草根系固结土壤的作用范围。实际计算时,将某流域的林草地比例与林草地植被覆盖度相乘,即可得流域的易侵蚀区林草覆盖率。

从表 1-2 中可以看出,洪德以上林草覆盖度从 1970 年后的 27.6% 上升到 2013 年的 41.9%,增长了 14.3%;洪德以上林草植被覆盖率从 1970 年后的 17.2% 上升到 2013 年的 27.2%,增长了 10.0%。由此可见,相比 20 世纪 70 年代,近些年洪德以上下垫面有逐渐变好的趋势。

表 1-2　洪德以上下垫面变化情况

时间	林草覆盖度(%)	林草植被覆盖率(%)
1970 年后	27.6	17.2
1990 年后	31.3	19.9
2010 年	40.1	26.1
2013 年	41.9	27.2

注:表中数据摘自刘晓燕《黄河近年水沙锐减成因》。

梯田比是指某地区水平梯田面积占其轻度以上水土流失面积的比例。2012 年马莲河庆阳以上梯田比为 9.82%,2012 年洪德以上梯田面积为 300 km² 左右,且近年来洪德以上梯田面积变化不大。

六、洪德以上降雨产沙关系

图 1-3 是洪德以上流域降雨产沙关系,图 1-3(a)是汛期日降水量大于 25 mm 与实测沙量的关系;图 1-3(b)是汛期日降水量大于 50 mm 与实测沙量的关系。统计表明,2016 年降雨产沙关系点位于 1977—1997 年点带中。

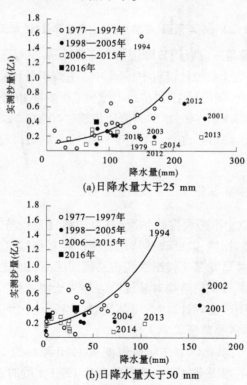

(a)日降水量大于 25 mm

(b)日降水量大于 50 mm

图 1-3　洪德以上流域汛期降雨产沙关系

第二章 "2016·8"洪水及水沙特点

一、洪德以上水沙情况

(一)洪德历年汛期水沙量

图 2-1 是洪德 1958—2016 年的汛期水沙量过程线,可以看出,洪德汛期水量历年在 900 万~19 000 万 m³,平均值为 5 320 万 m³,汛期沙量在 400 万~15 600 万 t,平均值为 3 670 万 t。2016 年 8 月汛期洪德水量为 5 476 万 m³,沙量为 4 047 万 t,比洪德多年汛期 水沙量均值偏大 2.9%和 10.3%。

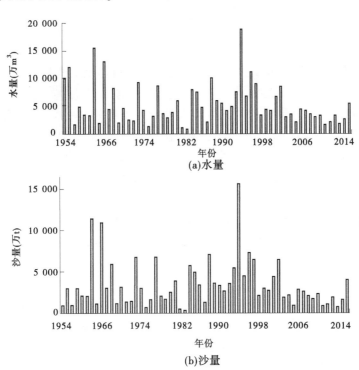

图 2-1 洪德 1958—2016 年汛期水沙量过程线

(二)洪德历年洪峰、沙峰变化

图 2-2 是 1958—2016 年洪德水文站最大洪峰流量与最大沙峰含沙量过程线,可以看 出,历年最大洪峰流量在 200~1 900 m³/s 变化,最大值为 1997 年的 1 940 m³/s,最小值为 1983 年的 80.6 m³/s;历年最大沙峰含沙量在 900~1 200 kg/m³ 变化,最大值为 1988 年的 1 220 kg/m³,最小值为 2011 年的 899 kg/m³,趋势性变化不明显。2016 年 8 月洪水洪德 站洪峰流量为 656 m³/s,沙峰含沙量为 916 kg/m³,最大洪峰流量和最大沙峰含沙量均在 历年最大洪峰和最大沙峰范围内。

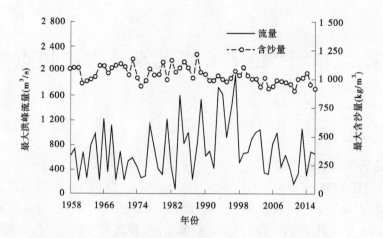

图 2-2　洪德站年最大洪峰流量与最大沙峰含沙量过程线

（三）水沙关系分析

1. 流量与含沙量关系

为了对比不同年代洪德水文站场次洪水的洪峰流量与最大含沙量关系变化，统计洪德 1977—1990 年与 2006—2016 年场次洪水洪峰与对应沙峰，点绘两者关系〔见图 2-3(a)〕。可以看出，不同时段洪德洪峰与沙峰的点群处在一个带中，说明洪峰、沙峰关系变化不显著；洪峰为 1~100 m³/s，沙峰随洪峰增大而增大，洪峰为 2 m³/s 时沙峰在 300 kg/m³ 上下，洪峰为 100 m³/s 时沙峰在 1 000 kg/m³ 左右；洪峰为 100 m³/s 以上时沙峰基本稳定，变化范围在 800~1 100 kg/m³。2016 年 8 月洪水也落在点群中，表明 2016 年 8 月洪峰与沙峰关系符合以往规律。

洪德场次洪水平均流量与平均含沙量关系见图 2-3(b)，平均流量在 1~10 m³/s 范围内，平均含沙量变化范围较大，在 30~800 kg/m³。平均流量大于 10 m³/s 以上时，含沙量变化不大，基本在 800 kg/m³ 左右。

2. 流量与输沙率关系

洪德水文站场次洪水流量与输沙率关系见图 2-4，可以看出，洪德洪水流量与平均输沙率呈线性关系，相关程度高，相关系数 $R^2 = 0.994\ 1$。两者关系如下：

$$Q_s = 0.845\ 3Q$$

式中：Q_s 为洪水平均输沙率，t/s；Q 为洪水平均流量，m³/s。

（四）洪水重现期与年最大含沙量变化特点

1. 洪水重现期

1958—2016 年洪德水文站年最大洪峰流量实测连续系列排序中（见图 2-2），最大洪峰流量是 1997 年 7 月 30 日的 1 940 m³/s，第二大是 1993 年 8 月 3 日的 1 740 m³/s，第三大是 1994 年 8 月 10 日的 1 640 m³/s。历史洪水调查资料显示，1901 年和 1933 年洪德发生大洪水，洪峰流量分别为 1 520 m³/s 和 1 800 m³/s，调查洪水较可靠。按照相关规范要求，综合考虑洪德年洪水实测连续系列和历史洪水调查资料，1997 年洪水和 1933 年洪水按特大洪水处理，1997 年洪水为 1901 年以来最大洪水，重现期为 116 a；1933 年洪水为

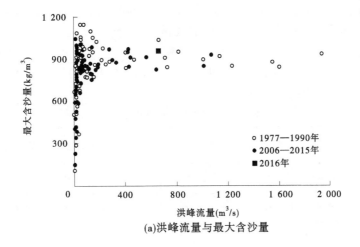

(a)洪峰流量与最大含沙量

(b)平均流量与平均含沙量

图 2-3 洪德水文站流量与含沙量关系

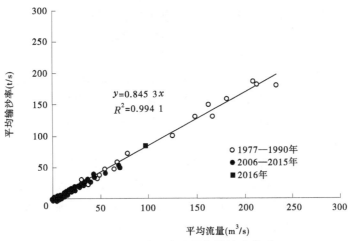

图 2-4 洪德洪水流量与输沙率关系

1901 年以来的第二大洪水。1958—2016 年 59 a 实测洪水按连续系列考虑,洪水频率曲线统计参数按矩法计算,并按皮尔逊Ⅲ型曲线进行拟合,结果见表 2-1。洪峰均值为 714 m³/s,变差系数为 0.58,100 a 一遇、50 a 一遇和 20 a 一遇洪峰分别为 1 980 m³/s、1 780 m³/s、1 500 m³/s,5 a 一遇和 2 a 一遇洪峰为 1 030 m³/s 和 640 m³/s。2016 年 8 月洪德洪峰流量为 656 m³/s,重现期为 2.1 a。

表 2-1 洪德水文站洪水频率

资料系列			统计参数			不同频率对应洪峰流量(m³/s)					
N	n	a	均值(m³/s)	变差系数 C_v	C_s/C_v	1%	2%	5%	20%	50%	60%
116	59	2	714	0.58	1.8	1 980	1 780	1 500	1 030	640	550

2. 最大沙峰

根据历史资料,洪德水文站每年汛期经常出现含沙量高于 800 kg/m³ 的洪水,沙峰伴随洪峰出现。图 2-5 是洪德水文站 2013 年 6—7 月、2016 年 7—8 月实测洪水流量和含沙量过程线,可以看出,洪德多次出现高含沙洪水,洪峰较小,沙峰较大,沙峰为 800~1 000 kg/m³。2013 年 6 月 25 日洪水,洪峰流量 60.8 m³/s,沙峰含沙量为 1 010 kg/m³;2016 年 8 月 1 日洪水,洪峰流量 35.7 m³/s,沙峰含沙量为 939 kg/m³。2016 年 7 月 10 日洪水,洪峰流量 345 m³/s,沙峰含沙量为 927 kg/m³。

二、"2016·8"洪水过程

2016 年 8 月 14—15 日,泾河支流马莲河上游地区降中到大雨,局部地区暴雨,导致马莲河发生高含沙洪水;洪水从马莲河洪德水文站经庆阳水文站、雨落坪水文站传播到泾河张家山水文站,并一直往下游传播到渭河华县水文站,洪水传播过程中,沿程含沙量一直保持在 800 kg/m³ 以上。

泾河支流马莲河 8 月 14—15 日暴雨形成洪水过程,洪德 8 月 15 日 05:30 洪峰流量为 656 m³/s,最大含沙量 916 kg/m³;8 月 15 日 17:30 洪峰至庆阳,洪峰流量为 572 m³/s,最大含沙量 783 kg/m³;8 月 16 日 01:36 洪峰至雨落坪,洪峰流量 577 m³/s,最大含沙量 918 kg/m³;8 月 16 日 23:00 时洪峰至张家山时洪峰流量为 551 m³/s,最大含沙量 960 kg/m³;洪峰继续向下游汇入渭河,8 月 17 日 10:00 洪峰至临潼水文站,洪峰流量为 362 m³/s,最大含沙量 760 kg/m³;8 月 17 日 20:42 时华县水文站洪峰流量为 412 m³/s,最大含沙量 808 kg/m³。

洪德—雨落坪河道长 259 km,洪峰传播时间 20.1 h,洪峰降低,沙峰传播时间 11.6 h;雨落坪—张家山河道长 150 km,洪峰传播时间 21.4 h,洪峰略有减小,沙峰传播时间 21.4 h。张家山—临潼河道长 80 km,洪峰传播时间 11 h,沙峰传播时间 12 h;临潼—华县河道长 77.6 km,洪峰传播时间 10.7 h,沙峰传播时间 19.5 h。洪峰进入渭河干流后,洪峰进一步坦化,华县洪峰、沙峰比张家山减小 25.2% 和 15.8%(见表 2-2)。

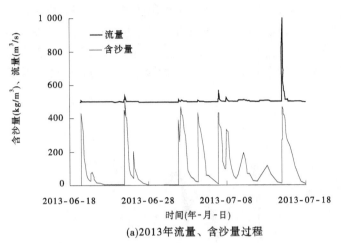

(a)2013年流量、含沙量过程

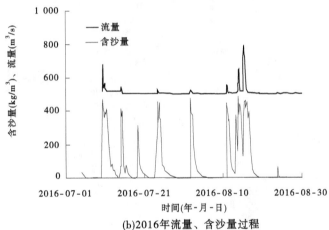

(b)2016年流量、含沙量过程

图 2-5　洪德水文站汛期洪水流量与含沙量过程线

表 2-2　2016 年 8 月中旬高含沙洪水特征值

河流	水文站	洪峰出现时间 （月-日 T 时:分）	洪峰流量 （m³/s）	洪峰传播 时间(h)	沙峰出现时间 （月-日 T 时:分）	沙峰含沙量 （kg/m³）	沙峰传播 时间(h)
马莲河	洪德	08-15T05:30	656	12.0	08-15T14:00	916	6.0
	庆阳	08-15T17:30	572	8.1	08-15T20:00	783	5.6
	雨落坪	08-16T01:36	577	21.4	08-16T01:36	918	21.4
泾河	张家山	08-16T23:00	551	11.0	08-16T23:00	960	12.0
渭河	临潼	08-17T10:00	362	10.7	08-17T11:00	760	19.5
	华县	08-17T20:42	412		08-18T06:30	808	

注:张家山站资料为报汛资料,其余均为水文站整编资料。

2016 年 8 月汛期马莲河洪水流量过程及含沙量变化过程见图 2-6。图 2-6(a)是洪德—庆阳—雨落坪的洪峰流量随时间的变化过程,可以看出,洪峰从洪德站传递到庆阳、雨落坪,洪峰值有所减小,但洪峰形状保持得较好;图 2-6(b)是洪德—庆阳—雨落坪的最大含沙量随时间的变化过程,可以看出,最大含沙量从洪德到庆阳亦有所减小。

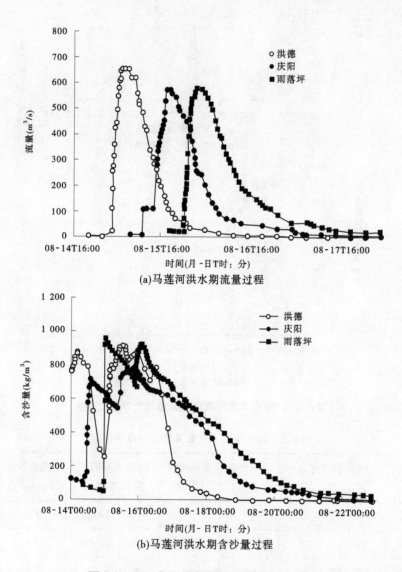

(a)马莲河洪水期流量过程

(b)马莲河洪水期含沙量过程

图 2-6　2016 年 8 月洪水期马莲河洪水过程

　　"2016·8"洪水在渭河下游的流量过程及含沙量变化过程见图 2-7,可以看出,流量及含沙量从临潼传递到华县,其峰值、形状都基本保持,较为一致。

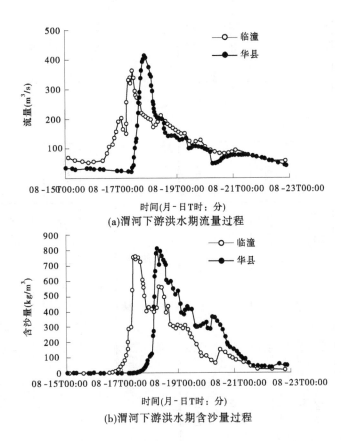

(a)渭河下游洪水期流量过程

(b)渭河下游洪水期含沙量过程

图2-7 2016年8月洪水期渭河下游洪水过程

三、来水来沙特点

(一)年内水沙量

1. 马莲河及渭河2016年水沙量

表2-3、表2-4分别给出了2016年马莲河及渭河下游年内不同时期的水沙量,洪德2016年沙量为4 047万t,比1958—2015年平均输沙量3 750万t偏多7.9%。同时,相比全年和汛期来说,马莲河洪水期含沙量非常高,均在700 kg/m³以上,水量和沙量占年水量和沙量的比例也很高。相比全年和汛期来说,渭河下游洪水期含沙量相对比较高,沙量占年沙量比例也很高。

2. 历年水量、沙量

表2-5、表2-6分别给出了马莲河及渭河下游历年水量、沙量、含沙量及汛期水量、沙量、含沙量。2016年马莲河及渭河下游各水文站年水量、沙量、含沙量及汛期水量、沙量、含沙量的值均在其历史范围内。

表 2-3 2016 年马莲河不同时期水沙量

河流	水文站	全年			汛期			洪水期(8 月 13—16 日)			洪水期占全年百分数(%)	
		水量(亿 m³)	沙量(万 t)	含沙量(kg/m³)	水量(亿 m³)	沙量(万 t)	含沙量(kg/m³)	水量(亿 m³)	沙量(万 t)	含沙量(kg/m³)	水量	沙量
马莲河	洪德	0.632 2	4 047	640	0.547 6	4 047	739	0.336 6	2 780	826	53	69
	庆阳	1.308 7	4 436	339	0.919 4	4 406	479	0.327 9	2 339	713	25	53
	雨落坪	2.987 5	6 688	224	1.725 1	6 642	385	0.380 7	3 031	796	13	45

表 2-4 2016 年渭河下游不同时期水沙量

河流	水文站	全年			汛期			洪水期(8 月 16—21 日)			洪水期占全年比例(%)	
		水量(亿 m³)	沙量(万 t)	含沙量(kg/m³)	水量(亿 m³)	沙量(万 t)	含沙量(kg/m³)	水量(亿 m³)	沙量(万 t)	含沙量(kg/m³)	水量	沙量
渭河	临潼	32.295 9	4 521	14	12.875 2	4 411	34	0.725 8	2 136	294	2	47
	华县	28.162 3	4 248	15	11.448 5	3 953	35	0.571 4	1 558	273	2	37

表2-5 马莲河及渭河下游历年水沙量

河流	水文站	时段	水量(亿 m³)			沙量(万 t)			含沙量(kg/m³)		
			最大值	最小值	平均值	最大值	最小值	平均值	最大值	最小值	平均值
马莲河	洪德	1976—1990年	1.15	0.196 0	0.617 5	7 440	399	3 423	696	204	503
		2006—2014年	0.564 8	0.226 2	0.381 9	2 910	789	1 845	592	349	468
	庆阳	1976—1990年	3.99	1.21	2.078 7	21 000	2 040	7 669	537	151	334
		2006—2014年	1.971	1.092	1.427 8	6 090	1 870	3 859	361	164	267
	雨落坪	1976—1990年	5.62	2.8	4.431 1	30 900	3 390	11 161	429	94	229
		2006—2014年	4.753	2.351	3.125 1	11 800	3 160	5 857	248	66	181
渭河	临潼	1961—1990年	176.40	39	77.621 7	99 700	5 500	36 580	151	16	49
		2001—2014年	89.67	28.96	54.344 3	29 600	2 920	10 733	73	6	22
	华县	1957—1990年	187	33.6	78.707 9	106 000	4 970	37 852	153	19	50
		2001—2014年	93.39	26.16	51.532 1	30 000	2 200	11 649	90	5	26

表 2-6　马莲河及渭河下游历年汛期水沙量

河流	水文站	时段	水量（亿 m³）			沙量（万 t）			含沙量（kg/m³）		
			最大值	最小值	平均值	最大值	最小值	平均值	最大值	最小值	平均值
马莲河	洪德	1976—1990 年	0.794 9	0.089 3	0.435 7	6 886	497	2 773	775	379	579
		2006—2014 年	0.528 9	0.165 8	0.316 2	2 836	699	1 851	760	422	270
	庆阳	1976—1990 年	3.218 7	0.628 9	1.258 6	19 802	982	6 440	1 085	239	454
		2006—2014 年	1.352 3	0.659 2	0.952 3	5 965	1 540	3 630	519	223	378
	雨落坪	1976—1990 年	6.405 5	0.921 1	2.740 6	29 048	2 794	9 476	527	124	306
		2006—2014 年	3.490 8	1.171 4	1.993 4	11 332	2 445	5 539	326	113	263
渭河	临潼	1961—1990 年	102.83	13.89	46.33	90 425	4 584	32 726	275	20	75
		2001—2014 年	51.52	10.56	31.25	29 225	2 547	9 950	137	7	39
	华县	1957—1990 年	111.47	13.42	48.03	96 158	3 868	34 232	287	24	76
		2001—2014 年	75.37	10.87	32.58	29 331	3 831	10 749	151	9	42

(二)渭河下游水沙特点

1."2016·8"华县水沙来源及特点

统计泾河张家山、渭河咸阳和华县"2016·8"洪水的来水、来沙量,见表2-7。张家山来水量占华县的77%、来沙量占华县的198%,说明组成华县"2016·8"洪水的水量、沙量主要来自泾河。8月14—15日在马莲河上中游产沙区降大雨,局部暴雨,该地区土壤侵蚀模数较高,在降雨后形成高含沙洪水,这是今年华县出现高含沙洪水的来源区。

表2-7 "2016·8"洪水来水、来沙量

河流	水文站	2016年8月16—21日	
		水量(万 m³)	沙量(万 t)
泾河	张家山	4 388	3 088
渭河	咸阳	722	0
	华县	5 714	1 558

图2-8所示是华县1950—2016年最大含沙量,可以看出华县年最大含沙量基本在200~900 kg/m³,2016年8月18日华县最大含沙量808 kg/m³,在历史排名第四。

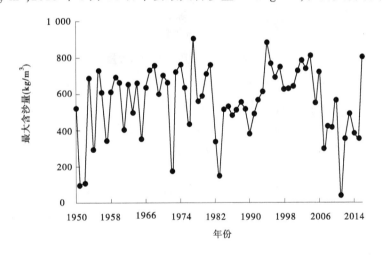

图2-8 华县历年最大含沙量

2.华县历年洪水水沙特点

图2-9~图2-11分别给出了华县历年洪水水量和沙量、汛期水量和汛期沙量、历年含沙量和历年汛期含沙量的变化过程,比较表明,2016年8月华县高含沙洪水水沙特点是符合历史变化规律的。

1)年水量和沙量

图2-9所示是华县历年水量和沙量的变化过程。由图2-9可以看出,1957—1990年历年水量和历年沙量较2001—2016年偏丰,2003年以后,华县历年沙量明显偏小。

1990年以前华县历年水量较丰,1957—1990年华县历年水量在30.99亿~187.6亿m³,平均值为78.7亿m³;2001—2014年华县站历年水量在21.16亿~93.39亿m³,平均值为51.5亿m³,相比1990年以前年均水量减少了35%。1990年以前华县历年洪水沙量

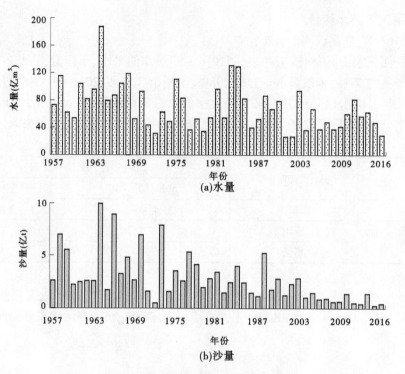

(a)水量

(b)沙量

图 2-9 华县水文站历年水量和沙量

也较丰,1957—1990 年华县水文站年均输沙量为 3.785 2 亿 t;2001—2014 年华县水文站历年沙量在 0.22 亿~3.00 亿 t,平均为 1.164 9 亿 t,相比 1990 年以前年均输沙量减少了 69.2%。2016 年水量 28.2 亿 m³,沙量 0.424 8 亿 t,与 2001—2014 年历年水量和沙量均值相比,分别减少 45%和 75%,但其值均在以往历年范围内。

2) 汛期水量和沙量

图 2-10 是华县水文站历年汛期水量和沙量的变化过程,可以看出,1957—1990 年历年汛期水量和沙量均较 2001—2016 年偏丰,2001 年以后,华县历年汛期沙量明显偏小。

1990 年以前华县汛期水量较丰,1957—1990 年历年汛期水量在 13.42 亿~111.47 亿 m³,平均值为 48.0 亿 m³;2001—2014 年历年汛期水量在 10.87 亿~75.37 亿 m³,平均值为 32.6 亿 m³,相比 1990 年以前汛期平均水量减少了 32%。1990 年以前华县历年汛期沙量也较丰,1957—1990 年华县历年汛期沙量在 0.39 亿~9.6 亿 t,平均值为 3.42 亿万 t,2001—2014 年华县历年汛期沙量在 0.38 亿~2.93 亿 t,平均值为 1.07 亿 t,相比 1990 年以前汛期平均沙量减少了 65%。2016 年汛期水量为 11.4 亿 m³,沙量为 0.40 亿 t,与 2001—2014 年历年汛期水量和沙量均值相比,分别减少 65%和 64%,但其值均在以往历年范围内。

3. 年含沙量和汛期含沙量

图 2-11 是华县水文站 1957—1990 年、2001—2016 年历年含沙量及汛期含沙量,可以看出,历年含沙量和汛期含沙量变化趋势较为一致,且 1957—1990 年含沙量略大于 2001—2016 年含沙量。1957—1990 年华县历年含沙量在 16~153 kg/m³,平均值为 50

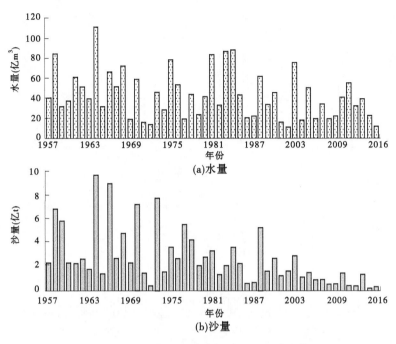

图 2-10　华县水文站历年汛期水量和沙量

kg/m³;2001—2014 年历年含沙量在 5~90 kg/m³,平均值为 26 kg/m³,相比 1990 年以前年含沙量平均减少了 48%。

1957—1990 年间华县汛期含沙量在 24~287 kg/m³,平均值为 76 kg/m³;2001—2014 年汛期含沙量在 8~151 kg/m³,平均值为 42 kg/m³,相比 1990 年以前汛期含沙量平均减少了 45%。年含沙量和汛期含沙量最高的均是 1977 年,分别是 153 kg/m³ 和 287 kg/m³。2016 年华县含沙量和汛期含沙量分别为 15 kg/m³ 和 34.5 kg/m³,与 2001—2014 年历年含沙量和历年汛期含沙量相比,分别减少 42% 和 18%,但其值均在含沙量历年变化范围内,符合含沙量历年变化规律。

四、洪水传播时间及衰减规律

(一)"2016·8"洪水在马莲河的传播过程

根据洪峰、沙峰及洪峰传播到下游的相似性,在马莲河,从历史洪水中筛选出与 2016 年 8 月相似的几场洪水,并对其洪峰和沙峰的传播时间和衰减情况进行对比。筛选出的几场洪水分别是 1980—1982 年、1985 年、1990 年、2007—2009 年共 8 a 的 13 场洪水。

1. 洪峰、沙峰传播时间

图 2-12 所示是马莲河上洪德—庆阳—雨落坪站多年洪峰传播时间,可以看出,洪德—庆阳多年洪峰传播时间在 9.5~14.5 h,平均值为 12.4 h。"2016·8"洪水洪德—庆阳洪峰传播时间为 12 h,庆阳—雨落坪洪峰传播时间为 8.1 h,洪水洪德—庆阳—雨落坪的洪峰传播时间均在多年波动范围内。

图 2-13 所示是洪德—庆阳—雨落坪多年沙峰传播时间情况,可以看出,除 1 次洪水

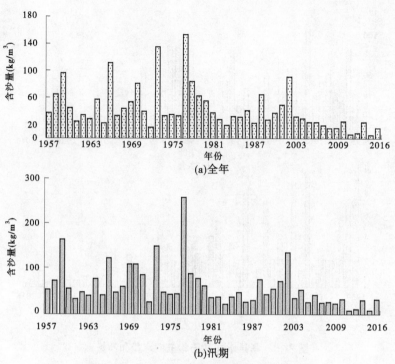

(a)全年

(b)汛期

图 2-11　华县水文站年含沙量和汛期含沙量

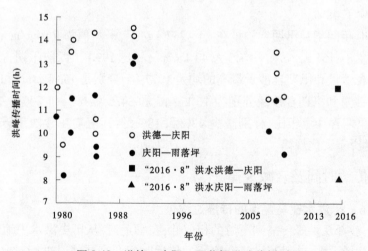

图 2-12　洪德—庆阳—雨落坪洪峰传播时间

23.5 h 外,洪德—庆阳多年沙峰传播时间在 7.0~19.1 h,平均值 13.7 h。"2016·8"洪水洪德—庆阳沙峰传播时间为 6.0 h,庆阳—雨落坪沙峰传播时间为 5.6 h,洪德—庆阳—雨落坪的沙峰传播时间与以往相比也都在其波动范围内。

2. 洪峰、沙峰衰减情况

图 2-14 所示是洪德—庆阳—雨落坪多年洪峰衰减率。洪德—庆阳、庆阳—雨落坪多年洪峰衰减率整体均随水量的增大而减小,洪德—庆阳呈现出较好的指数衰减规律,相关系数 $R = 0.847\,3$;庆阳—雨落坪呈现出较好的对数衰减规律,相关系数 $R = 0.700\,4$。

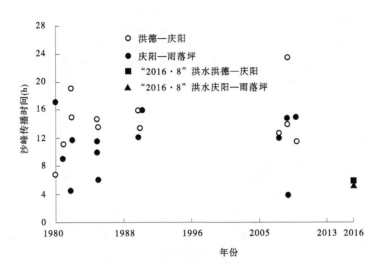

图 2-13　洪德—庆阳—雨落坪沙峰传播时间

"2016·8"洪水洪德—庆阳—雨落坪洪峰衰减率在该范围内。

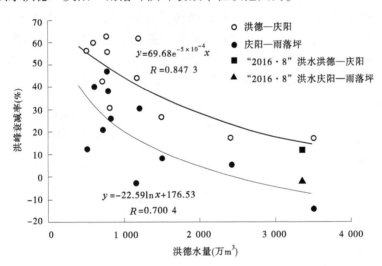

图 2-14　洪德—庆阳—雨落坪洪峰衰减率

图 2-15 是洪德—庆阳—雨落坪多年沙峰衰减情况。相比洪峰衰减率,洪德—庆阳、庆阳—雨落坪多年沙峰衰减率关系较为散乱,规律不明显。"2016·8"洪水洪德—庆阳—雨落坪沙峰衰减率在其上下波动趋势范围内。

(二)"2016·8"洪水在渭河下游的传播过程

根据洪水洪峰、沙峰及洪峰传播到下游的相似性,在泾河—渭河下游,从历史洪水中筛选出与 2016 年 8 月相似的几场洪水,并对其洪峰和沙峰传播时间及衰减情况进行对比。筛选出的几场洪水分别为 2007—2009 年、2012—2013 年共 5 a 的 9 场洪水。

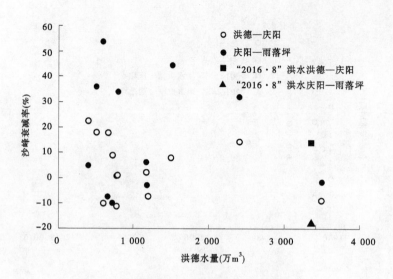

图 2-15　洪德—庆阳—雨落坪沙峰衰减率

1. 洪峰、沙峰传播时间

图 2-16 是张家山—临潼—华县多年洪峰传播时间。张家山—临潼多年洪峰传播时间在 8.0~10.5 h,平均值为 9.1 h,"2016·8"洪水张家山—临潼洪峰传播时间为 11 h,与多年洪峰传播时间基本一致;临潼—华县洪峰传播时间在 12.4~21.8 h,平均值为 17.1 h, "2016·8"洪水临潼—华县洪峰传播时间为 10.7 h,传播时间较短。

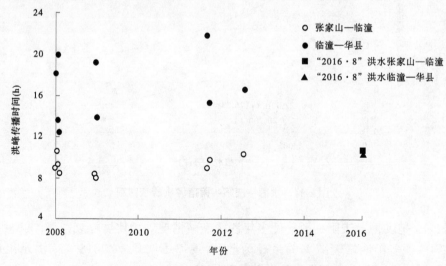

图 2-16　张家山—临潼—华县洪峰传播时间

图 2-17 是张家山—临潼—华县多年沙峰传播时间。张家山—临潼多年沙峰传播时间在 2~24 h,平均值为 10.4 h,"2016·8"洪水张家山—临潼沙峰传播时间为 12 h;临潼—华县沙峰传播时间在 14~28 h,平均值为 19.3 h,"2016·8"洪水临潼—华县沙峰传播时间为 19.5 h,张家山—临潼—华县的沙峰传播时间与多年均值接近。

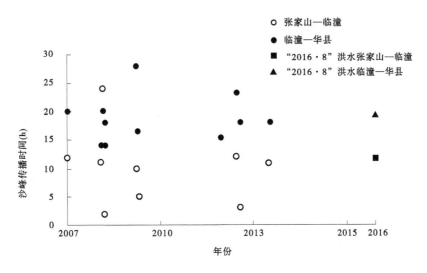

图 2-17　张家山—临潼—华县沙峰传播时间

从图 2-16 可以看出,尽管从张家山到临潼、由临潼到华县的洪水传播时间变幅都比较大,但两个河段自 2007 年到 2016 年的洪水传播时间并没有趋势性减小或趋势性增大的现象。

2. 洪峰、沙峰衰减情况

图 2-18 是张家山—临潼—华县多年洪峰衰减率。张家山—临潼、临潼—华县两者关系不明显,图中有些衰减率呈现出负数,这是因为当年咸阳来水,导致临潼洪峰流量大于张家山洪峰流量。"2016·8"洪水张家山—临潼—华县洪峰衰减率在正常范围内。

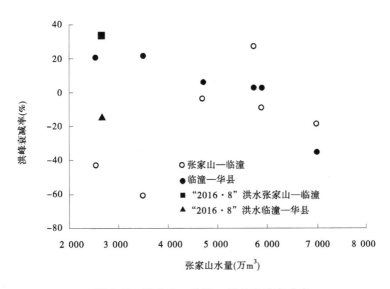

图 2-18　张家山—临潼—华县洪峰衰减率

图 2-19 是张家山—临潼—华县多年沙峰衰减率。张家山—临潼—华县多年沙峰衰减率关系较为散乱,规律不明显。"2016·8"洪水张家山—临潼—华县沙峰衰减率偏小。

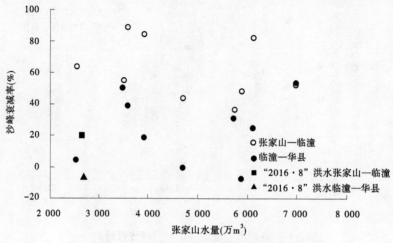

图 2-19 张家山—临潼—华县沙峰衰减率

第三章 "2016·8"高含沙洪水在渭河下游的冲淤特性

分别用洪水期同流量水位法、沙量平衡法、断面法等判断 2016 年 8 月洪水在渭河下游的冲淤情况,并给出临潼—华阴河段的排沙比。

一、洪水期同流量水位变化

(一)马莲河

绘制 8 月高含沙洪水期间洪德、庆阳、雨落坪各水文站水位流量关系(见图 3-1),可知,洪德 200 m³/s 流量时水位上升 0.08 m,庆阳 200 m³/s 流量时水位上升 0.03 m,雨落

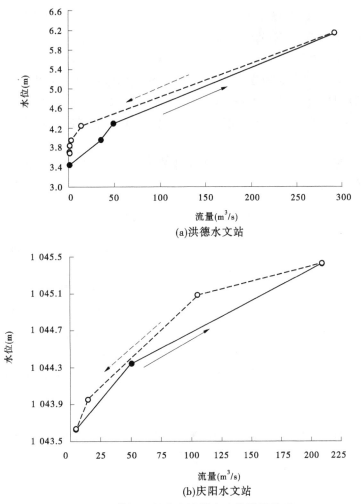

图 3-1 马莲河 8 月高含沙洪水水位流量关系

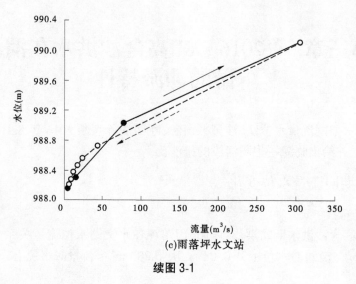

(c)雨落坪水文站

续图 3-1

坪 200 m^3/s 流量时水位下降 0.06 m。由上述分析发现,8 月这场高含沙洪水在马莲河上洪德—庆阳段微淤,庆阳—雨落坪段微冲。

(二)渭河下游

绘制 8 月高含沙洪水期间临潼水文站、华县水文站水位流量关系(见图 3-2)可知,临潼 200 m^3/s 流量时水位上升 0.08 m,100 m^3/s 流量时水位上升 0.13 m;华县 200 m^3/s 流量时水位变化不大,落水时水位变化较大,小于 200 m^3/s 流量时河道发生淤积,100 m^3/s 流量时水位上升 1.2 m。

由上述分析发现,8 月这场高含沙小洪水在泾河上整体稍有淤积,到渭河下游华县时,淤积略严重(落水时)。

二、沙量平衡法的冲淤量

利用沙量平衡法分析计算 2016 年 8 月渭河下游高含沙洪水沿程各河段输沙量变化,结果见表 3-1。8 月高含沙小洪水,张家山—临潼河段淤积 952 万 t,临潼—华县河段淤积 578 万 t。根据以上分析,对于 8 月高含沙洪水,张家山—华县河段是淤积的。

图 3-3 分别给出了临潼—华阴的排沙比与平均流量、来沙系数的关系,并与赵文林的计算结果相比较。由图 3-3(a)可以看出,2016 年 8 月临潼—华阴段排沙比与平均流量的关系在多年排沙比与平均流量关系带中;由图 3-3(b)可以看出,2016 年 8 月临潼—华阴排沙比在 30%~40%,其与来沙系数的关系也位于排沙比与来沙系数关系带中。

三、断面法的冲淤量

利用断面法计算渭河下游河道 2016 年非汛期(图中虚线)和汛期(图中实线)沿程冲淤分布,见图 3-4,2015 年汛后至 2016 年汛前(2016 年非汛期),渭淤 1 断面—渭淤 37 断面河道沿程略有冲刷,冲刷量在 0.082 4 亿 m^3;2016 年 5—10 月渭淤 1 断面—渭淤 37 断面,河道沿程淤积,淤积量为 0.293 8 亿 m^3。

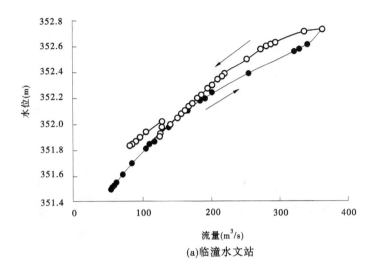

(a)临潼水文站

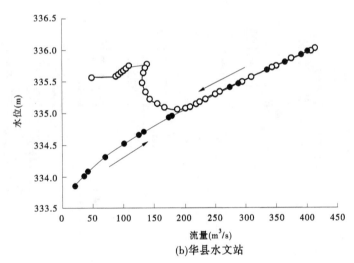

(b)华县水文站

图 3-2　渭河下游 2016 年 8 月高含沙洪水水位流量关系

表 3-1　张家山—临潼—华县河段冲淤变化

时段 （年-月-日）	水文站	平均流量 （m³/s）	平均含沙量 （kg/m³）	沙量 （万 t）	各河段沙量变化 （万 t）
2016-08-16—21	张家山	133	750	3 088	952
	临潼	140	294	2 136	578
	华县	110	278	1 558	

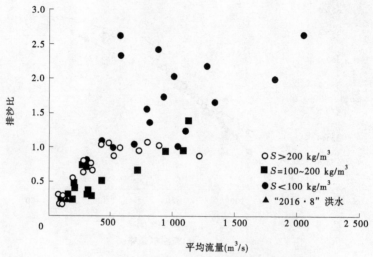

(a)临潼—华阴平均流量与排沙比关系

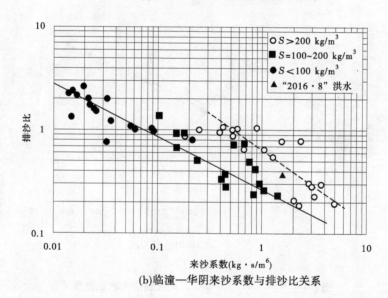

(b)临潼—华阴来沙系数与排沙比关系

图 3-3 2016 年 8 月临潼—华阴排沙比与平均流量、来沙系数关系

表 3-2 是利用断面法计算的渭河下游河道汛前和汛后的淤积量。2015 年 10 月至 2016 年 5 月（汛前），整个渭淤 1 断面—渭淤 37 断面以冲刷为主，冲刷量为 0.082 4 亿 m³，其中渭淤 26 断面及以下都是冲刷，累计冲刷量为 0.084 亿 m³，渭淤 26 断面—渭淤 37 断面累计淤积 0.001 6 亿 m³。2016 年 5 月至 2016 年 10 月，渭淤 1 断面—渭淤 37 断面淤积，淤积量为 0.293 8 亿 m³。其中渭淤 10 断面以下淤积 0.128 1 亿 m³，占 43.6%；渭淤 10 断面—渭淤 26 断面累计淤积 0.154 5 亿 m³，占 52.6%；渭淤 26 断面—渭淤 37 断面累计淤积 0.011 2 亿 m³，占 4.8%。

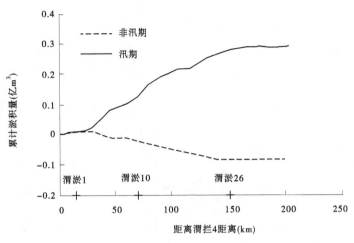

图 3-4　渭河下游沿程淤积分布

表 3-2　渭河下游断面法淤积量　　　　　　　　　　　　（单位:亿 m³）

河段	2015 年 10 月至 2016 年 5 月	2016 年 5 月至 2016 年 10 月
渭淤 10 以下	−0.020 1	0.128 1
渭淤 10—渭淤 26	−0.063 9	0.154 5
渭淤 26—渭淤 37	0.001 6	0.011 2
合计	−0.082 4	0.293 8

四、河道断面形态变化

图 3-5(a)是 2016 年华县水文站汛前、汛后河道断面形态图。相比汛前,汛后华县主槽河底高程有所升高,说明汛后华县站主槽略有淤积,见图 3-5(b)。

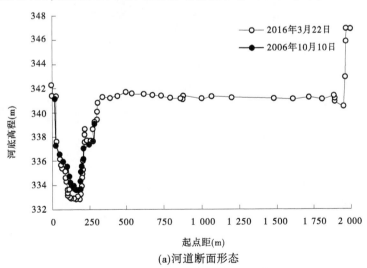

(a)河道断面形态

图 3-5　2016 年华县汛前、汛后河道、主河槽断面形态图

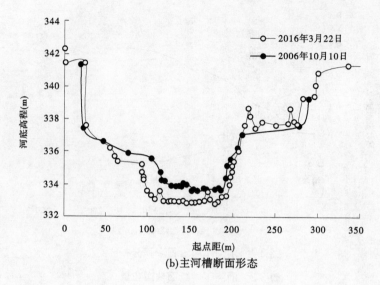

(b)主河槽断面形态

续图 3-5

第四章 结 论

(1) 2016 年洪德水文站年水、沙量分别为 6 322 万 m^3 和 4 047 万 t,分别比 1958—2015 年多年均值偏多 0.7% 和 7.9%;2016 年汛期水、沙量分别为 5 476 万 m^3 和 4 047 万 t,比 1958—2015 年同期平均值偏多 2.9% 和 10.3%。相比于黄河中游其他支流水沙的较大变化,洪德以上流域水沙变化不甚明显。

(2) 与黄河中游其他支流相比,近年来洪德以上流域下垫面变化不显著,林草覆盖度从 1990 年左右的 31.3%,到 2013 年的 41.9%;梯田面积变化不大。2016 年洪德以上流域降雨产沙关系在 1977—1997 年点带关系中。

洪德以上流域多年平均年降水量 333 mm,汛期降水量 241 mm。暴雨多年平均降水量 41 mm,分别占汛期、年降水量的 17% 和 12%。2016 年 8 月 14—15 日暴雨雨量 33.3 mm,分别占 2016 年汛期、年降水量的 16% 和 11%。从场次降雨量、降雨强度看,2016 年 8 月 14—15 日降雨属于较大暴雨。

2016 年 8 月洪德洪峰流量为 656 m^3/s,重现期为 2.1 a。

(3) 2016 年 8 月洪德水文站最大含沙量为 916 kg/m^3,在其多年最大含沙量 900 ~ 1 200 kg/m^3 范围内。洪德场次洪水流量与输沙率具有较好的线性相关关系。2016 年 8 月华县水文站最大含沙量为 808 kg/m^3,为 1950 年以来排名第 4。

(4) 2016 年 8 月洪水洪德—庆阳—雨落坪、张家山—临潼、临潼—华县的洪峰和沙峰传播时间与多年均值接近,且在多年变化范围内。

洪德—庆阳、庆阳—雨落坪多年洪峰衰减率整体均随水量的增大而减小,洪德—庆阳呈现出较好的指数衰减规律,庆阳—雨落坪呈现出较好的对数衰减规律,2016 年 8 月洪水洪德—庆阳—雨落坪洪峰衰减率符合其规律。洪德—庆阳、庆阳—雨落坪多年沙峰衰减率关系较为散乱,规律不明显。2016 年 8 月洪水洪德—庆阳—雨落坪沙峰衰减率在其波动范围内。

张家山—临潼、临潼—华县多年洪峰及沙峰衰减率均无明显的衰减趋势,2016 年 8 月洪水张家山—临潼—华县洪峰及沙峰衰减率均在历史变化范围内。

(5) 2016 年马莲河洪水及渭河下游洪水的水量、沙量均与历史时期变化规律保持一致。组成华县 2016 年 8 月洪水的水量、沙量主要来自泾河。

(6) 根据洪德、庆阳、雨落坪 3 处水文站同流量水位关系知,2016 年 8 月高含沙洪水在马莲河洪德—庆阳段微淤,在庆阳—雨落坪段微冲。2016 年 8 月高含沙洪水在张家山—临潼、临潼—华县河段是淤积的。临潼—华阴段河道排沙比在 30% ~ 40%,排沙比与平均流量、来沙系数的关系处于多年点据分布带范围内。

(7) 根据沙量平衡法,2016 年 8 月高含沙洪水在张家山—华县河段是淤积的;根据断面法,2015 年 5 月至 2016 年 10 月渭河下游河道是淤积的,汛期淤积量较大。

第五专题 关于近期开展黄河调水调沙的建议

　　基于实测资料,分析了近两年小浪底水库未进行排沙运用对库区及下游河道冲淤的影响,总结了历次调水调沙的作用,研究了近期小浪底水库排沙及下游河道排洪输沙的需求,提出了2017年汛期调水调沙指标及方案,并探讨了近期汛前调水调沙与汛期调水调沙相结合的运用方式。

第一章　2016 年未开展调水调沙对 小浪底水库库区冲淤的影响分析

一、小浪底水库运用阶段及相应水位

2007 年以来,以满足黄河下游防洪、减淤、防凌、防断流以及供水等为主要目标,小浪底水库进行了防洪和春灌蓄水、调水调沙及供水等一系列调度(见图 1-1)。小浪底水库运用一般可划分为 3 个时段:

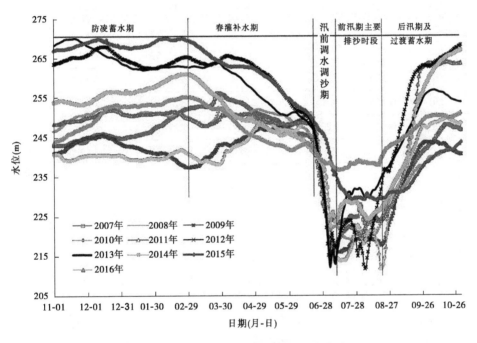

图 1-1　2007—2016 年小浪底运用水位

第一阶段一般为上年 11 月 1 日至下年汛前调水调沙期,该期间水库的主要任务是保证黄河下游工农业生产、城市生活及生态用水,水库向下游补水期间水位整体变化不大。

第二阶段为汛前调水调沙生产运行期,一般从 6 月下旬至 7 月上旬,为小浪底水库清水下泄阶段,库水位大幅度下降。小浪底水库排沙阶段水位相对稳定。

第三阶段为防洪运用以及水库蓄水,一般从 7 月中旬至 10 月。受汛前调水调沙的影响,初期水位一般较低,随着水库蓄水,水位逐渐靠近汛限水位。2007 年、2010 年及 2012 年前汛期(7 月 1 日至 8 月 31 日)利用自然洪水进行过降低水位排沙,其他年份水库蓄水至汛限水位附近后基本维持在汛限水位附近。依据《小浪底水利枢纽拦沙后期(第一阶段)调度规程》,8 月 21 日起水库蓄水位可以向后汛期(9 月 1 日至 10 月 31 日)汛限水位过渡,库水位持续抬升。

为了确保下游供水安全,2015 年汛前调水调沙期间小浪底水库运用水位较高。2016 年未进行汛前调水调沙,汛期运用水位较高,最低水位 236.61 m,为近 10 a 最高(见表 1-1)。

表 1-1　2007—2016 年小浪底水库汛期不同时段水位特征参数

| 年份 | 前汛期汛限水位(m) | 超汛限水位日期(月-日) | 7月11日至9月30日 | | | | 前汛期最高水位(m) |
| | | | 最高水位 | | 最低水位 | | |
			值(m)	日期(月-日)	值(m)	日期(月-日)	
2007	225	08-22	242.04	09-30	218.83	08-07	227.74
2008	225	08-22	238.70	09-30	218.80	07-23	224.10
2009	225	08-30	243.57	09-30	215.84	07-13	219.50
2010	225	08-26	247.62	09-27	211.60	08-19	222.66
2011	225	08-24	263.26	09-30	218.98	07-11	224.32
2012	230	08-18	262.92	09-28	211.59	08-04	233.21
2013	230	08-09	256.04	09-30	216.97	07-11	235.12
2014	230	08-26	258.66	09-30	224.14	08-08	228.67
2015	230	08-14	238.6	09-30	229.12	08-14	233.98
2016	230	—	249.94	09-30	236.61	07-12	240.44

二、全年未排沙

2016 年小浪底水库全年进、出库水量分别为 158.01 亿 m³、163.86 亿 m³。全年入库沙量为 1.115 亿 t,入库泥沙主要集中在汛期两场洪水,两场洪水入库沙量 0.877 亿 t,占年入库沙量的 79%。最大入库流量 2 310 m³/s(7 月 21 日),最大入库含沙量 183.3 kg/m³,大于 1 500 m³/s 的洪水共出现 3 d(见图 1-2)。水库全年未排沙(见图 1-3)。

水库排沙比与回水长度呈负相关关系。也就是说,在调水调沙期,小浪底水库回水长度越长,越会减少明流段的冲刷量,增加壅水明流的输沙距离,弱化异重流潜入条件,加长异重流输沙距离,从而减小水库排沙比,降低水库排沙效果,甚至不能排沙出库(见图 1-4)。

2016 年未进行汛前调水调沙,汛期运用水位较高,最低 236.61 m,对应回水末端达到 HH50 断面,距坝 98.43 km(见图 1-5)。汛期来沙主要淤积在三角洲洲面,即使有少量泥沙运行至坝前,由于排沙洞没有及时开启,水库全年未排沙。

三、未排沙年份细泥沙淤积比例

小浪底水库运用以来,主要排沙形式为洪水期异重流排沙或异重流形成的浑水水库排沙。这里涉及的洪水包括人造洪水和自然洪水。2004—2015 年汛前调水调沙为人造洪水排沙,其中 2007 年、2010 年、2012 年汛期调水调沙为通过水库调控利用自然洪水排沙。

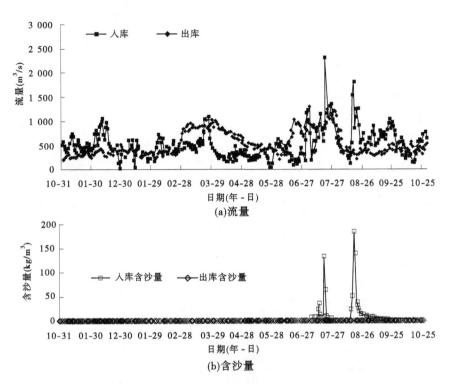

(a)流量

(b)含沙量

图 1-2　2016 年进出库水沙过程

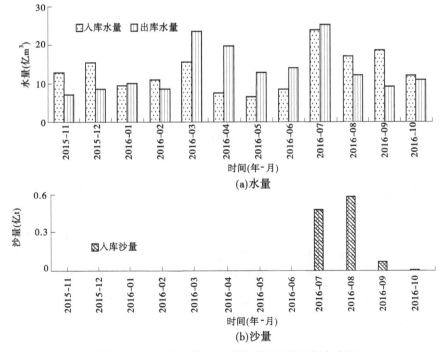

(a)水量

(b)沙量

图 1-3　2016 年小浪底水库进出库水沙量年内分配

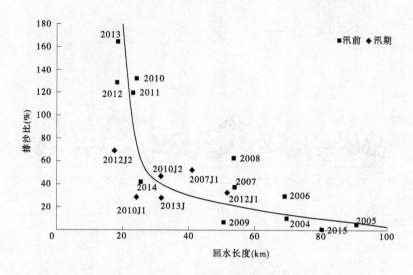

图 1-4　小浪底水库调水调沙期间排沙比与回水长度关系

注:图中仅数字表示汛前调水调沙年份,字母 J 后数字表示某年汛期第几次调水调沙)

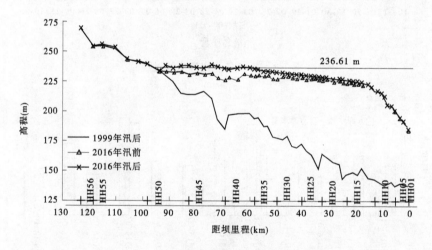

图 1-5　2016 年小浪底水库最低运用水位与地形

2016 年小浪底水库来沙 1.115 亿 t,由于全年未排沙,来沙全部淤积在水库中,细泥沙占淤积物的 66.6%。调水调沙能够明显减少库区细泥沙淤积比例,改善库区淤积物组成,提高水库拦沙效益。图 1-6~图 1-8 分别给出了不同排沙情况下进出库泥沙及淤积物组成情况。受天然来水来沙影响,汛前和汛期调水调沙均排沙、仅汛前调水调沙排沙以及未排沙年份的细泥沙分别占入库沙量的 51%、50% 和 61%,中泥沙比例最小,分别为 21%、23% 和 18%(见图 1-6)。由于异重流排沙以细泥沙为主,因此出库泥沙中细泥沙比例较高。如,汛前和汛期调水调沙均排沙、仅汛前调水调沙排沙的年份细沙分别占出库沙量的 75%、79%。

由于受排沙条件影响,库区淤积物组成差别较大。未排沙年份库区淤积物中细泥沙比例最高,达到 61%,与之相比,仅开展汛前调水调沙排沙、汛前和汛期调水调沙均排沙

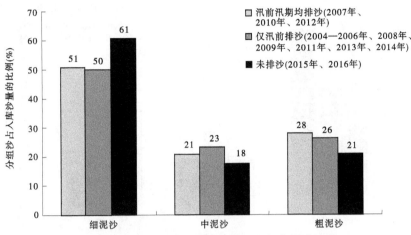

图1-6 2004年以来不同排沙情况下入库泥沙组成

的年份淤积物中细泥沙比例明显降低,分别为41%、39%。

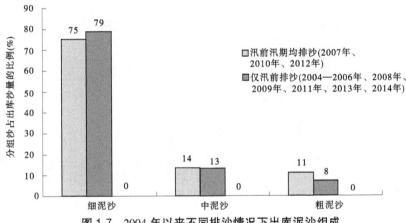

图1-7 2004年以来不同排沙情况下出库泥沙组成

四、长时间不排沙加速了拦沙库容淤损

图1-9给出了小浪底水库历年进出库沙量及淤积量。2015年、2016年入库沙量分别为0.501亿t、1.115亿t,水库连续两年未排沙;2014年入库沙量1.389亿t,出库沙量0.269亿t。也就是说,近3 a入库沙量3.005亿t,出库沙量0.269亿t,排沙比仅9%,排沙较少。长时间不排沙,加速了拦沙库容淤损,细泥沙淤积比例较大,降低了水库拦沙效益。

根据丹江口水库淤积物资料(见图1-10)及小浪底水库模型试验结果(见图1-11),淤积物的干容重随泥沙淤积厚度的增加而变大,即淤积深度越深,其干容重越大,淤积体长时间受力固结,泥沙颗粒与颗粒之间已不是没有联系的松散状态,而是固结成整体,这样抗冲性能大,不容易被水流冲刷。所以,从恢复库容来说,水库若长时间先淤后冲,不如水库运用到一定时间后,冲淤交替为好。

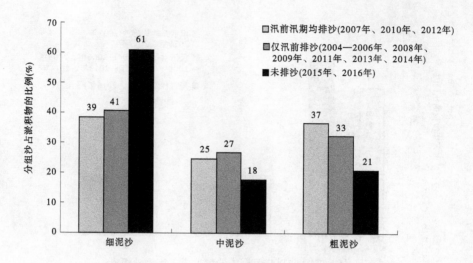

图 1-8 2004 年以来不同排沙情况下淤积物组成

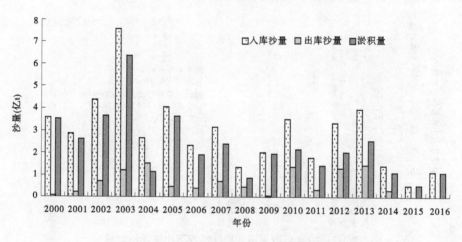

图 1-9 小浪底水库历年进出库沙量及淤积量

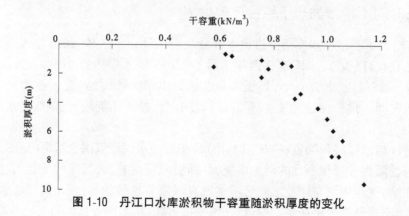

图 1-10 丹江口水库淤积物干容重随淤积厚度的变化

(a)未固结

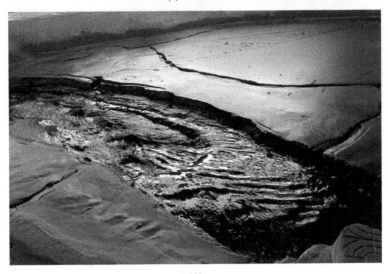

(b)固结

图 1-11　淤积物冲刷试验

第二章　2016年未开展调水调沙对下游河道冲淤的影响分析

一、下游河道来水过程

2016年来水量仅180.2亿 m³,是近10 a进入下游水量最少的年份(见图2-1)。年均流量仅为567 m³/s。花园口最大流量日均流量仅1 630 m³/s,大于1 500 m³/s的天数仅3 d(见图2-2)。

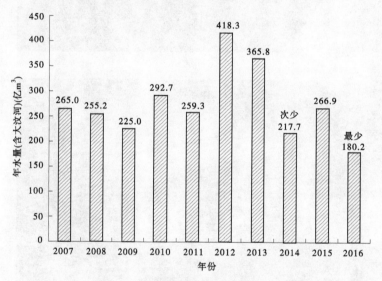

图2-1　2007年以来进入下游的年水量

二、下游冲刷量

2016年下游河道冲刷较少,冲刷量为0.45亿 t(见图2-3),分别为2000—2016年平均冲刷量1.33亿 t的34%和2007—2016年平均冲刷量1.06亿 t的42%。2016年汛期下游共冲刷泥沙0.18亿 t,仅为2000—2016年汛期的19%和2007—2016年汛期的25%(见表2-1)。

三、艾山—利津河段冲淤量

2016年未开展调水调沙,艾山—利津河段非汛期发生微淤,淤积泥沙0.001 4亿 t,汛期冲刷0.001 2亿 t,合计淤积0.000 2亿 t,全年基本不冲不淤。2015年,不仅非汛期淤积,汛期也发生了淤积,全年发生淤积。2014年非汛期淤积,汛期冲刷,非汛期淤积量大于汛期冲刷量,全年淤积(见图2-4)。

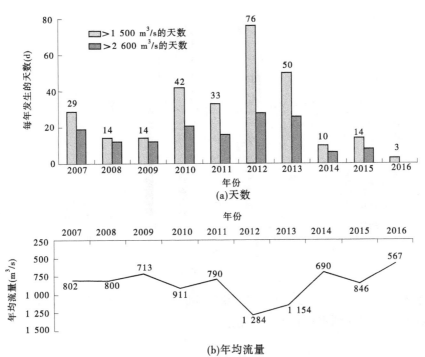

(a)天数

(b)年均流量

图 2-2　2007 年以来较大流量级出现的天数

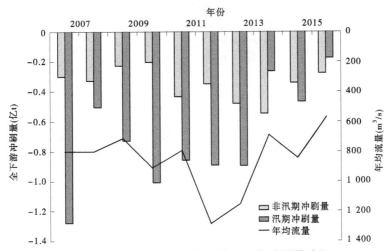

图 2-3　2007 年以来下游非汛期和汛期冲刷量过程

表 2-1　2016 年冲刷量与近期比较

时段	2016 年冲刷量（亿 t）	2000—2016 年		2007—2016 年	
		年均冲刷量（亿 t）	2016 年占比（%）	年均冲刷量（亿 t）	2016 年占比（%）
全年	−0.45	−1.33	34	−1.06	42
汛期	−0.18	−0.93	19	−0.71	25

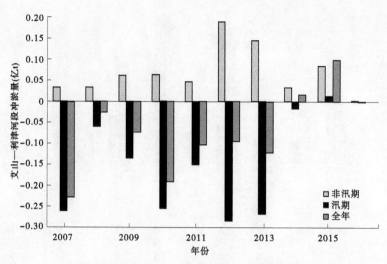

图 2-4 艾山—利津河段近年冲淤量

一般来说,艾山—利津河段汛期发生冲刷,冲刷量与进入该河段的水量有关,水量越大,冲刷量越大;非汛期则水量越大,淤积量越大(见图 2-5)。

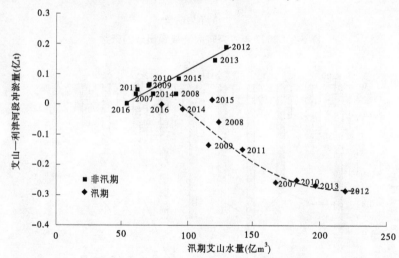

图 2-5 艾山—利津河段的冲淤量与水量关系

2014—2016 年日流量大于 2 600 m³/s 仅 14 d,年均 4.7 d。2007—2013 年,日流量大于 2 600 m³/s 的天数年均 19.1 d。大流量的缺失,是艾山—利津河段近 3 a 发生累计淤积的主要原因。

2014—2016 年,艾山—利津河段发生了累计淤积,3 a 共淤积了 0.116 亿 t,淤积绝对量很小。从泺口和利津两个水文站的近 3 a 水位—流量关系看,2016 年泺口小流量的水位较 2014 年略有抬升,与 2015 年基本相当(见图 2-6);利津的水位—流量表现亦是如此(见图 2-7)。

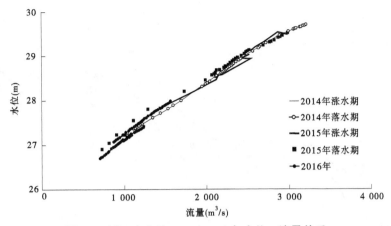

图 2-6　泺口水文站 2014—2016 年水位—流量关系

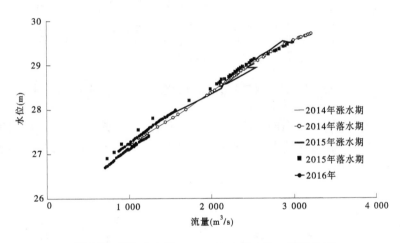

图 2-7　利津水文站 2014—2016 年水位—流量关系

四、长期小流量对主流弯曲系数的影响

1999 年 10 月小浪底水库下闸蓄水运用以来,其下游河道的来水来沙条件发生了巨大变化,十多年的持续清水小水冲刷,使得黑岗口以上河段现有河道整治工程对水流的控制作用稍差一些,出现了部分河段河势下挫、桃花峪—花园口河段控导工程脱河等现象,局部河段还出现了畸形河湾等。黑岗口以下河段则对水库运用后的水沙条件较为适应,整治工程对河势控制比较好。

铁谢—花园口河段处于游荡性河道的上段,河势变化受水沙条件的影响相对更加明显,系统分析历年来主流线长度、弯曲系数的变化过程(见图 2-8)可以看出,在河道整治工程逐步完善的条件下,河势经历了较为明显的"顺直(1992 年前)—弯曲—河势下挫、趋直—外形轮廓顺直框架下的不规则小湾"等 4 个阶段,弯曲系数也经历了"明显增大(1993—2000 年)—明显减小(2011—2010 年)—有所增大(2011—2016 年)"的 3 个变化过程,在一定程度上也反映了流量、含沙量及河道冲淤对河势的影响。

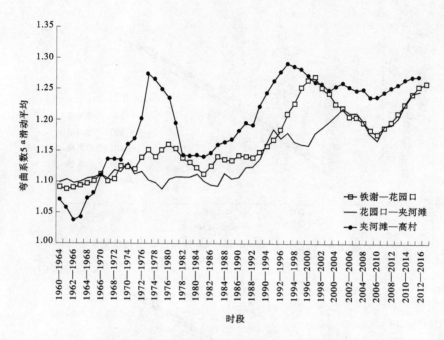

图 2-8 游荡性河道各河段弯曲系数历年变化过程

分析表明,花园口以上河道的主流弯曲系数与流量大小关系密切。与 1 200 m³/s 以下和 400 m³/s 以下天数同步变化(见图 2-9、图 2-10),与 2 600 m³/s 以上天数反向变化(见图 2-11)。

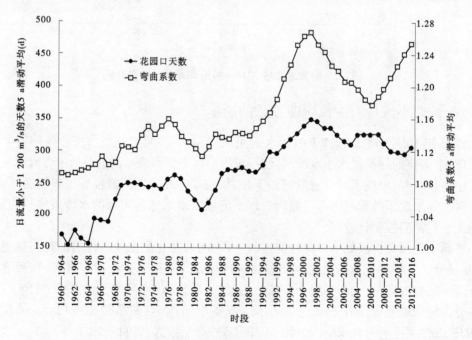

图 2-9 花园口以上河段弯曲系数和花园口日流量小于 1 200 m³/s 的天数变化过程

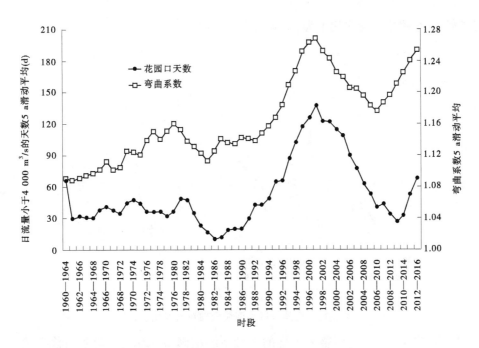

图 2-10　花园口以上河段弯曲系数和花园口日流量小于 400 m³/s 的天数变化过程

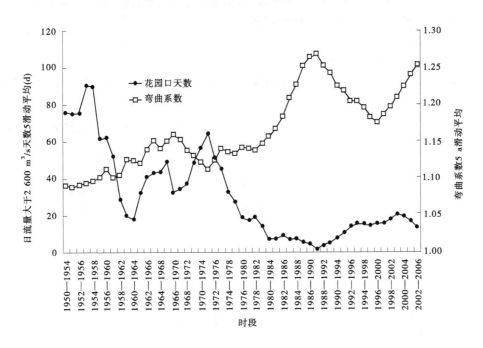

图 2-11　花园口以上河段弯曲系数和花园口日流量大于 2 600 m³/s 的天数变化过程

　　清水冲刷使得河势趋直,弯曲系数减小(2000—2010 年);长期小流量作用,使得河势坐弯,弯曲系数增大(2011 年以来)(见图 2-12)。在小浪底水库运用初期,由于前期主槽淤积严重,河道萎缩,因此清水冲刷趋直占主导作用;当下游冲刷到一定程度,冲刷粗化、河道展宽后,小流量坐弯作用增强,上升为主导作用。

图 2-12　花园口以上河段弯曲系数变化过程

2011 年和 2012 年,河道整治工程的上延下续增修,是 2011 年弯曲系数突然增加的重要原因。2011 年增加长度的工程包括铁谢险工、逯村控导、化工控导、大玉兰控导、金沟控导、东安控导、驾部控导、老田庵控导等。

五、长期小水致畸形河势发展

近年弯曲系数的增加,则主要由于畸形河势的不断发展。目前高村以上河段,共有畸形河湾 5 个(见图 2-13~图 2-17),产生于 2012—2013 年,目前还在发展中。其中伊洛河口以上 2 处,分别为开仪—赵沟、裴峪—大玉兰;伊洛河口至花园口 2 处,分别为驾部—枣树沟与东安—桃花峪;花园口至夹河滩 1 处,即三官庙—韦滩。

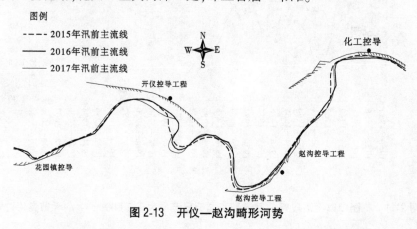

图 2-13　开仪—赵沟畸形河势

这 5 个畸形河湾弯曲系数也从 2015 年的 1.27~1.75 增加至 2017 年的 1.43~1.83(见表 2-2)。2016 年没有调水调沙,年均流量更加小,为 567 m³/s,小于 2014 年和 2015年的 690 m³/s 和 846 m³/s。

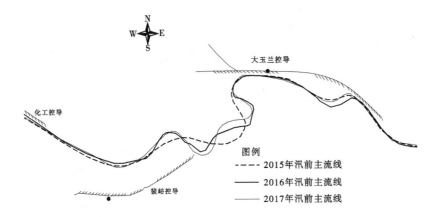

图 2-14　裴峪—大玉兰畸形河势

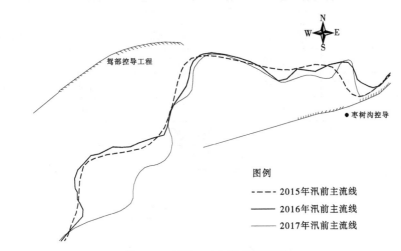

图 2-15　驾部—枣树沟畸形河势

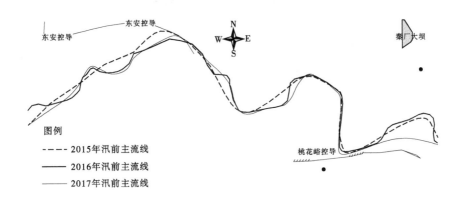

图 2-16　东安—桃花峪畸形河势

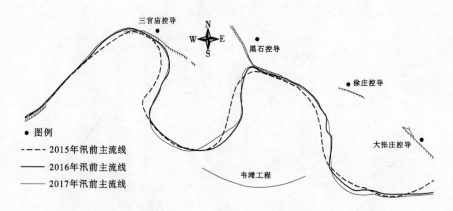

图 2-17　三官庙—韦滩畸形河势

表 2-2　黄河下游畸形河湾弯曲系数

年份	不同畸形河湾的弯曲系数				
	开仪—赵沟	裴峪—大玉兰	驾部—枣树沟	东安—桃花峪	三官庙—韦滩
2015	1.27	1.35	1.29	1.40	1.75
2016	1.37	1.45	1.34	1.47	1.84
2017	1.43	1.47	1.38	1.44	1.83
河长(m)					
2015	5 747	9 097	10 515	12 989	10 749
2016	5 747	9 097	10 515	12 989	10 749
2017	5 747	9 097	10 515	12 989	10 749

　　根据前面实测资料分析,弯曲系数与流量成反比,流量越小则河道弯曲系数越大,畸形河湾更加发展。因此,建议今后应进行调水调沙,以缓解畸形河势继续加重的现状。

第三章　调水调沙的作用分析

汛前调水调沙的目标主要包括:一是实现黄河下游主河槽的全线冲刷,扩大主河槽的过流能力,近几年转为维持下游河道中水河槽行洪输沙能力;二是探索人工塑造异重流调整小浪底水库库区泥沙淤积分布的水库群水沙联合调度方式;三是进一步深化对河道、水库水沙运动规律的认识;四是实施黄河三角洲生态调水。

汛前调水调沙的模式采用 2004 年第三次调水调沙试验的基于干流水库群联合调度、人工异重流塑造模式:依靠水库蓄水,充分而巧妙地利用自然的力量,通过精确调度万家寨、三门峡、小浪底等水利枢纽工程,在小浪底水库库区塑造人工异重流,实现水库减淤的同时,利用进入下游河道水流富余的挟沙能力,冲刷下游河道,增加河道过流能力,并将泥沙输送入海。

考虑到近期厄尔尼诺现象的影响,为了确保下游供水安全,2015 年汛前调水调沙期间小浪底水库运用水位较高,因而只有清水大流量下泄过程,没有人工塑造异重流排沙过程。2016 年没有开展汛前调水调沙,全年没有大流量进入黄河下游(见图 3-1),花园口最大日均流量仅为 1 630 m³/s。

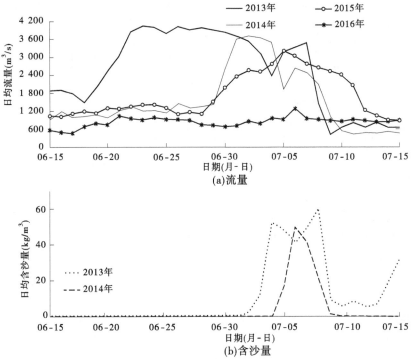

图 3-1　近期不同类型汛前调水调沙小浪底水库出库水沙过程

一、减缓小浪底水库淤积速度,调整干流淤积形态

至 2016 年已进行了 19 次黄河调水调沙试验和生产实践。19 次调水调沙期间,小浪底水库入出库泥沙分别为 11.820 亿 t、6.197 亿 t,平均排沙比为 52.4%(见表 3-1)。

表 3-1 2002—2016 年调水调沙期入出库沙量

年份	时段（月-日）	入库沙量（亿 t）			出库全沙（亿 t）		
		调水调沙期（亿 t）	全年（亿 t）	调水调沙期/年（%）	调水调沙期（亿 t）	全年（亿 t）	调水调沙期/年（%）
2002	07-04—15	1.833	4.375	41.9	0.363	0.701	45.5
2003	09-06—09-18	0.694	7.564	9.2	0.747	1.206	67.6
2004	06-19—07-13	0.436	2.638	16.5	0.043	1.487	2.9
2005	06-09—07-01	0.457	4.076	11.2	0.020	0.449	4.5
2006	06-09—29	0.230	2.325	9.9	0.069	0.398	17.3
2007	06-19—07-03	0.621	3.125	19.9	0.234	0.705	33.2
	07-29—08-07	0.828		26.5	0.426		60.4
2008	06-19—07-03	0.741	1.337	55.4	0.462	0.462	100
2009	06-19—07-03	0.545	1.980	27.5	0.036	0.036	100
2010	06-19—07-08	0.418	3.511	11.9	0.553	1.361	40.6
	07-24—08-03	0.901		25.7	0.258		19
	08-11—21	1.092		31.1	0.508		37.3
2011	06-19—07-08	0.275	1.753	15.7	0.329	0.329	100
2012	06-19—07-12	0.448	3.327	13.5	0.576	1.295	44.5
	07-23—28	0.380		11.4	0.124		9.6
	07-29—08-08	0.80		24	0.548		42.3
2013	06-19—07-09	0.384	3.955	9.7	0.632	1.42	44.5
2014	06-29—07-09	0.636	1.389	45.8	0.269	0.269	100
2015	06-29—07-12	0.101	0.501		0	—	—
2016	—		1.115			0	
合计	—	11.820	42.971	27.8	6.197	10.118	61.2

19 次调水调沙出库沙量占相应时段总出库沙量的 61%。其中,12 次汛前调水调沙小浪底水库出库沙量分别为 5.292 亿 t、3.223 亿 t,排沙比为 60.9%,出库沙量占调水调沙的 52.0%,汛前调水调沙异重流第一阶段出库沙量 1.722 亿 t,该泥沙为小浪底水库库区前期淤积物,该量占汛前调水调沙出库沙量的 53.4%(见图 3-2)。7 次汛期调水调沙进出库沙量分别为 6.528 亿 t、2.974 亿 t,排沙比 45.6%,出库沙量占调水调沙的 48.0%。

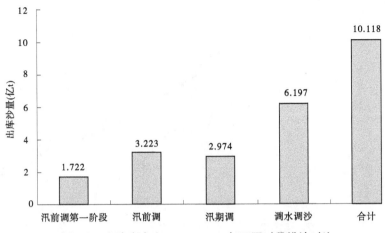

图 3-2 小浪底水库 2002—2016 年不同时段排沙对比

汛前调水调沙中、细泥沙排沙比分别为37%、124%,相应汛期调水调沙排沙比分别为18%、82%(见图 3-3)。虽然汛期调水调沙细泥沙排沙比低于汛前调水调沙,但总体也比较高。中、细泥沙对下游河道淤积影响较小,但是淤积在库区减少了水库拦沙库容,降低了水库的拦沙效益。可见,调水调沙对减缓水库淤积、提高水库的拦沙效益具有重要作用。

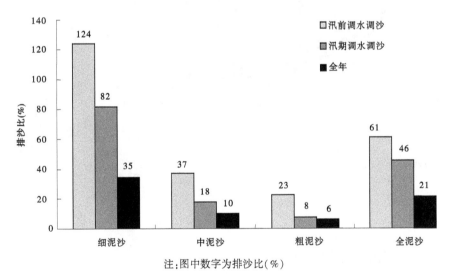

注:图中数字为排沙比(%)

图 3-3 小浪底水库 2002—2016 年不同时段分组沙排沙对比

2004 年、2006 年汛前调水调沙证明,为了塑造下游河道协调的水沙关系,对入库泥沙进行调控时,即便板涧河口(距坝 65.9 km)以上峡谷段发生淤积甚至超出设计平衡淤积纵剖面,"侵占"了部分长期有效库容,在黄河中游发生较大流量级的洪水或水库蓄水为主人工塑造入库水沙过程时,利用该库段的地形条件,使水流冲刷前期淤积物,恢复占用的长期有效库容,相当于一部分长期有效库容可以重复用以调水调沙,做到"侵而不占"(见图 3-4、图 3-5),增强了小浪底水库运用的灵活性和调控水沙的能力,对泥沙的多年调节、长期塑造协调的水沙关系意义重大。

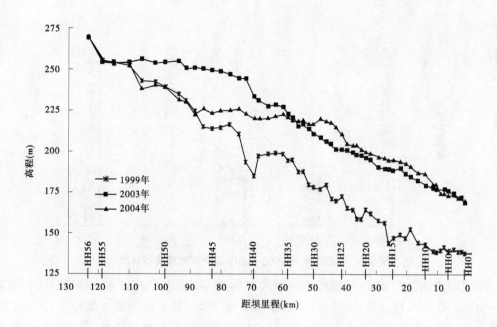

图 3-4　小浪底水库库区 1999 年、2003 年、2004 年汛后纵剖面

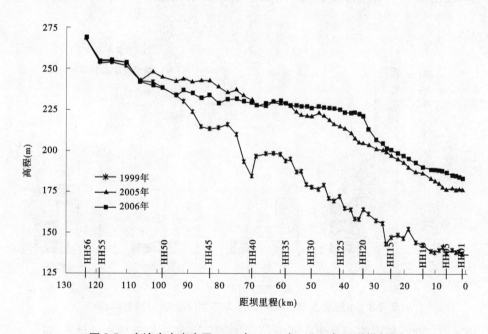

图 3-5　小浪底水库库区 1999 年、2005 年、2006 年汛后纵剖面

二、汛前调水调沙清水大流量过程对提高下游河道过流能力的作用

低含沙水流在下游河道中的冲刷效率与流量大小密切相关(见图 3-6),同一时期内,流量越大,冲刷效率越大,2016 年没有大流量过程,因此冲刷效果很弱。大流量冲刷和长

期清水冲刷,下游最小平滩流量达到 4 200 m³/s(见图 3-7)。

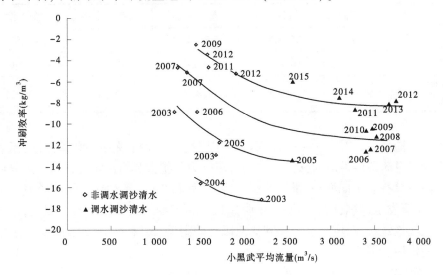

图 3-6   清水阶段下游河道冲刷效率与洪水期小黑武平均流量关系

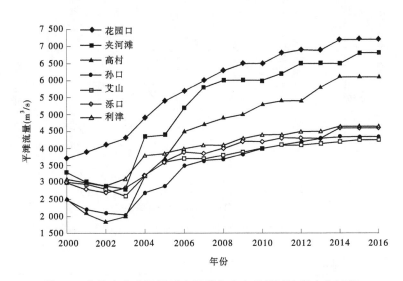

图 3-7   小浪底水库运用以来下游各水文站平滩流量变化过程

汛前调水调沙清水下泄阶段,水量越大,冲刷量越大。水量达到一定量级,以下游典型河段过流能力需要扩大值控制。汛前调水调沙下泄清水大流量过程,对下游河道过流能力的恢复具有较大作用。对艾山—利津河段来说,作用更大(见表 3-2)。

历次汛前调水调沙清水大流量阶段,下游各河段均发生显著冲刷,全下游共冲刷 2.986 亿 t,占 2007—2015 年全下游总冲刷量的 28.2%。汛前调水调沙清水阶段下游各河段的累计冲刷量分别为 0.734 亿 t、0.831 亿 t、0.743 亿 t 和 0.678 亿 t,分别占 2007—2015 年各河段总冲刷量的 29.5%、15.9%、34.5% 和 93.8%。

表 3-2　2007—2015 年黄河下游各河段冲刷量统计　　　　（单位：亿 t）

时间	小浪底—花园口	花园口—高村	高村艾山	艾山—利津	全下游
全年	2.490	5.221	2.154	0.723	10.588
汛前调清水阶段	0.734	0.831	0.743	0.678	2.986
汛前调清水阶段占全年比例(%)	29.5	15.9	34.5	93.8	28.2

　　汛前清水大流量过程对艾山—利津河段的作用更大。对于艾山—利津河段，汛前调水调沙清水大流量阶段的冲刷对该河段主槽过流能力的扩大具有决定性作用。这是由于艾山—利津河段具有非汛期淤积、汛期冲刷的特点（见图 3-8），要想使得该河段发生累计冲刷，汛期不仅要发生冲刷，而且冲刷量要明显大于非汛期的淤积量才行。因此，汛前调水调沙清水大流量过程，对增加艾山—利津河段的冲刷量、维持该河段过流能力不萎缩具有十分重要的作用。

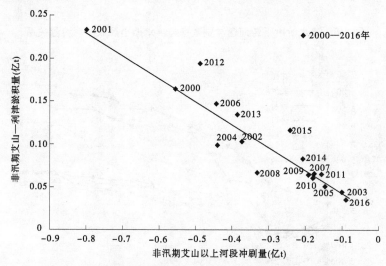

图 3-8　艾山—利津河段非汛期淤积量与艾山以上河段冲刷量关系

三、调水调沙期水库排沙对下游冲淤影响

（一）汛前调水调沙异重流排沙阶段花园口以上河段发生淤积

2006 年以来，汛前调水调沙后期人工塑造异重流阶段，小浪底水库在较短时间内排泄大量泥沙，这些泥沙主要来自小浪底水库库区回水末端以上库段的冲刷和三门峡库区的冲刷。由于排沙主要集中在短短的 24 h 左右，进入下游的含沙量很高，造成下游河道短时间内迅速淤积。

　　下游河道总冲淤效率与平均含沙量的关系最好，呈简单的线性增加关系（见图 3-9）。就已经开展的调水调沙而言，当平均含沙量小于 17 kg/m³ 时，下游河道发生冲刷，大于 17 kg/m³ 时则发生淤积。

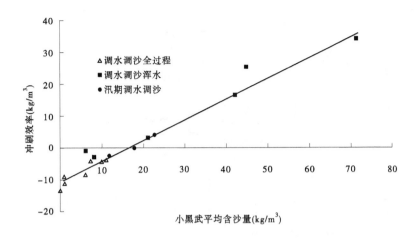

图 3-9　全下游总冲淤效率与小黑武平均含沙量的关系

汛前调水调沙人工塑造异重流排沙阶段,在黄河下游河道中发生淤积。淤积主要集中在花园口以上河段(见图 3-10)。

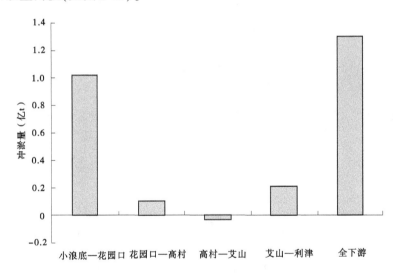

图 3-10　汛前调水调沙异重流排沙阶段淤积分布图

汛前调水调沙第二阶段人工塑造异重流排沙,虽然短历时集中排沙,下游河道发生淤积,但由于异重流出库泥沙较细,淤积的泥沙对下游河道的过流能力影响不大。这是因为花园口以上的平滩流量已经达到甚至超过 7 000 m³/s,且持续冲刷条件下,床沙粗化,清水冲刷效率降低(见图 3-11、图 3-12),同时异重流排沙以中、细颗粒泥沙为主,这些淤积泥沙很容易在后期被小流量清水冲刷带走。

(二)汛期调水调沙阶段下游河道冲淤情况

2005 年调水调沙转入生产运行以来,共开展了 5 次汛期调水调沙,其中 2007 年 1 次,2010 年和 2012 年各 2 次。5 次汛期调水调沙的总历时 49 d,进入下游的总水量 101.79

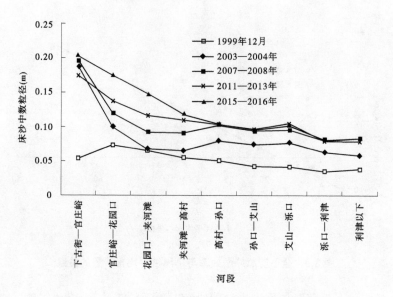

图 3-11　小浪底水库运用以来下游河道床沙粗化过程

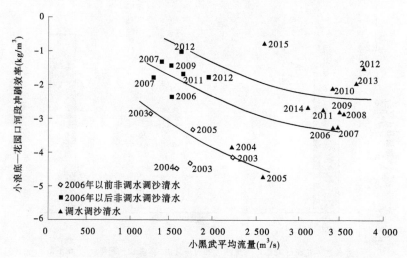

图 3-12　清水下泄过程花园口以上河道冲刷效率与平均流量关系

亿 m³,总沙量 1.864 亿 t,平均流量 2 637 m³/s,平均含沙量 17.3 kg/m³。汛期调水调沙期间,下游河道基本保持冲淤平衡,其中花园口以上河道发生明显淤积,其他河段冲刷,以高村—艾山河段冲刷最多(见表 3-3)。

四、调水调沙清水大流量过程对改善河口生态的作用

从 2008 年调水调沙开始,考虑了生态调度目标,并采用了相应的调度方案向清水沟自然保护区湿地补水。2010 年开始并实现刁口河流路全线过水。至 2015 年调水调沙结束,累计向刁口河补水 15 963.6 万 m³,向清水沟补水 14 826.7 万 m³,补水后河口三角洲湿地水面面积累计增加 44.86 万亩,见表 3-4。

表 3-3 历次汛期调水调沙生产运行情况统计

开始时间 (年-月-日)	历时 (d)	小浪底沙量(亿 t)		进入下游(小黑武)		下游河道冲淤量(亿 t)				
		入库	出库	水量 (亿 m³)	沙量 (亿 t)	花园口 以上	花园口— 高村	高村— 艾山	艾山— 利津	利津 以上
2007-07-29	10	0.828	0.426	25.59	0.459	0.094 4	0.013	-0.075 6	-0.032 1	-0.000 3
2010-07-24	11	0.901	0.258	21.73	0.261	0.051 0	-0.040	-0.043	-0.018	-0.050
2010-08-11	11	1.092	0.508	20.36	0.486 6	0.170 0	-0.033	-0.047	-0.038	0.052
2012-07-23	6	0.380	0.124	13.69	0.105 9	-0.016	0.026	-0.007	0.007	0.010
2012-07-29	11	0.800	0.548	20.42	0.448 8	0.002 0	-0.015	-0.017	-0.012	-0.042
小计	49	4.001	1.864	101.79	1.761 3	0.301 4	-0.049	-0.189 6	-0.093 1	-0.030 3

表 3-4 历年河口自然保护区湿地引水量

年份	引水量(万 m³)			三角洲湿地补水水面增加值 (万亩)
	刁口河	清水沟	合计	
2008	—	1 356	1 356	2.13
2009	—	1 508	1 508	9.59
2010	3 628	2 041	5 669	6.64
2011	3 619	2 248	5 867	5.15
2012	3 285	3 036	6 321	3.71
2013	2 620	2 156	4 776	7.41
2014	1 325	803	2 128	9.05
2015	1 486.6	1 678.7	3 165.3	1.18
累计	15 963.6	14 826.7	30 790.3	44.86

汛前调水调沙补水在河口三角洲湿地取得了较好的效果:

(1)增加了湿地水面面积,有利于保护区植被的顺向演替和鸟类栖息地功能的恢复与改善(见图 3-13)。

(2)增加了河口地区地下水的淡水补给量,提高了地下水位,有利于防止海水入侵,减轻土壤盐渍化。

(3)增加了滨海的淡水补充,对河口近海地区水生生态环境的改善起到了积极的促进作用。

(4)大量泥沙进入河口地区和近海口洪水漫溢,有利于三角洲造陆过程,有效促进三角洲湿地植被的顺向演替。

(a)野鸭岛　　　　　　　　　　　　　(b)红地毯

(c)湿地之窗　　　　　　　　　　　　(d)芦花飞雪

图 3-13　河口湿地生态照片

第四章 小浪底水库排沙及下游河道排洪输沙需求

一、小浪底水库排沙需求

(一)汛期水库排沙比

根据 2007—2016 年水库运用情况及《小浪底水利枢纽拦沙后期(第一阶段)调度规程》,6 月下旬至 7 月上旬一般进行汛前调水调沙生产运行,8 月 21 日起水库蓄水位向后汛期汛限水位过渡,库水位相对较高,水库排沙机会较少。汛期主要排沙时段(7 月 11 日至 8 月 20 日)库水位相对较低,是小浪底水库的主要排沙时段,2007—2016 年该时段出库沙量占汛期的 96.5%(见表 4-1)。

表 4-1 2007—2016 年不同时段入出库沙量及排沙比统计

年份	入库			出库			排沙比(%)	
	汛期* 沙量 (亿 t)	7 月 11 日 至 8 月 20 日 沙量 (亿 t)	7 月 11 日 至 8 月 20 日 占汛期* (%)	汛期* 沙量 (亿 t)	7 月 11 日 至 8 月 20 日 沙量 (亿 t)	7 月 11 日 至 8 月 20 日 占汛期* (%)	汛期*	7 月 11 日 至 8 月 20 日
2007	2.448	1.191	48.7	0.471	0.456	96.8	19.2	38.3
2008	0.533	0.138	25.9	0	0	—	0	0
2009	1.433	0.179	12.5	0	0	—	0	0
2010	3.086	1.993	64.6	0.808	0.755	93.4	26.2	37.9
2011	1.475	0.056	3.8	0	0	—	0	0
2012	2.877	1.439	50.0	0.719	0.693	96.4	25.0	48.2
2013	3.571	2.959	82.9	0.788	0.785	99.6	22.1	26.5
2014	0.753	0.040	5.3	0	0	—	0	0
2015	0.412	0.389	94.4	0	0	—	0	0
2016	1.115	0.776	69.6	0	0	—	0	0
合计	17.703	9.160	51.7	2.786	2.689	96.5	15.7	29.4

注:汛期* 不含汛前调水调沙。

2007—2016 年主要排沙时段入库沙量占汛期入库沙量的 51.7%,而排沙比仅 29.4%,汛期排沙比仅 15.7%。为了减缓水库淤积速度,提高水库拦沙效益,需增大该时段排沙效果。

(二)水库无效淤积比例

2007—2016 年小浪底水库年均排沙比仅 26.7%,细泥沙排沙比为 38.7%,细泥沙占淤积物总量的 43.9%（见表 4-2）。对下游影响不大的细泥沙大量淤积在库区，侵占了宝贵的拦沙库容，降低了水库的拦沙效益。

表 4-2　2007—2016 年小浪底水库入出库沙量及淤积物组成统计

分组沙	入库沙量（亿 t）	出库沙量（亿 t）	淤积量（亿 t）	淤积物组成（%）	排沙比（%）	淤积比（%）
细泥沙	1.154	0.447	0.707	43.9	38.7	61.3
中泥沙	0.466	0.081	0.385	23.9	17.4	82.6
粗泥沙	0.580	0.060	0.520	32.2	10.3	89.7
全泥沙	2.200	0.588	1.612	100	26.7	73.3

（三）汛期主要排沙时段入库泥沙来源

进入 21 世纪以来，黄河中游产水产沙自然、社会环境均发生显著变化，林草植被覆盖率明显增加，近期流域来水来沙量显著减小，汛期洪水发生频次和量级显著减少。根据近几年的研究成果，汛期中游洪水以小流量中低含沙量洪水为主，来沙量也主要集中在中低含沙量小洪水过程。2007—2016 年前汛期潼关流量大于等于 1 500 m³/s 且含沙量大于等于 50 kg/m³ 的洪水共出现 10 d，分别为 2007 年 1 d、2010 年 4 d、2012 年 1 d、2013 年 3 d、2016 年 1 d。除 2013 年 7 月 25 日潼关流量达到 3 960 m³/s 外，其他 9 d 潼关流量均介于 1 500 m³/s 与 2 600 m³/s 之间（见图 4-1）。

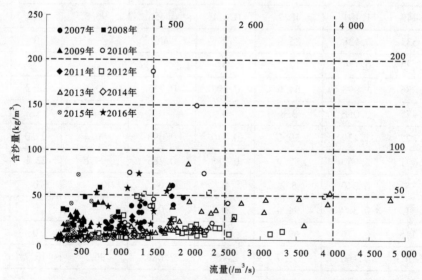

图 4-1　2007—2016 年前汛期潼关站流量、含沙量关系

当潼关汛期流量大于等于 1 500 m³/s 时，三门峡水库敞泄冲刷，三门峡水文站沙量一般增加。三门峡沙量主要集中在潼关流量在 1 500~4 000 m³/s 的洪水期间，汛期主要排沙时段尤为集中；在来水相对较多的 2007 年、2010 年、2012 年、2013 年，汛期主要排沙时段潼关流量在 1 500~2 600 m³/s 时，潼关沙量超过 0.3 亿 t，而三门峡沙量更大，均在 0.8 亿 t 以上（见图 4-2）。

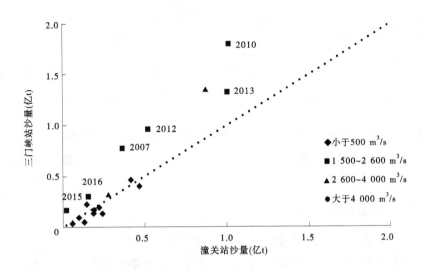

图 4-2　2007—2016 年汛期主要排沙时段潼关水文站不同流量级下潼关、三门峡沙量关系

前汛期主要排沙时段小浪底水库入库沙量集中在潼关流量大于 1 500 m³/s 持续 2 d 且含沙量超过 50 kg/m³ 的洪水过程,而该洪水出现机会不多,2007 年以来仅出现 5 场(见表 4-3),5 场洪水入库沙量 6.287 亿 t,占相应年份前汛期入库沙量的 83%。因此,潼关站出现流量大于 1 500 m³/s 且含沙量超过 50 kg/m³ 的洪水过程时,应开展以小浪底水库减淤为目的的汛期调水调沙。

表 4-3　2007—2016 年潼关出现 $Q \geqslant 1\,500$ m³/s、$S > 50$ kg/m³ 洪水时三门峡沙量

年份	时段	三门峡水文站沙量
2007	前汛期	1.191
	07-29—08-08	0.834
2010	前汛期	1.992
	07-24—08-03	0.901
	08-11—08-20	1.079
2012	前汛期	1.448
	07-29—08-08	0.8
2013	前汛期	2.959
	07-11—08-05	2.673
合计	前汛期	7.590
	洪水期	6.287

2016 年小浪底水库全年入库沙量为 1.115 亿 t,其中汛期两场洪水入库沙量 0.877 亿 t,占年入库沙量的 79%(见表 4-4)。洪水期入库泥沙以细泥沙为主,两场洪水细泥沙达到 0.534 亿 t,占洪水期入库沙量的 61%。

表 4-4 2016 年洪水期入库水沙统计

时段 (月-日)	入库水量 (亿 m³)	入库沙量(亿 t)			
		细泥沙	中泥沙	粗泥沙	全沙
07-21—07-29	9.87	0.203	0.073	0.083	0.359
08-17—08-23	7.52	0.331	0.087	0.100	0.518

可见,小浪底水库的淤积比例较大,库区淤积物中细颗粒泥沙所占比重较大,浪费了小浪底水库的宝贵库容,迫切需要通过汛期调水调沙和汛前调水调沙异重流排沙来减少水库淤积。

二、下游河道排洪输沙需求

(一)下游河槽最小平滩流量达到健康河槽的低限目标

已有研究表明,维持黄河健康生命要求黄河下游河槽的低限过流能力在 4 000 m³/s 左右。由于小浪底水库的拦沙和调水调沙运用,黄河下游河道持续冲刷,主槽过流能力显著增大,最小平滩流量已经达到 4 200 m³/s。

为什么把平滩流量 4 000 m³/s 作为黄河下游健康河槽的低限流量? 从水流能量来说,通过对黄河下游典型断面的平均流速与流量关系分析发现,当流量在 2 000 m³/s 以下时,随着流量的增加,流速显著增大;当流量在 2 000~4 000 m³/s 时,流速依然有所增大,但增加的幅度有所减小;当流速超过 4 000 m³/s 后,流速增加不明显。可见,在流量 4 000 m³/s 左右,存在一个拐点流速(见图 4-3),小于该流量时则不能充分发挥水流的输沙能力。

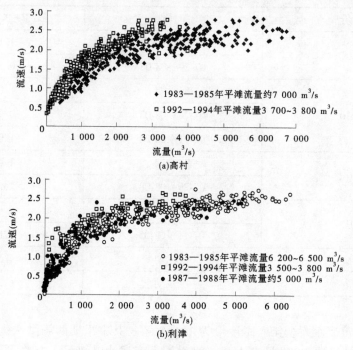

图 4-3 不同时期典型断面流速与流量关系

另外,从中、高含沙量水流的高效输沙需求出发,通过研究不同水流在下游河道中的排沙比与流量之间的关系发现,在流量较小时,排沙比随着流量的增加而增加,当流量达到一定量级后,随着流量的增加排沙比不再增加,存在一个非漫滩的高效输沙流量级(见图4-4)。在流量小于4 000 m³/s时,场次洪水的排沙比随着平均流量的增加而增大;当平均流量超过4 000 m³/s时,排沙比开始降低。可见,4 000 m³/s左右是输沙较优的流量级。

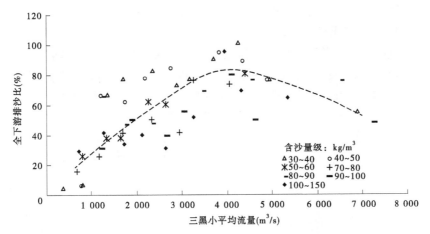

图4-4 分含沙量级洪水的全下游排沙比与三黑小平均流量关系

最后,从高效冲刷的角度,低含沙洪水期下游河道的冲刷效率与流量之间的关系表明,在流量小于4 000 m³/s时,随着流量级的增加,冲刷效率不断增大,当流量达到这一量级后,随着流量的继续增加,冲刷效率不再显著增大(见图4-5)。可见,4 000 m³/s左右是低含沙洪水冲刷较优的流量级。

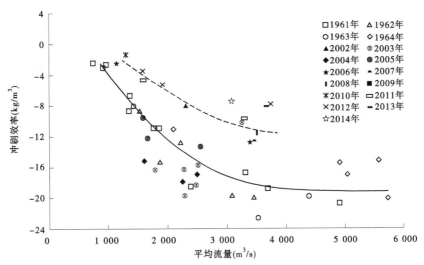

图4-5 清水下泄期黄河全下游全沙冲刷效率与平均流量的关系

(二)下游持续冲刷床沙显著粗化

小浪底水库运用以来,随着冲刷的发展,河床不断发生粗化,是下游河道冲刷效率降低的主要因素。从 1999 年 12 月至 2006 年汛后,下游河道床沙不断粗化,各河段的床沙中数粒径均显著增大,花园口以上、花园口—高村、高村—艾山、艾山—利津以及利津以下河段床沙的中数粒径分别从 0.064 mm、0.060mm、0.047 mm、0.039 mm 和 0.038 mm 粗化为 0.291 mm、0.139 mm、0.101 mm、0.089 mm 和 0.074 mm。2007 年以来各河段冲刷中数粒径变化较小,夹河滩—高村河段仍有一定粗化,艾山—利津河段也小幅粗化,到 2016 年汛后,高村以上河段床沙中数粒径达到 0.145 mm 以上,高村—泺口河段在 0.1 mm 左右,泺口以下河段在 0.08 mm,详见本专题图 3-11。

(三)河道冲刷效率明显降低

清水下泄过程中,下游冲刷效率与流量大小关系密切(见图 4-5),随着平均流量的增加而增大。随着冲刷的发展,下游河床发生显著粗化,清水冲刷效率明显降低。2004 年汛前调水调沙清水下泄过程下游河道的冲刷效率为 14 kg/m³ 左右,2015 年汛前调水调沙冲刷效率降低为 6.0 kg/m³ 左右,不足 2004 年的一半。

可见,当下游过流能力超过 4 000 m³/s 时,可以不开展调水调沙;当下游过流能力不足 4 000 m³/s 时,应开展汛前调水调沙,利用清水大流量冲刷恢复下游过流能力。

第五章 2017年汛期调水调沙指标及方案

鉴于小浪底水库库区淤积状况和排沙需求,以及下游河道输沙需求,建议2017年汛期利用自然洪水适时开展调水调沙,可以较高效地排出泥沙,减少水库淤积,尤其是要尽量减少细颗粒泥沙在库区内的淤积。

一、2017年汛期调水调沙指标

(一)小浪底水库对接水位不超过222 m

调水调沙期间,小浪底水库排沙效果与运用水位密切相关。当水库排沙水位高于三角洲顶点时,回水长度明显增加,水库排沙效果(排沙比)迅速降低。为了增大小浪底水库排沙效果,汛期调水调沙期间,建议小浪底水库运用水位不高于三角洲顶点222 m,见图5-1。

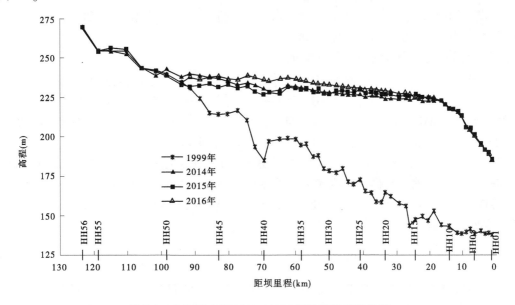

图5-1 小浪底水库2014—2016年汛后干流纵剖面

(二)小浪底水库汛期运用水位不超过230 m

汛期调水调沙小浪底水库预泄期间控制花园口站流量不大于4 000 m³/s,黑石关、武陟汛期主要排沙时段平均流量分别为86 m³/s、40 m³/s,洪水前三门峡基流按1 000 m³/s,则小浪底水库补水流量2 874 m³/s。根据水文预报,2 d预泄小浪底水库补水量5.0亿 m³,对应库水位230 m(见图5-2)。也就是说,为了增大汛期调水调沙期间小浪底水库的排沙效果,汛期运用水位不高于230 m。

(三)调水调沙排沙历时

小浪底水库洪水期排沙效果与入库水沙、水库调度、边界条件等因素密切相关。2004

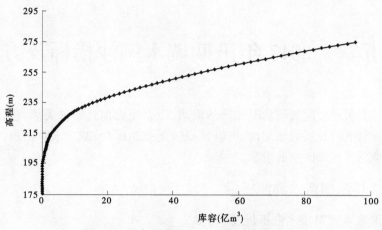

图 5-2　小浪底水库 2017 年汛前库容曲线

年以来汛前调水调沙及汛期 6 场洪水表明,洪水初期,入库流量、含沙量均较大,入库输沙率大于 100 t/s 时的入库沙量占整场洪水比例较大,汛前调水调沙和汛期洪水入库输沙率大于 100 t/s 时的入库沙量分别占排沙期的 86%、82%。相对于整场洪水,输沙率大于 100 t/s 的洪水历时较短,一般 2~4 d。因此,水库在进行排沙运用时,洪水初期高含沙洪水进出库时,降低水位能达到很好的排沙效果。

(四)汛期调水调沙调节的洪水类型

潼关流量大于 1 500 m³/s 时小浪底水库入库沙量较多。汛期当潼关流量大于等于 1 500 m³/s 时,三门峡水库敞泄冲刷,三门峡水文站沙量一般增加。三门峡沙量主要集中在潼关流量 1 500~4 000 m³/s 的洪水期间,汛期主要排沙时段尤为集中;在来水相对较多的 2007 年、2010 年、2012 年、2013 年,汛期主要排沙时段潼关流量在 1 500~2 600 m³/s 时,潼关沙量超过 0.3 亿 t,而三门峡沙量更大,均在 0.8 亿 t 以上(见本专题图 4-2)。2007—2016 年汛期主要排沙时段潼关出现流量连续 2 d 大于 1 500 m³/s 的机会并不多,仅 2007 年、2010 年、2012 年、2013 年、2016 年出现过。因此,当出现该洪水时应开展以小浪底水库减淤为目的的汛期调水调沙。

二、2017 年汛期调水调沙方案

当预报潼关流量大于等于 1 500 m³/s 持续 2 d 时,小浪底水库开始进行调水调沙,塑造有利于下游输沙塑槽的洪水过程。小浪底水库按控制花园口流量等于 4 000 m³/s 提前 2 d 开始预泄。

若 2 d 内已经预泄到控制水位,根据来水情况控制出库流量。①来水流量小于等于 4 000 m³/s,按出库流量等于入库流量下泄。②来水流量大于 4 000 m³/s,控制花园口流量 4 000 m³/s 运用。

若预泄 2 d 后未到控制水位,根据来水情况控制出库流量。①来水流量小于等于 4 000 m³/s,仍凑泄花园口流量等于 4 000 m³/s,直至达到控制水位后,按出库流量等于入库流量下泄。②来水流量大于 4 000 m³/s,控制花园口流量 4 000 m³/s 运用。

根据后续来水情况,尽量将三门峡水库敞泄时间放在小浪底水库水位降至低水位

(三角洲顶点以下)后,三门峡水库敞泄排沙时小浪底水库维持低水位排沙。当潼关流量小于 1 000 m³/s 且三门峡水库出库含沙量小于 50 kg/m³ 时,或者小浪底水库保持低水位持续 4 d 且三门峡水库出库含沙量小于 50 kg/m³ 时,水库开始蓄水,小浪底水库按满足灌溉、发电用水并考虑下游河道生态用水要求控制出库流量。

按上述调水调沙模式,小浪底水库出库水沙过程在初始是大流量清水过程,对维持下游河槽过流能力有利,后期是小水高含沙过程,会在黄河下游河道淤积,主要是淤积在花园口以上河段,可待下次调水调沙恢复。

调节指令执行见图 5-3。图中 $\sum \Delta W_\mathrm{S}$ 表示小浪底水库库区累计淤积量,$Q_潼$ 表示潼关水文站流量,$Q_入$、$Q_出$ 分别表示小浪底水库入出库流量,$Q_花$ 表示花园口水文站流量,$S_三$ 表示三门峡水库出库含沙量,H 表示小浪底水库水位。

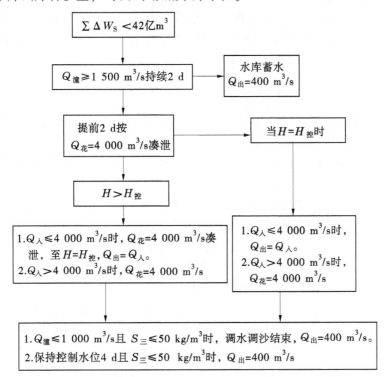

图 5-3 2017 年汛期较高含沙洪水小浪底水库调节指令执行框图

第六章　汛前调水调沙与汛期调水调沙相结合方式探讨

由于近年来洪水发生频次显著减少、洪水量级显著降低,汛期发生自然洪水的情况较少,且主要为中小洪水。小浪底水库全年入库沙量主要集中在汛期的 1~2 场洪水过程(如 2016 年),因此汛期利用小浪底水库入库泥沙相对较多的中小洪水,开展汛期调水调沙,可以有效地将泥沙排出水库,减少水库无效淤积。

目前,由于下游河道的最小过流能力已经达到 4 000 m³/s 的低限目标,减少水库淤积,延缓水库淤损速度,提高水库拦沙减淤效益,成为主要需求。以汛期调水调沙为主,结合汛前调水调沙,可以有效地达到这一目的。

一、汛前调水调沙与汛期调水调沙相结合的方式

为了高效利用水资源,减少小浪底水库的无效淤积,建议将汛期调水调沙与汛前调水调沙结合起来考虑:

(1)尽量利用汛期自然洪水,开展汛期调水调沙,将进入小浪底水库的泥沙排出水库。

(2)若第一年开展过汛期调水调沙,水库淤积泥沙较少,则来年可以不开展汛前调水调沙,最大限度地确保下游供水安全和水库发电。

(3)若第一年未开展汛期调水调沙,且水库持续淤积量(持续淤积量指持续未排沙过程中的累计淤积量)达到一定量级,则来年必须开展汛前调水调沙人工塑造异重流排沙,将水库淤积的中、细颗粒泥沙冲刷排出水库,减少水库的无效淤积。

鉴于近几年对汛前调水调沙技术以及异重流运行排沙规律的掌握,结合小浪底水库近 3 a 淤积情况,分析得到汛前调水调沙中异重流排沙可达到 0.7 亿 t,其中细颗粒泥沙约占 70%,即约为 0.5 亿 t。实测资料分析认为进入小浪底水库的细颗粒泥沙,至少要排出 50%,才能保证水库持续淤积的细颗粒泥沙量不超过 1 亿 t。根据天然来沙中细颗粒泥沙比例约为 50%,推算出水库持续淤积量应不超过 2 亿 t。

近年来潼关年均沙量在 1 亿 t 左右,那么持续淤积量达到 2 亿 t,说明近 1~2 a 小浪底水库既没有开展汛期调水调沙,也没有开展汛前调水调沙,入库泥沙中除中、粗颗粒淤积外,细颗粒泥沙也都淤积在库区中,严重侵占了水库的有效库容,降低了水库的拦沙减淤效益。因此,需要开展汛前调水调沙,利用多库联合调度人工塑造异重流,冲刷小浪底水库排泄库区淤积的细颗粒泥沙。

二、汛前调水调沙模式及指标

(一)汛前调水调沙模式

2015 年咨询研究中曾研究提出 2015 年及近期汛前调水调沙的模式为:以人工塑造

异重流排沙为主体、没有清水大流量泄放过程的汛前调水调沙与不定期开展带有清水大流量下泄的汛前调水调沙相结合模式,从而达到维持下游中水河槽不萎缩与提高水资源综合利用效益的双赢目标。

近年来,黄河来沙量进一步减少:近3 a潼关沙量分别为0.69亿t、0.53亿t和1.04亿t,年均0.76亿t;小浪底水库入库沙量分别为1.41亿t、0.51亿t和1.11亿t,年均1.01亿t,为进一步优化调水调沙模式提出了新要求。

因此,为了达到减少小浪底水库库区的无效淤积,有效利用水资源,实现下游河道防洪安全和河口生态健康等目的,在前期研究成果基础上,将异重流排沙过程的定期调,改变为不定期调。

建议近期汛前调水调沙模式为:不定期开展清水大流量泄放过程和人工塑造异重流排沙过程相结合。

不定期开展汛前调水调沙大流量清水泄放过程:当下游最小平滩流量在4 000 m³/s以上时,其模式为:没有清水大流量过程仅有人工塑造异重流排沙过程的汛前调水调沙。当下游最小平滩流量低于4 000 m³/s时,其模式为:带有清水大流量过程及人工塑造异重流的汛前调水调沙,清水流量以接近下游最小平滩流量为好,水量以下游需要扩大的平滩流量大小而定。

不定期开展汛前调水调沙人工塑造异重流过程:当小浪底水库连续淤积超过2亿t时,则启动汛前调水调沙人工塑造异重流排沙模式。排沙对接水位由三角洲顶点高程和库区淤积形态具体研究决定。

根据上述模式,可以组合成4种情况,见表6-1。

表6-1 近期调水调沙模式及开展条件

调水调沙模式	开展调水调沙的条件		调水调沙内容
	小浪底水库连续未排沙时段淤积量(亿t)	下游河道最小平滩流量(m³/s)	
一	≥2	<4 000	清水大流量过程、人工塑造异重流排沙过程
二	≥2	≥4 000	人工塑造异重流排沙过程
三	<2	<4 000	清水大流量过程
四	<2	≥4 000	不开展汛前调水调沙

(1)第一阶段清水大流量过程、第二阶段人工塑造异重流排沙过程均开展的汛前调水调沙。条件是下游河道的过流能力明显减小、最小过流能力不足4 000 m³/s,同时小浪底水库连续未排沙时段的淤积量达到2亿t以上。

(2)不开展第一阶段清水大流量过程,仅开展第二阶段人工塑造异重流排沙过程的汛前调水调沙。条件是下游河道最小过流能力在4 000 m³/s以上,小浪底水库连续未排沙时段的淤积量达到2亿t以上。

（3）仅开展第一阶段清水大流量过程,不开展第二阶段人工塑造异重流排沙过程的汛前调水调沙。条件是下游河道最小过流能力不足 4 000 m³/s,同时小浪底水库连续未排沙时段的淤积量小于 2 亿 t。

（4）不开展汛前调水调沙。条件是下游河道最小过流能力在 4 000 m³/s 以上,且小浪底水库连续未排沙时段的淤积量小于 2 亿 t。

（二）汛前调水调沙指标

1. 第一阶段清水过程流量 4 000 m³/s 左右

水库拦沙期下泄清水阶段,下游河道的冲刷效率随着流量的增加而增大,当平均流量达到 4 000 m³/s 后,不再明显增加。近 3 a 由于进入下游的水量较少、流量较小,下游河道的冲刷减弱,特别是艾山—利津河段发生累计淤积。为了维持下游河道的中水河槽过流能力,特别是艾山—利津窄河段的过流能力,建议 2017 年开展汛前调水调沙,泄放清水大流量过程,冲刷下游河道。由于艾山—利津河段床沙组成相对较细,该河段较大流量的冲刷效率仍较高(见图 6-1)。综合来看,汛前调水调沙清水下泄过程流量,以接近下游最小平滩流量 4 000 m³/s 为佳。

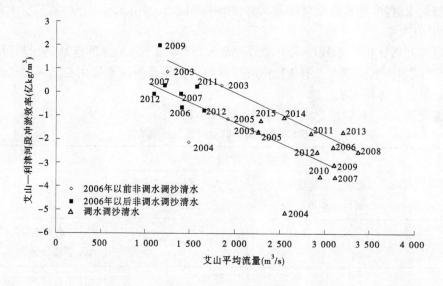

图 6-1 艾山—利津河段清水大流量过程的冲淤效率与艾山平均流量关系

2. 第一阶段清水大流量过程历时 6 d、水量 20 亿 m³

从小浪底到河口,洪水演进时间为 5~6 d。为了使得大流量全程不坦化,建议清水大流量过程维持 6 d 以上,以日均流量 4 000 m³/s 计算,需要水量 20 亿 m³ 左右。由于艾山—利津河段的冲刷量随着水量的增加而增加(见图 6-2),为了增大冲刷量,在条件允许的情况下,可以适当增加清水下泄历时,增加进入下游的清水水量。

3. 小浪底水库排沙对接水位满足排沙和下游供水需求

小浪底水库汛前调水调沙期的异重流排沙对接水位不仅决定了水库异重流排沙效果,还关系到主汛期黄河下游的供水安全。汛前黄河调水调沙一般于 7 月上旬结束,随后的 7 月、8 月是黄河下游农作物用水的关键期,小浪底水库运用为黄河下游供水安全提供

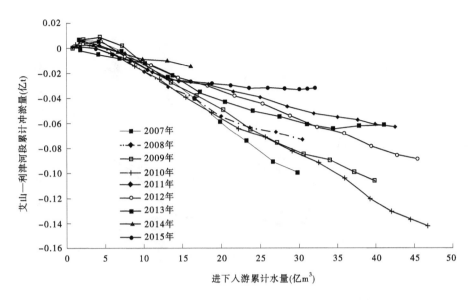

图 6-2 艾山—利津河段汛前调水调沙清水大流量过程冲淤量与水量关系

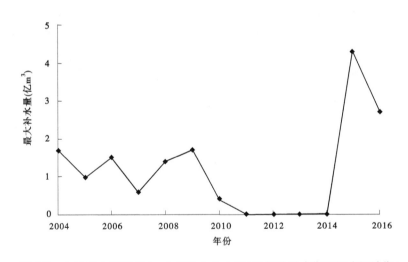

图 6-3 小浪底水库历年 7—8 月最大补水量(已扣除洪水期和调水调沙期)

了重要保障。图 6-3 给出了 2004 年开展汛前调水调沙以来 7—8 月小浪底水库供水补水量(不包含调水调沙期及洪水期),可以得出,由于汛期黄河来水量较多,一般来水年份能够满足供水要求,但个别枯水年份,水库补水量较大,2015 年、2016 年最大补水量分别为 4.3 亿 m³、2.7 亿 m³(见图 6-4、图 6-5、表 6-2)。

2015 年、2016 年 7 月、8 月小浪底水库补水运用,平均下泄流量 662 m³/s、936 m³/s,利津断面平均流量为 491 m³/s、503 m³/s,利津流量大于最小生态流量指标要求,若考虑控制利津断面 100 m³/s,则小浪底水库不需要补水(见表 6-2)。

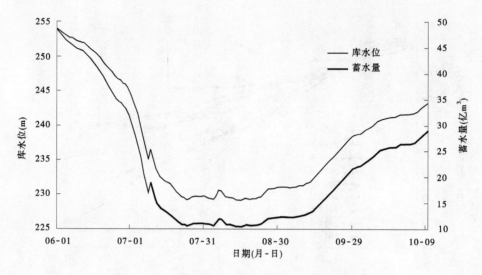

图 6-4   2015 年汛期小浪底水库水位与蓄水量过程

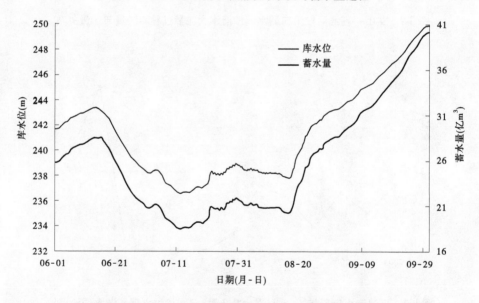

图 6-5   2016 年汛期小浪底水库水位与蓄水量过程

表 6-2   典型补水年份进入下游及利津断面流量统计

年份	潼关流量 (m³/s)	小浪底实际补水量 (亿 m³)	小黑武平均流量 (m³/s)	利津断面平均流量 (m³/s)	小浪底理论 应补水量(亿 m³)
2015	533	4.3	706	491	0
2016	497	2.7	990	503	0

根据 2004 年以来下游用水及水库供水补水情况分析,对于一般来水年份,河道来水基本能够满足下游供水要求,小浪底水库补水量不超过 2 亿 m³。为保障黄河下游的供水

安全,调水调沙结束后,小浪底水库预留的可供水量(210 m 以上蓄水量)为 2 亿 m³,即汛前调水调沙结束对应的水位应不低于该蓄水量对应水位。

调水调沙期间,小浪底水库排沙效果与运用水位密切相关。小浪底水库异重流排沙阶段对接水位在三角洲顶点以下时,可产生溯源冲刷,显著增大水库的排沙效果。为了增大小浪底水库排沙效果,汛前调水调沙期间运用水位不高于三角洲顶点。

三、汛期调水调沙指标及调度方案

汛期主要排沙时段入库泥沙集中在潼关中高含沙量小洪水,利用自然洪水开展汛期调水调沙可以有效排泄入库泥沙,减少水库淤积,提高水库的拦沙减淤效益。2007—2016 年小浪底水库年均排沙比仅 26.7%,细泥沙排沙比仅 38.7%;汛期主要排沙时段小浪底入库沙量集中在潼关流量大于 1 500 m³/s 连续 2 d 且含沙量超过 50 kg/m³ 的洪水过程,而该洪水出现机会不多,2007 年以来仅出现 5 场,5 场洪水入库沙量 6.287 亿 t,占该时段入库沙量的 83%。因此,为适应新形势下水沙条件、延长小浪底水库的拦沙年限,提出前汛期适时开展以小浪底水库减淤为目的的调水调沙。

(一) 汛期调水调沙指标

1. 汛期小浪底水库运用水位满足排沙和预泄要求

调水调沙期间,小浪底水库排沙效果与运用水位密切相关。为了增大小浪底水库排沙效果,汛期调水调沙期间,建议小浪底水库运用水位不高于三角洲顶点。

汛期调水调沙小浪底水库预泄期间控制花园口流量不大于 4 000 m³/s,黑石关、武陟汛期主要排沙时段平均流量分别为 86 m³/s、40 m³/s,洪水前三门峡水文站基流按 1 000 m³/s,则小浪底水库补水流量 2 874 m³/s。根据水文预报,2 d 预泄小浪底水库补水量 5.0 亿 m³。也就是说,为了增大汛期调水调沙间小浪底水库的排沙效果,汛期运用时三角洲顶点以上蓄水不超过 5.0 亿 m³。

2. 调水调沙排沙历时为 2~4 d

小浪底水库洪水期排沙效果与入库水沙、水库调度、边界条件等因素密切相关。表 6-3 给出了 2004 年以来汛前调水调沙及汛期 6 场洪水小浪底水库水沙参数。

洪水初期,入库流量、含沙量均较大,入库输沙率大于 100 t/s 时的入库沙量占整场洪水比例较大,汛前调水调沙和汛期洪水入库输沙率大于 100 t/s 时的入库沙量分别占排沙期的 86%、82%(见图 6-6、图 6-7)。相对于整场洪水,输沙率大于 100 t/s 的洪水历时较短,一般 2~4 d(见图 6-8、图 6-9)。因此,水库在进行排沙运用时,洪水初期高含沙洪水进出库时,降低水位能达到很好的排沙效果。

(二) 汛期调水调沙方案

当预报潼关流量大于等于 1 500 m³/s 持续 2 d 时:

(1)若当年开展过汛前调水调沙人工塑造异重流过程:三门峡水库开展过敞泄排沙。当潼关含沙量大于 50 kg/m³ 时,小浪底水库开始进行调水调沙。

(2)若当年未开展过汛前调水调沙人工塑造异重流过程:三门峡水库没有开展过敞泄排沙。无论潼关含沙量大小,小浪底水库开始进行调水调沙。

具体调度指令与 2017 年汛期调水调沙指令相同。

表6-3　小浪底水库 2004—2015 年洪水期水沙参数

项目		汛期洪水						汛前调水调沙											
年份		2007J	2010J1	2010J2	2012J1	2012J2	2013J	2004	2005	2006	2007	2008	2009	2010	2011	2012	2013	2014	2015
时段（月-日）		07-29	07-24	08-11	07-23	07-29	07-11	07-07	06-27	06-25	06-26	06-27	06-30	07-04	07-04	07-02	07-02	06-29	07-08
		—	—	—	—	—	—	—	—	—	—	—	—	—	—	—	—	—	—
		08-08	08-03	08-21	07-28	08-08	08-05	07-14	07-02	06-29	07-02	07-03	07-03	07-07	07-07	07-12	07-09	07-09	07-12
历时（d）		11	11	11	6	11	26	8	6	5	7	7	4	4	4	11	8	11	5
水量（m³）	入库	13.01	13.28	15.46	7.12	20.12	59.56	4.78	4.03	5.42	9.49	8.01	3.67	5.72	5.96	17.02	11.96	9.45	5.37
	出库	19.74	14.38	19.82	13.04	20.81	48.13	15.34	11.09	12.28	19.60	17.60	8.45	7.59	6.49	18.58	18.06	24.73	9.43
沙量（亿t）	入库	0.834	0.901	1.092	0.38	0.800	2.673	0.436	0.452	0.230	0.613	0.741	0.545	0.418	0.273	0.448	0.377	0.636	0.101
	出库	0.426	0.258	0.508	0.124	0.548	0.756	0.043	0.020	0.069	0.234	0.458	0.036	0.553	0.329	0.576	0.632	0.3	0
排沙比（%）		51.0	28.6	46.5	32.7	68.5	28.3	9.9	4.5	29.9	38.1	61.7	6.6	132.3	120.5	128.8	167.5	42.3	0

续表 6-3

项目		汛期洪水						汛前调水调沙											
年份		2007J	2010J1	2010J2	2012J1	2012J2	2013J	2004	2005	2006	2007	2008	2009	2010	2011	2012	2013	2014	2015
时段（月·日）		07-29 — 07-31	07-26 — 07-29	08-12 — 08-16	07-24	07-29 — 08-01	07-14 07-15 07-19 07-20 07-23 07-30	07-07 — 07-08	06-28 — 06-29	06-26 — 06-27	06-29 — 06-30	06-29 — 07-01	06-30 — 07-01	07-05 — 07-05	07-05	07-05 — 07-06	07-06 — 07-07	07-06 — 07-07	—
历时（d）		3	4	5	1	4	12	2	2	2	2	3	2	1	1	2	2	2	0
水量（亿 m³）	入库	5.31	7.52	7.38	2.13	9.02	34.58	3.32	1.58	2.76	3.64	4.75	2.82	1.18	2.44	4.37	4.57	3.63	—
	出库	5.00	6.14	10.20	2.26	9.69	26.80	4.58	5.32	6.41	5.71	7.50	5.05	2.06	1.89	4.45	5.89	4.42	—
	蓄水	0.31	1.38	-2.82	-0.13	-0.67	7.78	-1.26	-3.74	-3.65	-2.07	-2.75	-2.23	-0.87	0.54	-0.08	-1.32	-0.79	—
沙量（亿 t）	入库	0.672	0.868	0.965	0.22	0.621	2.135	0.339	0.407	0.213	0.53	0.683	0.456	0.295	0.201	0.411	0.368	0.605	—
	出库	0.231	0.218	0.303	0	0.348	0.48	0.004	0.004	0.046	0.18	0.32	0.019	0.253	0.152	0.288	0.269	0.202	—
排沙比（%）		34.38	25.1	31.4	0.00	56.0	22.48	1.18	0.98	21.6	34.0	46.9	4.2	85.8	75.6	70.0	73.1	33.4	0
排沙水位（m）		226.4	0	219.5	222.7	216.6	230.1	233	228.3	228.5	227.1	226.3	225.5	220.6	218.1	220.17	216.7	225.9	—
回水长度（m）		43	33.4	27	44	27	58	69.6	90.7	57	46.2	48	37.5	27	31.8	37	23	31	—
顶点高程（m）		221.9	219.6	219.6	214.2	214.2	208.9	244.9	217.4	224.7	221.9	219	219.2	219.6	214.3	214.2	208.9	214.6	222.0
入库输沙率大于100 t/s 时入库沙量占排沙期（%）		80.6	96.3	88.4	57.9	77.6	79.9	77.8	90.0	92.6	86.5	92.2	83.6	70.5	73.7	91.8	97.5	95.1	0

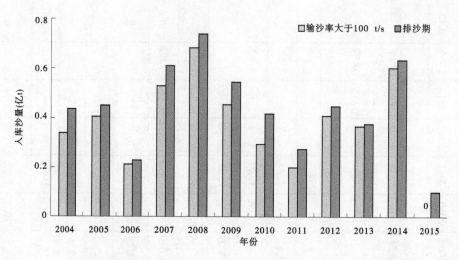

图 6-6　汛前调水调沙入库输沙率大于 100 t/s 时入库沙量与排沙期

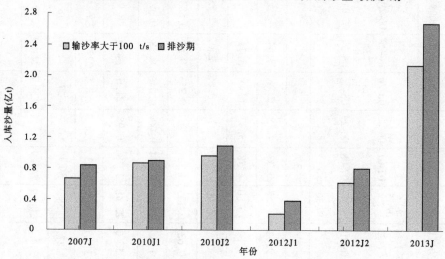

图 6-7　汛期洪水期入库输沙率大于 100 t/s 时入库沙量与排沙期

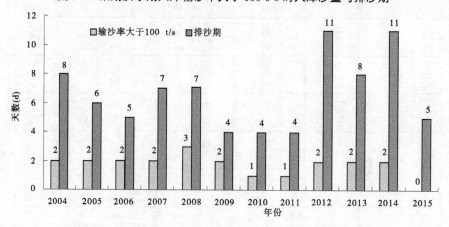

图 6-8　汛前调水调沙入库输沙率大于 100 t/s 的天数与排沙期

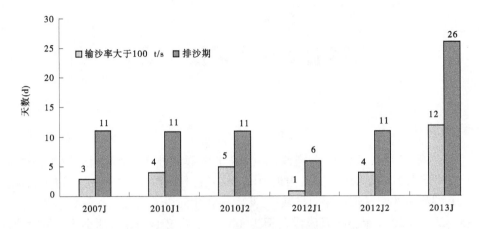

图 6-9 汛期洪水入库输沙率大于 100 t/s 的天数与排沙期

第七章 认识及建议

一、主要认识

（1）2016 年未开展黄河调水调沙，小浪底水库库区积物中细泥沙比例较大，达到 61%；下游河道来水量仅 180 亿 m³，为近 10 a 最小值，且下游无 2 600 m³/s 以上大流量过程，汛期下游河道冲刷量较往年明显减小，艾山—利津河段冲淤接近平衡。

另外，2014—2016 年，3 a 日流量大于 2 600 m³/s 的仅 14 d。长期小流量下游主流弯曲系数增大，畸形河势进一步发展。由于大流量缺失，艾山—利津河段近 3 a 发生累计淤积，水位略有抬升。

（2）调水调沙效益巨大。主要作用在于减缓小浪底水库淤积速度，提高拦沙效益，调整干流淤积形态；汛前调水调沙清水大流量过程显著增加了下游河道的过流能力；调水调沙期水库排沙对下游冲淤影响并不大；调水调沙清水大流量过程改善河口生态、增加湿地面积。

二、建议

结合近期来水来沙条件、小浪底水库排沙及下游河道排洪输沙需求，建议将汛期调水调沙与汛前调水调沙结合起来考虑：

（1）尽量利用汛期自然洪水，开展汛期调水调沙，将进入小浪底水库的泥沙排出水库。

（2）若第一年开展过汛期调水调沙，水库淤积泥沙较少，则来年可以不开展汛前调水调沙，最大限度地确保下游供水安全和水库发电。

（3）若第一年未开展汛期调水调沙，且水库持续淤积量（持续未排沙过程中的累计淤积量）达到一定量级，则来年必须开展汛前调水调沙人工塑造异重流排沙，将水库淤积的中、细颗粒泥沙冲刷排出水库，减少水库的无效淤积。

第六专题　近 50 a 宁蒙河道风沙入黄量及未来发展趋势

　　未来水沙变化趋势是制约水利工程建设的关键因素之一。宁蒙河道来沙有一部分来自于流域内沙漠(沙地)的风积沙,由于这部分泥沙粒径较粗,水流难以输送。那么,该河段有多少风沙入黄,未来变化情势如何,长期以来一直是黑山峡河段水利工程建设的争议焦点。以往虽有研究,但结果相差较大,存在较大的分歧和争议,因此需要搞清宁蒙河道入黄风沙量及变化特点。为此,分析了黄河宁蒙河段 1965—2014 年干支流风沙入黄量,系统分析不同时期风沙入黄变化特点;根据近 50 a 的气候与植被变化趋势,预测未来 20 a 黄河宁蒙河段的风沙入黄量,为黄河上游宁蒙河道治理和决策提供技术支撑。

第一章　研究背景

　　全球干旱、半干旱区穿越沙漠的河流均不同程度上受到地表风沙灾害的影响,如南美的 San Juan 河,北美的 Colorado 河、Gila 河,非洲的 Orange 河、Niger 河,澳大利亚的 Mary Darling 河。风沙进入河道,致使河流发生分流、迁徙、决口改道、阻塞成湖等自然灾害,严重威胁当地居民的生活与生产安全(McIntosh, 1983; Teller & Lancaster, 1986; Knighton & Nanson, 1994; Jones & Blakey, 1997; Mason et al., 1997; Bourke & Pickup, 1999; Tooth, 1999)。中国穿越沙漠的河流有两条,一条是塔里木河,一条是黄河。

　　黄河上游宁夏—内蒙古河段穿越河东沙地、乌兰布和沙漠与库布齐沙漠,上游到宁夏中卫的下河沿,下游至内蒙古托克托县,全长 1 080 km(见图 1-1)。该区域发育典型的沙漠宽谷,谷宽最高达 60 km。

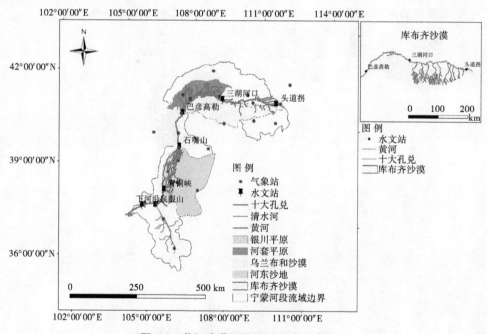

图 1-1　黄河宁蒙河段流域分布示意图

　　该区域处于东亚季风的边缘地带,为大陆性季风气候。受气候条件与沙漠下垫面的影响,该区域气候条件恶劣,冬春两季大风天气频发;降雨主要集中在夏季,且多为短时间暴雨;该区域生态环境脆弱,植被覆盖度低,土壤发育较差,因此地表侵蚀过程剧烈,分布着我国乃至世界上风水复合侵蚀最强大的区域。该区域风水侵蚀过程复杂,形成以风水复合侵蚀为特征的覆沙坡面系统、以风洪产输过程为特征的沙丘-沟谷系统。如河东沙地与乌兰布和沙漠分别位于黄河的右岸与左岸,沙漠沙受风力吹蚀直接进入黄河,同时该区域沿河缺乏堤坝,受河流侧向侵蚀,沿岸沙丘大量坍塌进入黄河。黄河的一级支流十大孔兑(孔兑系蒙语,指洪水沟)上游位于鄂尔多斯高原的暴雨中心,中游穿越库布齐沙漠。风季时,风沙沉积在沟道内;雨季时,暴雨引发的洪水将大量泥沙灌入黄河,阻塞黄河河道、抬升河床、冲毁水利设施、淹没村庄,并向中下游输送大量泥沙,严重威胁当地居民的生命财产安全(见表1-1、表1-2)。

表1-1 黄河宁蒙河段典型灾情概况

时间	灾情
1951 年 3 月	内蒙古河段开河期,多处冰凌壅塞、插结,形成冰坝、冰桥,水位急剧上升,河地漫溢决口 60 余处
1981 年 8 月 13 日至 1981 年 9 月 13 日	黄河上游地区连续 30 d 阴雨天气,造成宁蒙河段 9 段堤防决口,淹没耕地 2 772 亩,毁坏耕地 4 万余亩,水淹、水围村庄 50 余个,倒塌房屋 6 200 间,冲毁输电线路 28 km、电塔 2 处、扬水站 18 处、公路 21 km,直接经济损失达 9 248.5 万元
1990 年 2 月 6 日	包神铁路桥束冰,造成上游水位壅高,达拉特旗段堤防决口,淹没耕地 2 万余亩,倒塌房屋 100 余间,受灾人口 2 842 人
1993 年 12 月 7 日晚	三盛公水闸下 3.3 km 处堤防决口,口宽约 40 m,淹没耕地 6 万余亩,13 900 多人搬迁,9 460 户家中进水,12 月 12 日方堵复
1996 年 3 月 6 日 10 时	三湖河口水位激增,造成伊克昭盟乌兰、解放滩乡两处堤防决口,淹没 9 个村庄、39 个社,耕地 7.35 万亩,草场 2.1 万亩,2 510 间房屋进水,1 165 间房屋倒塌
2008 年 3 月 20 日凌晨	内蒙古杭锦旗独贵塔拉拉奎素段溃堤,受灾面积 106 km²,受灾群众 3 885 户,共 10 241 人。水利、交通、通信等公共基础设施受到严重损坏,直接经济损失达 69 120 万元

*注:根据叶春江(2003)、方立等(2009)整理。

表1-2 1959—2003 年十大孔兑受灾统计

时间	灾情
1959 年	沿河 11 个乡受灾,35 个村受洪水侵袭,1 425 户受灾,房屋倒塌 206 间,粮食减产 24 万 kg,死亡大小牲畜 5 900 头(只),死亡 24 人
1960 年 8 月 13 日	西柳沟洪水泥沙在入黄口形成沙坝,昭君坟柽柳圪梁 2 km 的黄河主槽堵塞,黄河水位上涨,导致黄河防洪堤决口,昭君坟 6 个村庄受灾,淹没农田 360 hm²、林地 39 hm²,造成包钢停水停电
1961 年 8 月 21 日	10 个乡 97 个村受灾,其中 11 个村全部冲毁,房屋倒塌 8 000 余间,淹死 79 人,死亡大小牲畜 1 574 头(只),淹没农田 2.6 万 hm²,毁坏耕地 0.53 万 hm²

时间	灾情
1973 年 7 月 9 日	母哈日沟、东柳沟、哈什拉川、罕台川、西柳沟、黑赖沟与卜尔嘎斯泰沟洪水,沿滩 13 个乡 168 个村 263 个社受灾。淹没农田 0.55 万 hm²,沙盖耕地 0.12 万 hm²。7 月 17 日下午 5 时,行驶于罕台川便道上的 9 辆汽车被冲走,14 人死亡
1976 年 8 月 2 日	罕台川洪水,冲毁村庄 3 个,民房 500 间,庄稼 800 hm²,沙盖耕地 267 hm²,粮食损失 6 万 kg,死亡牲畜 280 头(只)
1978 年 8 月 30 日	哈什拉川、罕台川、母哈河、壕庆河发生洪水,淹没农田 2.7 万 hm²,民房 1 000 间,死亡 4 人,损失粮食 250 万 kg,牲畜 1 000 头(只),冲毁水利工程 107 处
1979 年 7 月 21 日至 8 月 12 日	母哈河山洪暴发,公乌素渠道进水闸及第二分水闸部分破坏,第三水闸干渠两侧砌石护坡及基础全部被冲走。873 户村民受灾,倒塌房屋 1 100 间,淹没农田 0.12 万 hm²,沙盖耕地 333 hm²,损失粮食 197 万 kg,死亡牲畜 400 余头(只)
1982 年 9 月 16 日	高头窑乡遭遇特大暴雨侵袭,多年修建的引洪澄地上百万亩的拦河工程被冲毁,67 hm² 农田变成沙堆
1989 年 7 月 21 日	粮食作物受灾 2.17 万 hm²,死亡 6 人,死亡牲畜 12 942 头(只)。冲毁房屋 1 520 间,林地 1 240 hm²,直接损失 6 400 万元
1994 年 7 月 25 日至 8 月 20 日	连续 5 次中到大雨,局部暴雨,十大孔兑山洪暴发,卜尔嘎斯泰沟最大洪峰流量达 1 300 m³/s,水利工程设施严重受损。受灾户 26 238 户,死亡 1 人,倒塌房屋 865 间,死亡牲畜 3 164 头(只),直接经济损失 7 281 万元
1998 年 7 月 5 日、12 日	西柳沟入黄处,形成 10 km 长、1.5 km 宽、7.0 m 厚的沙坝,堵塞黄河,造成包头市停水停电,沿河两岸遭水淹
2003 年 7 月 29 日	十大孔兑暴发特大洪水,受灾人口 9.3 万人,直接经济损失 5.3 亿元

* **注**:根据杨根生(2002)、冯国华等(2009)整理。

同时,该区域也是重要的能源基地、粮食产区。银川平原、乌海煤田、内蒙古河套平原、包头矿业基地与东胜煤田都分布在该区域。随着经济的发展,人类对黄河水资源的利用强度日益增加,每年从黄河引用大量水资源进行农业灌溉,最高年引水量可达 79.8 亿 m³。煤田与钢铁矿业的发展,使得该区域植被盖度进一步降低,矿渣的堆积使得地表松散物增加,加剧了地表的风蚀过程。

近 50 a 来,由于气候变化与人类活动的影响,黄河水沙关系加剧恶化,河槽萎缩,河床淤积严重,形成长达 268 km 的"新悬河"(见图 1-2)。"新悬河"的形成导致该区域洪凌灾害频发,多次出现"小水致大灾"的事件,严重威胁宁蒙黄河灌区几百万人口的生命与生产安全,同时"新悬河"的发育严重影响黄河上游水资源的开发利用与重大水利工程的布局。

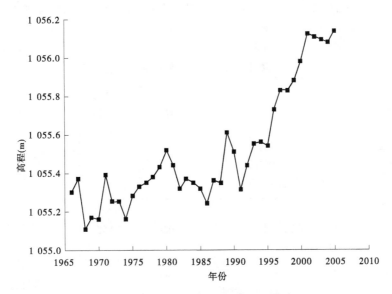

图 1-2　黄河磴口至临河段河床高程逐年变化

因此,研究黄河上游宁蒙河段风沙入黄的时空分布以及变化趋势,不仅能够为确定黄河泥沙来源、防治黄河淤积和减少社会经济损失提供数据支撑,而且对深入理解干旱半干旱区域风沙、水沙交互作用以及沙漠、河流耦合系统具有重要意义。

黄河流域的风沙问题最早由中科院兰州沙漠研究所杨根生在 1982 年提出,在当年的《中国科学院兰州沙漠所集刊》中收录了杨根生一篇"沙漠水库风沙填淤量研究"论文,最早提出了风沙对于河流和水库淤积的影响。之后,黄河水利委员会牛占(1983)根据 1979 年 120 景 Landsat MSS 卫星的拼接影像,发现风沙进入黄河流域主要有三条通道:第一条在青海南山和鄂拉山之间,第二条在祁连山和贺兰山之间,第三条在贺兰山和狼山之间(宁蒙河段)。风沙沿这些风口(通道)进入黄河流域后,由于地形影响又分为许多分支进入流域腹地乃至河道。杨根生等(1987)通过气象数据、地貌条件等自然因素对黄河宁夏北长滩—山西河曲段沿程风沙活动强弱变化进行了分析,得到此区间内风沙入黄严重河段约 151.4 km,次严重河段 112.0 km,轻微河段 208.6 km,并对该河段附近沙地在地质和历史时期的演化过程进行了综合论述。冯国安(1992)根据河道采样的粒度数据分析,认为黄河中游区粗泥沙的来源主要是风沙。

以上研究均为黄河流域风沙活动的定性研究,真正关于黄河风沙入河的定量研究始于杨根生等(1988)利用经验公式测算得到黄河沙坡头—河曲段每年进入黄河干支流的总量超过 1 亿 t。其中,进入干流的风沙量约为 5 321 万 t(见表 1-3),通过风沙流方式直接进入黄河的风沙量约为 4 831.2 万 t/a,超过总入黄量的 90%;通过塌岸进入黄河的风沙量约为 489.9 万 t/a,主要集中在陶乐—磴口段。同时期,中科院沙漠研究所黄土高原考察队对黄河沙坡头—河曲段的沙丘移动、风沙流过程和塌岸过程进行了实地观测,根据实测数据估算得到该河段年均风沙入黄量约 5 320 万 t。1991 年 3 月,中科院黄土高原综合考察队提出的《黄土高原地区北部风沙区土地沙漠化综合治理》报告成果认为,下河沿至头道拐河段 1971—1980 年平均入黄风积沙量为 4 555 万 t。杨根生等(1988)还根据气象数据以及下垫面扰动数据,对黄河中游风沙区主要支流的风沙入黄量进行了估算。发现 20 世纪 80 年代,黄河中游各支流总年均入黄量约 8 538 万 t,其中窟野河的风沙入河量最大,约为 3 400 万 t/a;其次为无定河和秃尾河,分别为 2 460 万 t/a 和 1 280 万 t/a。

表 1-3　宁蒙河段入黄风积沙量主要研究成果汇总

研究者	研究河段范围	研究时段	风沙年均入河量(万 t)	研究方法	备注
杨根生(中科院兰州沙漠研究所,1988)	沙坡头—河曲段(宁蒙河段干流)	20 世纪 80 年代以前	5 321	数理统计	(包括塌岸489.9 万 t)
中科院沙漠研究所黄土高原考察队(1991)	宁蒙河段干流	1971—1980 年	4 555	实测数据估算	
方学敏(黄科院,1993)	宁蒙河段干流	20 世纪 60—80 年代	2 190	沙量平衡法	
杨根生和拓万全(中科院寒旱研究所,2004 年)	内蒙古河段(石嘴山—头道拐)	1954—2000 年	2 500	沙量平衡法	
拓万全(中科院寒旱研究所,2013)	乌兰布和沙漠段(石嘴山—巴彦高勒)	2011—2013 年	2 863	实地观测	
杜鹤强(2015)		1986—2013 年	1 514	IWEMS 模型与RWEQ 模型	
黄河设计公司(1991—2012 年)	宁蒙河段干流	1991—2012 年	1 685	沙量平衡法	
		1991—2000 年	2 132	滩地淤积剥离法	
		2000—2012 年	1 102		
北京大学(1981—2014)	宁蒙河段干流(包括支流未控区)	1981—1990 年	2 486	数学模型	
		1991—2000 年	2 074		
		2001—2014 年	628		
		1981—2014 年	1 599		
黄科院公益性项目(2016)	石嘴山—巴彦高勒	2014—2016 年	160	实地观测	

之后,虽然黄河上中游地区的风沙问题已经受到众多学者的广泛关注,但大多是根据杨根生等的估算结果,讨论风沙入黄量对流域产沙、泥沙输移、河道冲淤变化等影响问题(冯国安,1992;赵文林等,1999;许炯心,2005,2015;颜明等,2010)。

进入 21 世纪,随着观测资料的丰富、观测手段的提高以及计算机模拟技术的进步,黄河宁蒙河段风沙入黄量的研究工作取得了长足进展。其估算方法也向多元化发展,主要有实地观测法、输沙平衡法、模型模拟法等。比较有代表性的主要有:杨根生和拓万全(2004)通过沙量平衡法估算得到 1954—2000 年间,黄河内蒙古段的年均风沙入黄量约2 500 万 t,其中乌兰布和沙漠约占 54%,库布齐沙漠约占 46%。2010—2015 年,拓万全等(2013)通过实地观测,发现黄河乌兰布和沙漠段的风沙入黄量约 2 863 万 t。杜鹤强等(2015)利用 IWEMS 模型与 RWEQ 模型,估算得到 1986—2013 年间,黄河下河沿—头道拐段年均风沙入黄量约 1 514 万 t,其中石嘴山—巴彦高勒段的年均风沙入黄量为 742万 t。黄河水利科学研究院与水利部牧区水利科学研究所在黄河乌兰布和段的观测数据表明,乌兰布和沙漠年均风沙入黄量不足 200 万 t(未发表数据)。

以上研究结果表明,由于各学者研究方法和观测手段的不同,其所获得的风沙入黄量差异很大。针对以上争议,本研究参考国际先进的风蚀模型,构建风沙入黄模型,并利用实测数据对模型进行率定和验证。应用通过验证的模型,计算黄河宁蒙河段以及主要支流 1965—2014 年逐日风沙入河量,并分析土地利用与气候变化对近 50 a 来风沙入黄量的影响。根据以上研究结果,进而预测未来 20 a 不同土地利用模式下的风沙入黄量。

第二章　研究区概况

　　黄河上游自宁夏下河沿至内蒙古托克托流经河东沙地、乌兰布和沙漠与库布齐沙漠约 1 000 km,流域地理坐标为 104°34′32″~ 111°30′5.8″E,35°11′50″~ 41°52′9.5″N,总面积约 15 万 km²。该河段处于两个大的地质构造单元上,分别由西部的西域和东部的华北两大隆起构成,银川与河套谷地位于两大隆起的衔接处,结合部发生断裂,断裂接收沉积。第四纪以来这个断陷谷地的新构造运动又集成了老构造运动的活动特征,表现为间歇性下沉,沉降速率为 0.2~ 0.3 cm/a。该区域发育典型的沙漠宽谷,谷宽可达 60 km。该区域位于东亚季风的边缘地带,为大陆性季风气候,年降水量为 150~400 mm,由东向西递减,年内降水变率较大,约为 75%,主要集中在 7—9 月。该区域风沙活动频繁,年平均风速为 2.5~ 5 m/s,最大风速可达 17 m/s,年沙尘暴日数为 19~22 d。风季为当年的 11 月至翌年的 5 月,与植物枯黄季基本同步。其土壤类型表现出明显的过渡性,具体表现为由西端的荒漠风沙土与草原风沙土过渡到栗钙土、黄绵土,再到东端的褐土。

一、风沙地貌类型

　　该河段两岸分布广阔的风沙地貌,河东沙地位于黄河银川—惠农段的右岸,沙地面积约为 3 234.5 km²。河东沙地可分为两部分,一部分位于黄河冲积平原上的沙地,包括陶乐和灵武的黄河阶地与河漫滩上的沙丘,沿黄河东岸作南北向带状分布,长约 30 km。以流动的新月形沙丘与沙丘链为主,一般高为 3~5 m,固定、半固定沙丘仅分布于流沙边缘,多为灌丛沙堆。另一部分位于鄂尔多斯台地边缘地带的灵武、盐池两县,大致沿长城两侧作西北—东南方向断续带状分布。以流动的新月形沙丘及沙丘链为主,部分覆盖在基岩残丘上(见图 2-1)。由于河东沙地沿黄河区域沙丘较低矮,且固定沙丘较多,宁夏风速略小,因此以风沙流或沙丘前移方式进入黄河的沙量较少。泥沙主要通过水流侧向侵蚀引起的塌岸方式进入黄河。主要分为固定、半固定沙丘与片状流沙。

　　石嘴山—乌海河段,沿河分布大片冲积平原,平原覆盖片状流动及半固定的起伏平缓的小沙丘,土壤含沙量较高;靠近乌海处丘陵北坡堆积流动沙丘,覆沙坡面发育十分典型。

　　乌海—磴口河段,黄河沿乌兰布和沙漠东侧绕行,长约 150 km。乌兰布和沙漠位于黄河上游后套平原西南部,介于黄河与狼山之间,沙漠面积为 9 900 km²。该沙漠沿黄河区域以横向沙丘为主,沙丘迎风坡朝向西北,背风坡朝向东南,沙丘最高可达 17 m。通过对该区域 42 座横向沙丘高度与宽度的调查发现,该区域横向沙丘的高度与宽度呈较强的线性关系,其宽高比例约为 12.75(见图 2-2)。说明该区域沙丘受单一方向作用,沙丘活动性较强。沙漠沙主要通过风沙流方式或沙丘前移方式进入黄河。

　　磴口—临河河段分布广阔河套平原,土壤内富含沙物质,冬春季节,沙尘肆虐。

　　临河—托克托河段,黄河南岸自西向东分布狭长的库布齐沙漠。库布齐沙漠位于河套平原以南,鄂尔多斯高原的北部边缘地带,呈狭长带状分布,自西向东延伸达 400 km,

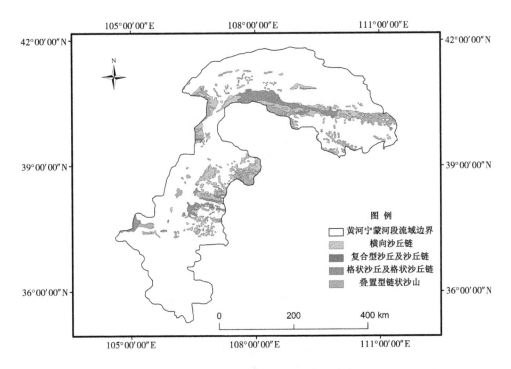

图 2-1 研究区 1:200 万沙丘类型分布

南北宽约 30 km,面积约为 1.61 万 km²。发源于鄂尔多斯高原的十大孔兑,穿越库布齐沙漠汇入黄河。库布齐沙漠以罕台川为界,以东以半固定沙丘为主,流动沙丘以条块状分布;以西多流动沙丘,沙丘形态为链状或格状沙丘(见图 2-1)。该沙漠风沙较少直接进入黄河,而是在冬春风季,沙漠沙进入黄河支流的十大孔兑,并在孔兑内堆积,在雨季,在暴雨和洪水的作用下将孔兑中的风沙冲入黄河。

二、沙丘表面粒径分布

通过对研究区三大沙区(河东沙地、乌兰布和沙漠和库布齐沙漠)进行地表粒径采样,获得了地表沙粒的粒径分布情况。采集方法为:在三大沙区随机采样,沙物质采集样方大小为 5 cm×5 cm,深度为 10 cm。样方位置主要分布在平坦沙地、沙丘迎风坡、沙丘顶部、沙丘背风坡处。每个样方设三个重复样本,采集样本用自封袋封存。在研究区内,共采集 500 个风沙物质样方。

在利用集沙仪进行风沙观测取样时,采用阶梯形对运动风沙进行采集。采集高度为 20 cm,分为 10 个连续的采集梯度,集沙管容量约为 300 mL,每个进沙口大小为 2 cm × 2 cm。集沙仪架设到观测点下风向处。依据风速大小,每次观测时间为 20 min 至 3 h 不等,进行重复观测,记录每次集沙的起始时间,共取得 520 组观测数据。

采的沙样用自封袋封存,带回实验室,利用自动振筛机进行筛析,并称量。在实验室内去除样品中的植物根须、动物残骸等杂质,应用自动振筛机进行三维振动 15 min 后,用电子天平(精确到 0.01 g)对各粒径组的沙粒进行称量。在实验室除对地表所采集的沙物质称量外,还要将集沙仪所收集到的跃移沙粒进行筛析,而获取研究区地表与跃移沙

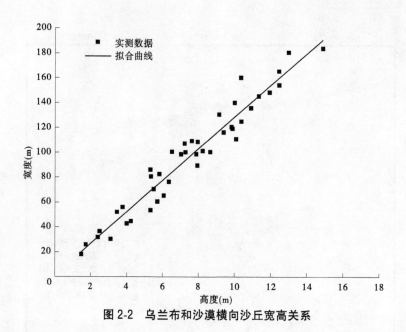

图 2-2　乌兰布和沙漠横向沙丘宽高关系

粒粒径分布(见图 2-3)。

　　通过对地表采样点与集沙仪内的沙粒粒径筛析,得到研究区三大沙地的地表与跃移沙粒的粒径分布(见图 2-3、图 2-4)。整体来看地表沙粒粒径粗于集沙仪内沙粒粒径,并且河东沙地、乌兰布和沙漠和库布齐沙漠地表沙粒粒径大于 0.1 mm 的占总沙重的 84%～92%,集沙仪内粒径大于 0.1 mm 的占总沙重的 80%～90%,可见沙漠风沙相对较粗。

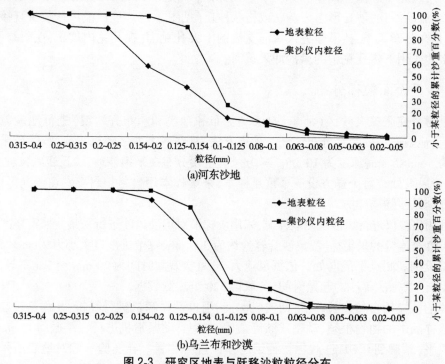

图 2-3　研究区地表与跃移沙粒粒径分布

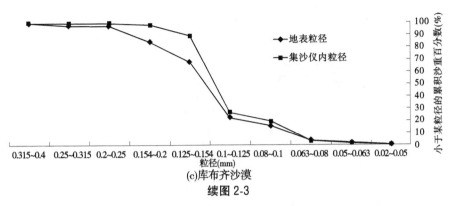

(c)库布齐沙漠

续图 2-3

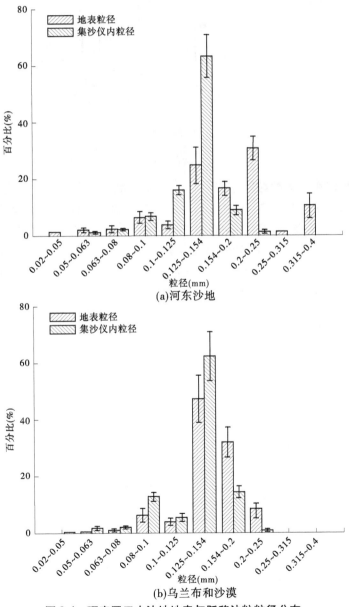

(a)河东沙地

(b)乌兰布和沙漠

图 2-4　研究区三大沙地地表与跃移沙粒粒径分布

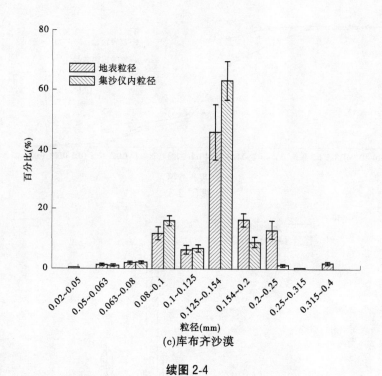

(c)库布齐沙漠

续图 2-4

进一步分析河东沙地沙粒粒径的分布可以看到,地表沙粒呈双峰态分布,粒径主要分布在 0.125~0.154 mm 与 0.2~0.25 mm。乌兰布和沙漠与库布齐沙漠地表沙粒粒径基本呈单峰态分布,其主要分布范围均在 0.125~0.154 mm。而集沙仪内的沙粒粒径则均呈单峰态分布,分布范围均在 0.125~0.154 mm。说明风沙输移的沙粒粒径主要集中在 0.125~0.154 mm,此结果跟拓万全等(2013)得到的黄河宁蒙河段淤积泥沙大部分为粒径大于 0.08 mm 的风沙这一结果基本吻合。

第三章　研究方法

由于农业用地涉及农田管理等措施,与非农业用地在风沙输移模拟上有本质的不同。因此,本书分别利用 IWEMS 模型和 RWEQ 模型针对黄河宁蒙河段流域内的非农业用地和农业用地的风蚀模数和风沙入黄(河)量进行估算。

一、IWEMS 模型

本书主要采用 IWEMS 模型计算黄河宁蒙河段非耕地区域的风蚀量和风沙入黄量。

IWEMS(Integrate Wind Erosion Modeling System)模型是由澳大利亚南威尔士大学的 Shao(2001)提出的,用于预测区域尺度风蚀量的模型。模型共包括三个关键的计算步骤:①摩阻起动风速 u_{*t} 计算环节;②跃移风蚀量的计算;③风沙入黄量的计算。

IWEMS 模型主要考虑植被、土壤湿度和土壤粒径对摩阻起动风速的影响:

$$u_{*t}(d_s, \lambda, \theta) = u_{*t}(d_s) f_\lambda(\lambda) f_w(\theta) \tag{3-1}$$

式中:$u_{*t}(d_s, \lambda, \theta)$ 为粒径为 d_s 的沙粒在植被和土壤湿度条件影响下的摩阻起动风速,m/s;λ 为植被的迎风面积指数;$f_\lambda(\lambda)$ 为植被对摩阻起动风速的影响函数;θ 为土壤湿度,m^3/m^3;$f_w(\theta)$ 为土壤湿度对摩阻起动风速的影响函数;$u_{*t}(d_s)$ 为粒径为 d_s 的沙粒在理想条件下(无植被和土壤影响的松散沙地)的摩阻起动风速,m/s。

$u_{*t}(d_s)$ 可根据 Shao(2001)提出的公式进行计算:

$$u_{*t}(d_s) = \sqrt{a_1 \left(\frac{\rho_p}{\rho_a} g d_s + \frac{a_2}{\rho_a d_s} \right)} \tag{3-2}$$

式中:ρ_a 和 ρ_p 分别为空气与沙粒的密度,取 1.29 kg/m^3 和 2 600 kg/m^3;g 为重力加速度,9.8 m/s^2;a_1 为一个无量纲参数;a_2 为一个量纲参数。

Shao(2008)根据试验结果,建议 a_1 和 a_2 的取值分别为 0.012 3 和 3×10^{-4} kg/s^2。

植被迎风面积指数对摩阻起动风速的影响函数 $f_\lambda(\lambda)$ 可通过 Raupach 等(1993)提供的方法进行计算:

$$f_\lambda(\lambda) = \frac{u_{*t}(\lambda)}{u_{*t}} = (1 - m_r s_r l)^{1/2} (1 + m_r b_r l)^{1/2} \tag{3-3}$$

式中:s_r 为植被基部面积与迎风面积的比值;$b_r = C_r / C_s$,表示作用于单株植被上的阻力与作用于地表的阻力的比值;m_r 为一个调整参数,其值小于1,其大小主要由作用于地表不均一的应力所决定。

植被的迎风面积指数可根据 SPOT-VGT 数据进行计算(Shao, 2001;Du et al., 2015)。

土壤湿度对摩阻起动风速的影响函数 $f_w(\theta)$ 可以根据 Feccan 等(1999)提出的公式进行计算:

$$f_w(\theta) = [1 + A(\theta - \theta_r)^b]^{1/2} \tag{3-4}$$

式中：θ_r 为风干土壤的含水量，m^3/m^3；A 和 b 均为无量纲参数。

日均土壤湿度 θ 根据 BEACH(Bridge Event And Continuous Hydrological)模型进行计算(Sheikh et al., 2009; Du et al., 2014)。

均一地表条件下沙粒的跃移通量 $Q(d_s)$ 可根据 Owen(1961)提出的方法进行计算：

$$Q(d_s) = \begin{cases} \dfrac{c_o A_c \rho_a u_*^3}{g}\left[1 - \left(\dfrac{u_{*t}(d_s)}{u_*}\right)^2\right] & (u_* \geqslant u_{*t}) \\ 0 & (u_* < u_{*t}) \end{cases} \tag{3-5}$$

式中：A_c 为可蚀性土壤所占比例，其值由迎风面积指数 λ 决定；u_* 为摩阻风速，m/s，可利用气象站风速和风速廓线公式求得；c_o 为 Owen 系数，在理论上由跃移沙粒的冲击速度 ω_t 与摩阻风速 u_* 来决定(Owen, 1961)，试验结果表明其值在 1 左右浮动，因此在模型率定时将其作为常数考虑。

自然地表一般覆盖不同粒径的土壤颗粒，IWEMS 模型针对不同粒径的土壤颗粒提出了独立起动的概念，即各粒径组的颗粒在起动过程中互不影响(Shao, 2008)。因此，自然地表的跃移通量可表示为

$$Q = \sum_{d_1}^{d_2} Q(d_s)p(d_s) \tag{3-6}$$

式中：d_1 和 d_2 分别为土壤粒径的下限和上限，m；$p(d_s)$ 表示粒径为 d_s 的沙粒在自然地表所占比例。

风沙入黄量 q_d，可根据风沙传输风向与河流的夹角进行计算：

$$q_d = q_s \sum_{i=1}^{16} f_{qi}|\sin\alpha| \tag{3-7}$$

式中：q_s 为输沙量，为风沙跃移通量和持续时间的乘积，t；f_{qi} 表示风沙在第 i 方向上的传输比例；α 表示河流与风沙传输风向(方风向)的夹角。

二、RWEQ 模型

本研究参考前人的研究结果，应用 RWEQ 模型估算宁蒙河段耕地区的风蚀量和风沙入黄量。

RWEQ(Revised Wind Erosion Equation)模型是由美国农业部(USDA)开发的用于预测耕地土壤风蚀量的模型(Fryrear et al., 1998)。该模型的设计模拟范围为地块尺度，近年来，有学者尝试将该模型的模拟范围扩展到区域尺度(Zobeck et al., 2000; Youssef et al., 2012)。RWEQ 模型应用 2 m 高度的风速对风蚀量进行估算。下风向风沙的实际传输量可根据最大沙粒释放量 Q_{max} 和传输距离 x 进行计算：

$$Q(x) = Q_{max}\left[1 - \exp\left(\frac{x}{S}\right)^2\right] \tag{3-8}$$

式中：S 为模拟地块的关键长度，RWEQ 模型将其定义为风沙传输最大距离的 63%(Fryrear et al., 1998)。

风沙的最大释放量 Q_{max} 可计算为:

$$Q_{max} = \mu_q W_f E_f S_{cf} K C_{og} \qquad (3\text{-}9)$$

式中: μ_q 是一个无量纲参数,用于调节风沙的最大释放量 Q_{max} ; W_f 为气象因子,kg/m; E_f 为土壤可蚀性碎屑物因子; S_{cf} 为结皮因子; K 表示土壤粗糙度因子; C_{og} 表示农作物的残茬因子。

气象因子 W_f 可根据 2 m 高度风速进行计算:

$$W_f = \frac{S_w S_d \sum\limits_{i=1}^{N} u_2 (u_2 - u_t)^2 N_d \rho}{Ng} \qquad (3\text{-}10)$$

式中: u_2 表示 2 m 高度风速,m/s; u_t 为土壤颗粒的临界起动风速,m/s; N_d 为模拟天数(一般为 15 d); N 表示模拟期间风速的观测次数,Skidmove 和 Tatarko(1990)建议 N 值最小为 500; S_w 是一个无量纲参数,表示土壤湿度因子; S_d 为积雪因子,无量纲。

土壤可蚀性碎屑物因子 E_f 可根据土壤结构进行计算:

$$E_f = \frac{\mu E_f + 0.31 S_a + 0.17 S_i + 0.33 S_a / S_i - 2.59 O_m - 0.95 C_{CaCO_3}}{100} \qquad (3\text{-}11)$$

式中: μE_f 表示土壤可蚀性因子的调节参数(%); S_a 表示沙子含量(%); S_i 表示粉粒含量(%); O_m 表示有机质含量(%); C_{CaCO_3} 表示碳酸钙的含量(%)。

土壤结皮因子 S_{cf} 由土壤黏土和有机质含量决定:

$$S_{cf} = \frac{1}{1 + 0.0066 C_1^2 + 0.021 O_m^2} \qquad (3\text{-}12)$$

其中, C_1 表示黏土含量(%)。

农作物残茬因子 C_{og} 为三个残茬因子的乘积,分别为平铺残茬 S_{lrf} 、直立残茬 S_{lrs} 和植被盖度 S_{lrc} 。平铺残茬因子表示有平铺残茬时地表与无平铺残茬时风蚀量的比值。其计算方法为:

$$S_{lrf} = e^{-0.0438 S_c} \qquad (3\text{-}13)$$

其中, S_c 表示平铺残茬的盖度(%)。

直立残茬是指单位面积上植被侧向投影的面积,在 IWEMS 模型中,将其称为不可蚀物体的迎风面积指数。直立残茬因子表征的是直立残茬影响下地表风蚀量与直立残茬时风蚀量的比例。在 RWEQ 模型中,直立残茬因子 S_{lrs} 的计算方法为:

$$S_{lrs} = e^{-0.0344 S_a^{0.6413}} \qquad (3\text{-}14)$$

其中, S_a 是单位面积(1 m^2)上,直立残茬的侧向投影面积,cm^2,相当于 IWEMS 模型中的迎风面积指数 λ 的 10 000 倍。

植被盖度是指植被冠层面积与所占土地面积的比例。植被盖度因子 S_{lrc} 的计算方法为

$$S_{lrc} = e^{-5.614 c_c^{0.7366}} \qquad (3\text{-}15)$$

其中, c_c 表示植被盖度。

土壤粗糙度因子 K 由耕地链状随机粗糙度 C_{rr} 和田埂粗糙度 K_r 决定:

$$K = e^{(1.86K_{rmod} - 2.41K_{rmod}^{0.934} - 0.124C_{rr})} \tag{3-16}$$

其中,K_{rmod} 表示粗糙度调整因子,其值为田埂粗糙度 K_r 与转动系数 R_c 的乘积。其中 K_r 与 R_c 的计算方法为

$$K_r = 4\frac{R_h^2}{R_s} \tag{3-17}$$

$$R_c = 1 - 0.000\,32A - 0.000\,349A^2 + 0.000\,025\,8A^3 \tag{3-18}$$

其中,R_h 为田坎高度;R_s 为垄间距。A 为风向与田埂的夹角,当风向与田埂垂直时,$A = 0°$;当风向与田埂平行时,$A = 90°$。

三、数据

计算 1965—2014 年黄河宁蒙河段及主要支流的风沙入河量的数据需要该流域内气象数据、土壤数据、植被数据、DEM(数字高程模型)数据、陆面同化数据(GLDAS)、Landsat 卫星影像、1971 年流域航拍数据和不同时期的土地利用数据等(见表 3-1)。

表 3-1　模型所需数据参数

数据类型	数据格式	时间分辨率	空间分辨率
气象数据	Text	d	N/A
GLDAS 数据集	Raster	3 h	1°
土壤数据	Raster	N/A	1 000 m
植被数据	Raster	10 d	1 000~8 000 m
DEM 数据	Raster	N/A	90 m
Landsat 卫星影像	Raster	N/A	30~80 m
1971 年航拍数据	Raster	N/A	5 m
土地利用数据	Raster	10 a	30 m

注:N/A 代表无应用。

其中,气象数据包括 1965—2014 年中卫、中宁、同心、固原、银川、陶乐、盐池、惠农、鄂托克旗、乌海、吉兰泰、磴口、杭锦后旗、临河、乌拉特前旗、乌拉特中旗、包头、托克托、呼和浩特、杭锦旗、东胜、达拉特旗和准格尔旗等 23 个气象站的各气象要素。气象要素包括平均风速、最大风速、风向、降水量、平均气温、最高气温、最低气温、平均相对湿度、日照时数等。其中个别缺失站点及区域的气象数据用 GLDAS 数据集数据补充。气象数据用于计算 IWEMS 模型的摩阻风速 u_* 和土壤湿度 θ,以及 RWEQ 模型的气象因子 W_f。

宁蒙河段土壤数据根据流域边界从中国 1:100 万土壤数据库裁切而来,用于计算土壤粒径 d、土壤可蚀性碎屑物因子 E_f 和土壤结皮因子 S_{cf}。植被数据采用的是 SPOT-VGT 的 NDVI 数据,不足数据采用 NOAA-AVHRR 数据补全,用于计算植被的迎风面积指数 λ、植被盖度 c_c。DEM 数据根据航天飞机雷达地形测绘使命(SRTM)数据集裁切而来,用于计算土壤湿度 θ。

土地利用数据采用的是 1970 年、1980 年、1990 年、2000 年和 2010 年共 5 期土地利用

数据。其中1970年和1980年的土地利用数据来自《中国北方沙漠与沙漠化图集》中的矢量数据,1990年、2000年和2010年土地利用数据,采用的是国家973项目"黄河上游沙漠宽谷段风沙水沙交互过程及调控机理"课题前期处理数据。这5期土地利用数据分别用于计算宁蒙河段1965—1975年、1976—1985年、1986—1995年、1996—2005年和2006—2014年5个时段的风沙入黄量。

同时采用同期 Landsat 卫星 MSS、TM、ETM 和 OLC 影像提取耕地的田埂。同时,利用 Landsat 卫星影像、1967年1∶5万地形图数据、1977年航拍数据、黄河上中游干流河道堤防分布图结合 DEM 数据,提取不同时期(1967年、1977年、1990年、2000年和2010年)的河岸边界(堤防),分别代表不同模拟时段的风沙输移控制边界(边界以外风沙越过边界即认为风沙进入河道)。由于2000年以前黄河宁蒙河段堤防较少,因此2000年以前以河道的边界作为风沙输移的控制边界;2000年以后(包括2000年),有堤防的河段以堤防作为风沙输移的控制边界,无堤防的河道按照地形图与卫星影像提取的河道作为其控制边界。

1967年河岸数据代表1965—1975年的控制边界;1977年河岸数据代表1976—1985年的控制边界;1990年河岸数据代表1986—1995年的控制边界;2000年堤防与河岸数据代表1996—2005年的控制边界;2010年堤防与河岸数据代表2006—2014年的控制边界(见图3-1和图3-2)。图3-1为根据1967年地形图提取的河岸边界数据,黄河宁蒙河段干支流均无堤防;图3-2为2010年根据黄河中上游干流河道堤防分布数据、同时期 DEM 数据以及 Landsat-TM 数据提取的河岸边界,该图显示黄河宁蒙河段大部分河段都有相应的堤防,仅石嘴山—巴彦高勒段的一段沙漠河段没有堤防,十大孔兑依然没有堤防,但清水河中游区域有部分堤防。

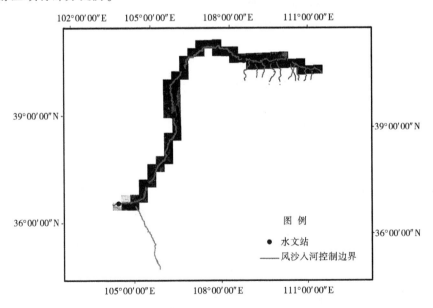

图 3-1　1967 年黄河宁蒙河段风沙输移控制边界

利用 Kriging 插值方法将离散的气象数据插值为空间分辨率为 1 km×1 km 的栅格数据,同时将所有的栅格数据重采样为空间分辨率为 1 km×1 km 的栅格数据,投影信息为

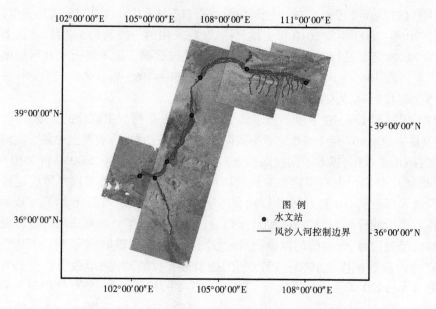

图 3-2　2010 年黄河宁蒙河段风沙输移控制边界

UTM（横轴墨卡托）–N48 带。

四、模型参数率定与验证

为了对以上模型参数进行率定,需对模型的各参数做敏感性分析。敏感性分析是指在各参数可接受范围内分别取最大值和最小值,将其代入模型进行计算,得到不同的模型计算值,计算值变化大说明参数比较敏感(McCuen & Snyder, 1986)。参数敏感性的计算方法为

$$sen = \frac{(Y_2 - Y_1)/\overline{Y}}{(X_1 - X_2)\overline{X}} \tag{3-19}$$

式中 :X_1 和 X_2 分别为输入参数的最小值与最大值;$\overline{X}$ 为 X_1 和 X_2 的平均值;Y_1 和 Y_2 分别为输入 X_1 和 X_2 后得到的模型计算值;$\overline{Y}$ 为 Y_1 和 Y_2 的平均值。

通过敏感性分析,将模型最敏感的参数(见表 3-2)列出,对其进行调节,使模型达到一定的精度,该过程称为模型参数率定。

利用 2013 年 11 月至 2014 年 12 月在乌兰布和沙漠刘拐沙头的实测风沙入黄数据对模型进行验证,其中观测资料共有 22 个观测点,土地利用类型分别为草地、灌木林地、耕地、沙地和林地,实地监测体系见图 3-3,率定结果(见表 3-3)均方根误差在 0. 009 ~ 0.048,平均离差绝对值 | R_e | 为 5% ~ 17%,率定结果适用于黄河上游风积沙量的研究,可以应用该模型对风沙入黄过程进行模拟和预测。

表 3-2　模型主要参数敏感性顺序及取值范围

模型	参数	敏感性顺序	参数描述	取值范围
IWEMS	c_o	1	Owen 系数	0.8~1
	a_1	2	计算摩阻起动风速的无量纲系数	0.01~0.012 5
	a_2	3	计算摩阻起动风速的量纲系数	0.000 02~0.000 04 kg/s²
	c_r	4	植被盖度与迎风面积指数之间的经验系数	0.3~0.4
	m_r	5	迎风面积指数的调整参数	0.2~0.8
	σ_r	6	植被基部面积与迎风面积的比值	0.5~1
	β_r	7	作用于单株植被上的阻力与作用于地表的阻力的比值	60~150
	b	8	土壤湿度函数的调整系数	0.4~0.8
	A	9	土壤湿度函数的调整系数	1~1.5
RWEQ	μ_q	1	最大风沙释放量的调整系数	100~120
	μ_{sb}	2	关键地块长度的调整参数	−0.4~−0.2
	μ_{sa}	3	关键地块长度的调整参数	150~160
	μE_f	4	土壤可蚀性碎屑物含量的调整系数	25~35
	C_{rr}	5	土壤随机粗糙度	0.55~5
	R_h	6	田埂高度	10~20 cm
	R_s	7	垄间距	40~50 cm

(a)不同方向和下垫面风沙监测体系

风沙通量塔　　　三维激光扫描仪

(b)不同高度和部位野外风沙监测体系

图 3-3　实地监测体系

表 3-3　IWEMS 模型和 RWEQ 模型在黄河宁蒙河段的率定结果

观测点序号	观测次数	土地利用类型	均方根误差（$RMSE$）	平均离差绝对值（$|R_e|$）（%）
G-1	8	草地	0.032	11.199
Gr-2	9	草地	0.040	12.603
Gr-3	7	草地	0.035	12.091
Gr-4	5	草地	0.043	15.814
Gr-5	6	草地	0.020	9.477
Gr-6	5	草地	0.037	12.059
Sh-1	7	灌木林地	0.028	10.738
Sh-2	5	灌木林地	0.048	16.774
Sh-3	8	灌木林地	0.022	11.903
Sh-4	9	灌木林地	0.038	13.725
Sh-5	6	灌木林地	0.038	13.251
A-1	9	耕地	0.015	12.435
A-2	7	耕地	0.019	13.365
A-3	6	耕地	0.009	12.725
A-4	8	耕地	0.023	13.767
A-5	9	耕地	0.019	5.742
S-1	8	沙地	0.034	14.542
S-2	8	沙地	0.036	15.654
S-3	8	沙地	0.015	14.56
S-4	6	沙地	0.023	15.64
F-1	9	林地	0.019	16.723
F-2	7	林地	0.035	15.65

第四章　结果分析

一、黄河宁蒙河段干流逐日风沙入黄量

利用 IWEMS 模型、RWEQ 模型,计算得到 1965—2014 年黄河下河沿—头道拐 5 个河段的逐日风沙入黄量(见图 4-1)。

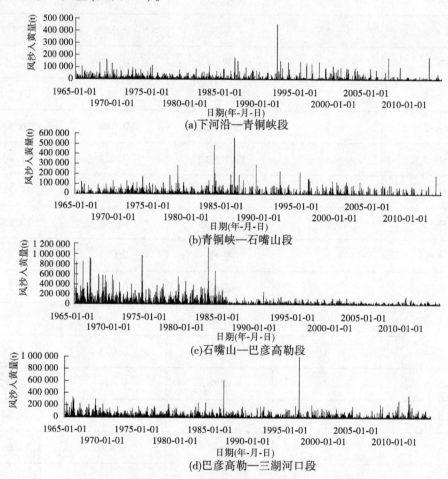

图 4-1　黄河宁蒙河段干流不同河段逐日风沙入黄量

黄河宁蒙河段风沙入黄日变化很大,最低可低至 0 值,最高可超过 100 万 t(发生在石嘴山—巴彦高勒段)。在此 50 a 内,下河沿—青铜峡段的日风沙入黄量一般在 10 万 t 以下,最高不超过 50 万 t。青铜峡—石嘴山的风沙入黄量的逐日分布与下河沿—青铜峡相似,在绝大部分时间,其日风沙入黄量不超过 10 万 t。但该河段风沙入黄量的变率要高于下河沿—青铜峡,其最高值逼近 60 万 t。石嘴山—巴彦高勒的日风沙入黄量最大,最高可

超过 100 万 t。主要是由于该河段毗邻乌兰布和沙漠,且沿河沙地盛行偏西风,风沙可直接吹入黄河。该河段的风沙入黄量有明显减小趋势,1985 年之前的风沙入黄量明显高于1985 年之后。在 1985 年之前,存在大量的高值(日风沙入黄量超过 40 万 t),1985 年之后该河段基本无高值分布。巴彦高勒—三湖河口右岸毗邻库布齐沙漠西端,因此其风沙入黄量仅次于石嘴山—巴彦高勒,其最大日均风沙入黄量超过 80 万 t,但绝大部分时间均在20 万 t 之下,且其高值均发生在 1985 年之后。三湖河口—头道拐的风沙入黄量小于内蒙古的其余两个河段,但总体大于宁夏两个河段。

各河段风沙入黄量的逐日分布数据显示,风沙入黄过程大多发生在冬春季节,其中三四月的风沙入黄过程最为频繁。但个别高值会出现在 7~9 月,这主要是由于该时段常出现暴雨,暴雨前的大风会生产剧烈的风蚀,导致风沙入黄量高值的出现。

二、黄河宁蒙河段干流逐年风沙入黄量

由风沙入黄量的日值变化很难看出宁蒙河段的年际变化和变化趋势,因此将日数据结算为年数据,并分析各河段的年际变化和变化趋势(见图 4-2)。整体来看,1965—2014年,黄河宁蒙河段全河段的风沙入黄量总体呈降低趋势,但逐年之间沙量有所起伏,并且变幅相差较大。宁蒙河段下河沿—三湖河口风沙量最高达到 2 100 万 t(1969 年),最低约为 362 万 t(2011 年)。分河段来看,内蒙古石嘴山—巴彦高勒河段风沙量最大,其最高值可达 1 178 万 t(1969 年),其最低值也在 100 万 t 以上(123.9 万 t 出现在 2011 年)。这主要是乌兰布和沙漠位于该河段的左岸,且该区域盛行偏西风,在盛行风向的作用下,大量风沙可直接贯入黄河。巴彦高勒—三湖河口的风沙入黄量仅次于石嘴山—巴彦高勒,近 50 a 来,其最高值为 585 万 t(1969 年),其最低值约为 83 万 t(2006 年)。虽然该区域盛行偏西风,但该区域偏东风所占的比例也较大,临河气象站的风向数据显示,该区域偏东风所占比例约为 23%。因此,其直接风沙入黄量也比较大。而宁夏河段的风沙入黄量要远小于内蒙古段的风沙入黄量。从长时期变化过程看,下河沿—青铜峡最大风沙入黄量约为 173 万 t(1969 年),最小仅为 22.5 万 t(2012 年);青铜峡—石嘴山风沙入黄量略大于下河沿—青铜峡,其年最大风沙入黄量为 287.8 万 t(1984 年),最低仅为 22.3 万 t(2012 年)。这主要是由于青铜峡—石嘴山流经河东沙地,且河东沙地的多年主风向为西北风和南风。因此,河东沙地的沙子很少能够直接吹入黄河。但是,在个别年份,会有较多的偏东风发生,在这些年份,青铜峡—石嘴山段的风沙入黄量就会有突然增大的现象。

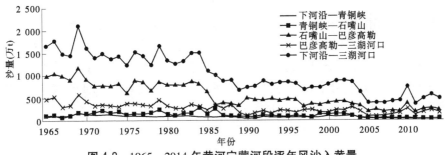

图 4-2　1965—2014 年黄河宁蒙河段逐年风沙入黄量

表 4-1 为宁蒙河道不同时期各河段干流风沙量。下河沿—三湖河口为宁蒙河段风沙入河的主要区间,因此可以说宁蒙河道长时期(1965—2014 年)年均风沙量为 1 023 万 t。从时期分布来看,主要分布在 1985 年之前,1965—1985 年风沙量达到 1 477 万 t,其后1986—2005 年降为 791 万 t,到 2006—2014 年风沙量进一步减小到 478 万 t 。从风沙量的空间分布来看,风沙主要集中在乌兰布和沙漠所在的石嘴山—巴彦高勒河段(见图 4-3),该河段多年平均风沙量为 558 万 t,占整个河段风沙量的 55%。风沙量较大的是巴彦高勒—三湖河口段,占总沙量的 26%;下河沿—青铜峡、青铜峡—石嘴山风沙量分别为 80 万 t 和 116 万 t,分别占总入黄风沙量的 8% 和 11%。

表 4-1　宁蒙河道不同时期各河段干流年均风沙量　　　　　　(单位:万 t)

时期	不同河段风沙入黄量				下河沿—三湖河口风沙入黄量
	下河沿—青铜峡	青铜峡—石嘴山	石嘴山—巴彦高勒	巴彦高勒—三湖河口	
1965—1985 年	107	158	846	366	1 477
1986—2005 年	72	107	398	214	791
2006—2014 年	34	37	244	163	478
1965—2014 年	80	116	558	269	1 023

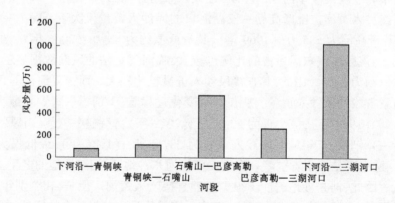

图 4-3　宁蒙河道长时期各河段的风沙量

从宁蒙河道年内风沙分布来看,年内风沙主要集中在冬季和春季,尤其是 11 月、12月和春季的 3—5 月,主要是由于这几个月风速较大,见图 4-4、表 4-2。3—5 月的风沙量分别为 127 万 t、180 万、138 万 t,分别占全年的 12.4%、17.6% 和 13.5%;11 月、12 月风沙量分别为 85 万、77 万 t,分别占全年的 8.3% 和 7.5%,其他各月风沙量较小,占全年风沙量的 8% 以下。分河段具有与长河段相同的特点。

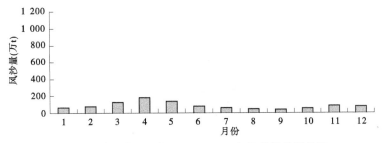

图4-4 宁蒙河道长时期1965—2014年逐月平均风沙量

表4-2 宁蒙河道长时期1965—2014年多年平均逐月风沙量

月份	风沙量（万t）	占全年比例（%）
1	63	6.2
2	76	7.4
3	127	12.4
4	180	17.6
5	138	13.5
6	80	7.8
7	59	5.8
8	47	4.6
9	38	3.7
10	53	5.2
11	85	8.3
12	77	7.5
全年	1 023	100

三、黄河宁蒙河段各主要支流风沙入黄量

利用数字模型计算得到黄河宁蒙河段主要支流清水河和十大孔兑的风沙入河量（见图4-3）。清水河的年均风沙入黄量远小于十大孔兑,1965—2014年,清水河的年均风沙入河量约为64.96万t,十大孔兑年均风沙入黄量为596.5万t。这主要是由于十大孔兑均穿越库布齐沙漠,尤其是罕台川以西,分布大量流动沙丘,大量风沙可直接进入孔兑;其次十大孔兑的总长度(808.8 km)要大于清水河的长度(320 km),其风沙入河的作用区域要远大于清水河。

1965—2014年清水河和十大孔兑的风沙入黄量均随时间有显著下降趋势。

十大孔兑各个支流间差异较大,尤其是以罕台川为界,东西部下垫面差异很大,西部沿河主要分布流动性沙丘,东部沿河主要分布固定和半固定沙丘;另外十大孔兑长度从20多km到超过100 km,风沙入黄作用区域差异很大。因此,对十大孔兑的各主要河流

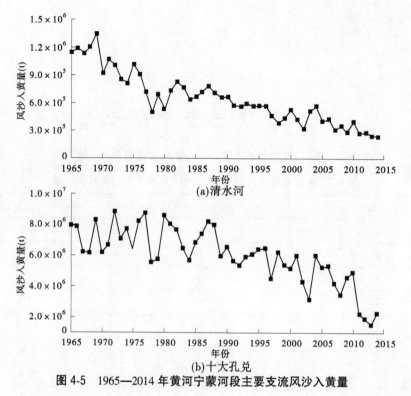

(a)清水河

(b)十大孔兑

图 4-5　1965—2014 年黄河宁蒙河段主要支流风沙入黄量

的风沙入黄量进行了分别计算,结果见图 4-6。毛不拉孔兑从 1965—2014 年风沙入黄量先增大后减小,最大风沙入黄为 309.9 万 t(1982 年),之后逐渐下降至不足 100 万 t。

布日嘎太沟和黑赖沟的风沙入黄量先由 1965 年的最高值 173.2 万 t 逐渐下降至 32.9 万 t(1971 年),后逐渐上升至 84.39 万 t(1974 年),之后趋于稳定状态,直至 2001 年,即 1974—2001 年布日嘎太沟和黑赖沟的风沙入黄量一直在 80 万 t/a 上下浮动。自 2001 年这 2 条孔兑的风沙入黄量逐渐下降 30 万 t/a 以下,其中 2008 年风沙入黄量达到最低值,不足 10 万 t。

西柳沟与罕台川风沙入河量的变化趋势基本相同,西柳沟的风沙入黄量略大于罕台川,这主要是由于其地理位置比较接近,下垫面条件类似,但西柳沟沿河流动沙丘要多于罕台川。二者风沙入黄河的最高值均出现在 1972 年,分别为 226.5 万 t 和 150.2 万 t。1972 年之后,两沟的风沙入黄量呈逐渐下降趋势,直至 2013 年达到最低值,分别为 29.4 万 t 和 19.5 万 t。

罕台川以东的 5 条孔兑,沿河分布的多为固定和半固定沙丘,且河道较短,尤其是壕庆河,仅有 28.6 km,因此 5 条孔兑一起计算。5 条孔兑 1981 年之前风沙入黄量较稳定,在 300 万 t 上下浮动。1981 年之后,风沙入黄量有所下降,1984 年之后,又有所回升,后趋于稳定,直至 2003 年,其风沙入河量在 200 万 t 上下浮动。2003 年之后,5 条孔兑的风沙入河量先上升后下降,至 2013 年降至最低值,146.2 万 t。

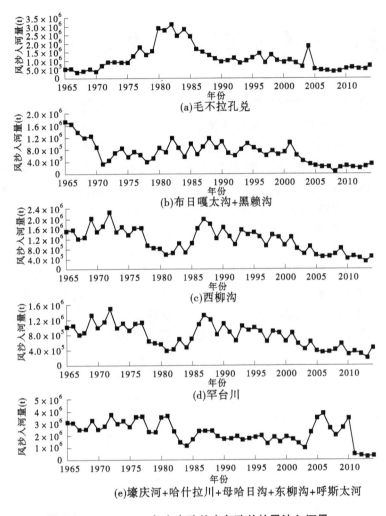

图 4-6   1965—2014 年十大孔兑中各孔兑的风沙入河量

第五章 气候变化对风沙入黄量的影响

模型计算结果显示,黄河宁蒙河段干支流的风沙入黄量均呈明显的减小趋势。为分析其减小的原因,本书将对影响风沙入黄的主要气候要素(年均风速、大风日数、潜在蒸散率)的逐年变化进行分析。对于风蚀过程,风力(尤其是大风)是风蚀过程的驱动力,年均风速表征的是风蚀驱动力的平均大小,大风日数代表的则是风蚀过程的发生频率,根据杜鹤强等(2013)的研究,黄河宁蒙河段最小的风沙起动风速为 8 m/s。植被、土壤湿度、地表粒径分布则是影响风蚀量大小的外在因素,其中地表粒径分布主要受土壤类型影响,因此在一定时间段内可认为是不变因素,植被和土壤湿度要素对风蚀量的影响则尤为重要。植被和土壤湿度主要受气象要素中的温度(包括最大、最小和平均)、降水、相对湿度(包括最大、最小和平均)、日照时数等一系列要素所影响,归结到一起,可以用潜在蒸散率来概况这些要素。潜在蒸散率越大,说明气候越趋于干旱,风沙过程越容易发生;反之,风沙过程越不易发生。潜在蒸散率的计算方法很多,本书采用比较常用的 Penmen-Monteith 公式计算各气象站点的潜在蒸散率,计算方法如下:

$$ET_0 = \frac{0.408\Delta(R_n - G) + \gamma\dfrac{900}{T+273}u_2(e_s - e_a)}{\Delta + \gamma(1 + 0.34u_2)} \tag{5-1}$$

式中:R_n 为表面净辐射,$MJ/(m^2 \cdot d)$;G 为地表热通量,$MJ/(m^2 \cdot d)$,其值远小于冠层表面净辐射 H_n,因此在计算蒸散发的过程中,忽略地表热通量 G;T 为平均气温,$℃$;u_2 为 2 m 高处的日均风速,m/s;e_s 为饱和水汽压,kPa;e_a 为实际水汽压,kPa;Δ 为饱和水汽压—温度曲线的斜率,$kPa/℃$;γ 为湿度计常数,$kPa/℃$。

由于涉及时间序列较长,本书选取宁蒙河段流域干流及周边数据较完整的 14 个国家标准气象站统计和计算各站点逐年的平均风速、大风日数和潜在蒸散率。图 5-1 点绘出宁蒙河段及周边 14 个气象站平均年均风速、大风日数和潜在蒸散率。

从全河段来说,1965—2014 年黄河宁蒙河段年均风速和大风日数具有明显的降低趋势,说明在各气候因子中,风沙入黄的驱动力有明显下降趋势。潜在蒸散率则变化趋势不甚明显,趋势分析显示,潜在蒸散率略有上升。说明气候条件有趋于更加干旱的趋势,有利于风沙入黄过程的发生。相关分析显示,风沙入黄量与平均风速和大风日数的 Pearson 相关系数分别高达 0.827 和 0.939,均为强正相关;与潜在蒸散率的相关系数为-0.111,为非显著负相关。说明黄河宁蒙河段风沙入黄主要受风速变化的影响。以中科院沙漠研究所在乌兰布和沙漠布设的临河观测站为例(见图 5-2),逐年最大风速和平均风速都降低了,在 20 世纪 80 年代以前,最大风速可以达到 20 m/s,而 2006 年之后,最大风速只有 15 m/s。

在支流风沙入过程中,主要计算了清水河和十大孔兑的风沙入黄量。在此,统计清水河沿岸同心、固原两观测站年均风速、大风日数、潜在蒸散率的逐年变化情况。十大孔兑

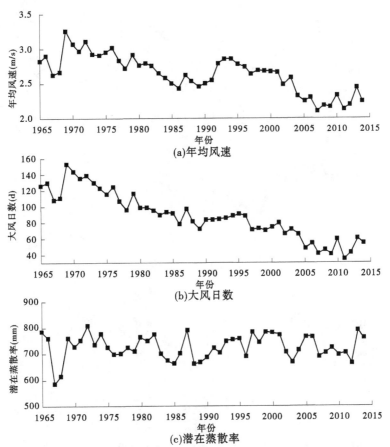

(a)年均风速

(b)大风日数

(c)潜在蒸散率

图 5-1　黄河宁蒙河段年均风速、大风日数和年均潜在蒸散率逐年变化

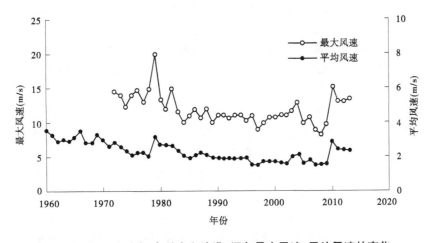

图 5-2　临河观测站(乌兰布和沙漠)逐年最大风速、平均风速的变化

则统计周边东胜、包头、杭锦旗、达拉特旗和准格尔旗 5 个观测站的三个气候因子。图 5-3 点绘出清水河流域年均风速、大风日数和潜在蒸散率的逐年变化。

图 5-4 显示,十大孔兑年均风速和大风日数有较明显的下降趋势,潜在蒸散率上升趋

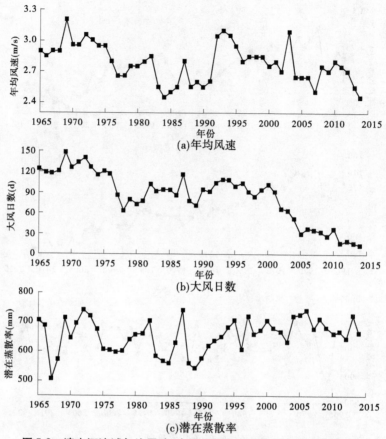

图 5-3　清水河流域年均风速、大风日数和潜在蒸散率的逐年变化

势不甚明显。年均风速的变化大致分为两个阶段,1965—2001 年平均风速下降明显;2002 年平均风速突然上升之后,又有明显下降趋势。大风日数有明显下降趋势,尤其是自 2000 年之后,下降速度增大。2000 年之前,潜在蒸散率的变幅较大,在均值两侧有较大波动;在 2000 年之后,蒸散率趋于稳定,振幅减小。蒸散率的变化说明,2000 年之后清水河流域气象条件更为稳定,土壤水分的潜在消耗趋于稳定状态。相关分析结果表明,清水河年风沙入黄量与年均风速、大风日数和潜在蒸散率的 Pearson 相关系数分别为 0.466、0.833 和-0.162。说明在清水河流域,风沙入黄量与年均风速和大风日数均为正相关关系,但大风日数与风沙入黄量的相关性要强于年均风速;潜在蒸散率与风沙入河量存在较弱负相关关系,即潜在蒸散率的增大对清水河的风沙入河过程有一定的促进作用。

　　以上分析说明,十大孔兑流域总体的气候条件是向抑制风沙入河过程发展的。风沙入黄量与年均风速、大风日数和潜在蒸散率 Pearson 相关系数分别为 0.624、0.627 和 0.525,说明十大孔兑区域的风沙入黄量的变化依然主要受风力条件的影响,但在该区域其潜在蒸散率的作用要大于黄河宁蒙河段的干流和清水河流域。

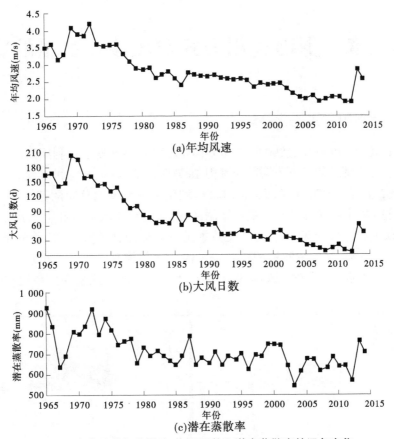

(a)年均风速

(b)大风日数

(c)潜在蒸散率

图 5-4 十大孔兑年均风速、大风日数和潜在蒸散率的逐年变化

第六章　土地利用方式对风沙入黄量的影响

一、土地利用方式变化趋势

采用1970年、1980年、1990年、2000年和2010年共5期土地利用数据作为下垫面背景计算风沙入黄量。黄河宁蒙河段流域内1970年和2010年土地利用类型的空间分布见图6-1。较2010年,1970年黄河宁蒙河段未利用土地和草地分布的范围更为广泛,耕地的分布则主要集中在河套平原和银川平原区域,清水河流域上游和十大孔兑下游区域的耕地面积很少。1970年黄河宁蒙河段基本没有成片的林地分布,林地分布极为零星分散,但到了2010年,在河东沙地和库布齐沙漠东北部均有成片林地出现。另外,1970年宁蒙河段的居民点(主要是城镇)的规模要远小于2010年,这主要是与近50 a来快速的城市化进程有关。

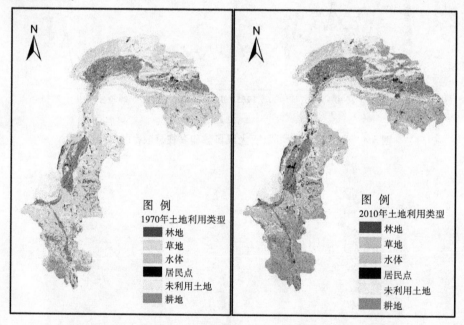

图 6-1　黄河宁蒙河段1970年、2010年土地利用类型的空间分布

从面积分布(见图6-2)来看,未利用土地由56 299.25 km² 减少到38 049.1 km²,减少了32.42%;林地由原来的3 700.82 km² 增加至6 009.11 km²,增加了62.73%;草地由47 137.67 km² 增加到52 102.48 km²,增加了10.53%;居民点面积则增加了55.64%,耕地面积增加了44.36%。

河道边界的变化对风沙入黄量影响也较大。根据乌兰布和沙漠段堤防情况(见图6-3),1991年除了三盛公水利枢纽库区围堤和导流堤,仅有零星堤防存在;2014年该河段左岸、右岸分别有33.806 km、21.841 km 的围堤和导流堤。

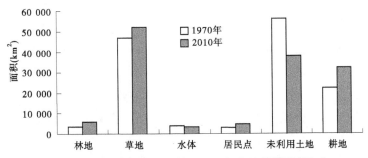

图 6-2　黄河宁蒙河段 1970 年、2010 年土地利用面积变化

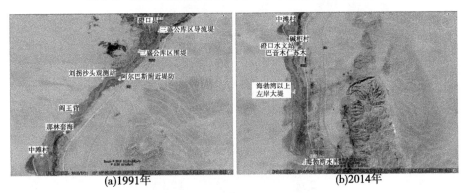

(a)1991年　　　　　　　　　　(b)2014年

图 6-3　典型河段围堤和导流堤

　　下垫面中植被变化对风沙入黄量影响很大。图 6-4 为宁蒙河段流域内 1986—1995年、1996—2005 年和 2006—2014 年三个时期植被覆盖度空间分布,可以看到地表植被覆盖度有所增加,从逐年变化来看,也呈增加的趋势(见图 6-5),并且从不同植被覆盖度面积所占比例(见表 6-1)来看,主要表现在裸地的减少和低覆盖度植被的增加,裸地比例由1986—1995 年的 55.64%减少到 2006—2014 年的 18.41%;低覆盖度植被比例由 1986—1995 年的 43.7%增加到 2006—2014 年的 77.27%;中低覆盖度植被、中覆盖度植被比例也有不同程度的增加。

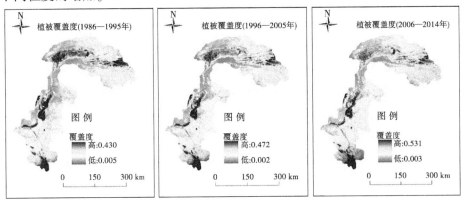

图 6-4　黄河宁蒙河段流域内三个时期植被覆盖度空间分布

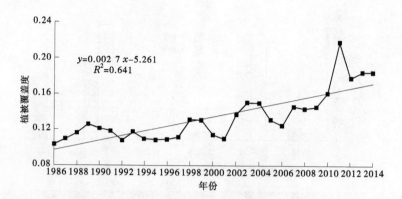

图 6-5　黄河宁蒙河段平均植被覆盖度年际变化

表 6-1　黄河宁蒙河段不同植被覆盖度面积所占比例

植被覆盖类型	不同时段植被覆盖度(%)		
	1986—1995 年	1996—2005 年	2006—2014 年
裸地	55.64	34.16	18.41
低覆盖度植被	43.70	63.04	77.27
中低覆盖度植被	0.66	1.21	4.01
中覆盖度植被	0	0.03	0.30

二、土地利用与气候变化对风沙入黄影响的敏感性分析

1965—2014 年风沙入黄量的减小受到气候变化和土地利用方式的影响,由于 1970 年与 2010 年时间跨度较大,土地利用方式和气候因素均有明显的变化,适合做不同土地利用方式和气候模式下风沙入黄量的对比分析。为简化计算过程,分别对 1965—1974 年和 2005—2014 年的两种土地利用方式(1970 年土地利用方式和 2010 年土地利用方式)下风沙入黄量进行计算对比,从而得到相同气候模式下不同土地利用方式对风沙入黄的影响(见图 6-6、图 6-7)。

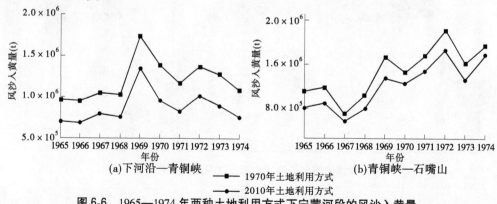

图 6-6　1965—1974 年两种土地利用方式下宁蒙河段的风沙入黄量

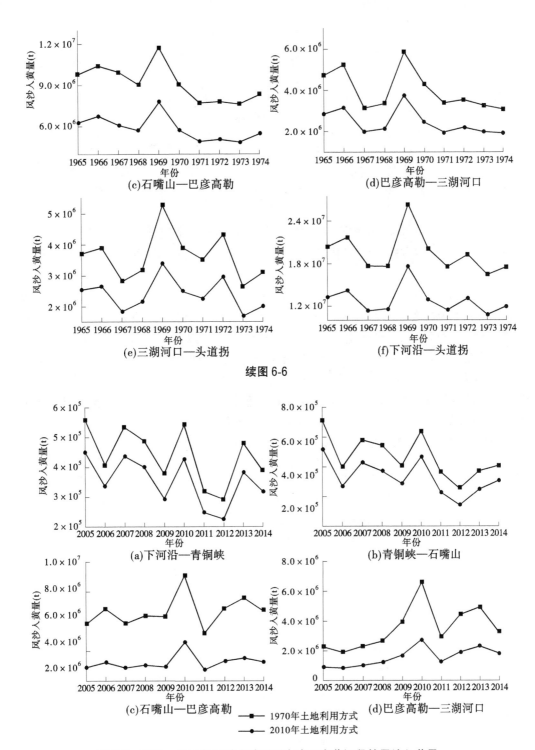

(c)石嘴山—巴彦高勒

(d)巴彦高勒—三湖河口

(e)三湖河口—头道拐

(f)下河沿—头道拐

续图 6-6

(a)下河沿—青铜峡

(b)青铜峡—石嘴山

(c)石嘴山—巴彦高勒

(d)巴彦高勒—三湖河口

■— 1970年土地利用方式
●— 2010年土地利用方式

图 6-7　2005—2014 年两种土地利用方式下宁蒙河段的风沙入黄量

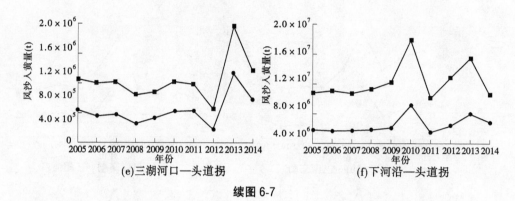

(e)三湖河口—头道拐   (f)下河沿—头道拐

续图 6-7

图 6-6 和图 6-7 显示,在相同气候模式下,1970 年土地利用方式下的风沙入黄量均大于 2010 年土地利用方式。该结果印证了上一节土地利用方式向抑制风沙入黄过程方向发展的结论。

综合分析以 1965—1974 年为例代表较差气候条件,以 2005—2014 年为例代表较好气候条件;以 1970 年下垫面代表较差土地利用方式,以 2010 年下垫面代表较好土地利用方式,计算不同气候和下垫面组合下的干流入黄风沙量,以分析各因素变化对近期风沙入黄量减少的定量(见表 6-2)。可以看到,相同土地利用方式下,气候的影响量为 541 万 t,所占比例为 48.6%;相同气候条件下,土地利用的影响量为 571.2 万 t,所占比例为 51.4%。从分河段来看(见表 6-3),宁夏河段风沙量主要受气候影响,气候影响所占比例为 75.5%~82.1%,石嘴山—巴彦高勒河段气候影响与土地影响基本相当,而巴彦高勒—三湖河口主要是受土地利用的影响,其影响占 71.8%。

表 6-2　宁蒙河段风沙量影响因素定量计算　　　　　　（单位:万 t）

编号	类型	影响量	土地利用影响量	气候的影响量	占变化总量的比例（%）
组合 1	差下垫面+差气候	1 581.8			
组合 2	差下垫面+好气候	1 039.7			
组合 3	好下垫面+差气候	1 069.9			
组合 4	好下垫面+好气候	469.7			
组合 1-组合 2	差下垫面条件下气候的影响	542.1	571.2		51.4
组合 3-组合 4	好下垫面条件下气候的影响	600.2			
组合 1-组合 3	差气候条件下下垫面的影响	511.9		541	48.6
组合 2-组合 4	好气候条件下下垫面的影响	570			

表 6-3　各河段各因素影响所占比例　　　　　　　　　　（%）

影响因素	下河沿—青铜峡	青铜峡—石嘴山	石嘴山—巴彦高勒	巴彦高勒—三湖河口
气候	75.5	82.1	47.2	28.2
土地	24.5	17.9	52.8	71.8

第七章 未来20 a宁蒙河段风沙入黄过程预测

基于对近50 a来黄河宁蒙河段风沙入黄量的估算以及气候要素和土地利用方式转变的分析结果,设定不同的情景,利用模型计算不同情景下各河段的风沙入黄量,以期为治理黄河宁蒙河段泥沙淤积问题提供数据支撑。

一、情景设计

由于气候预测具有很强的复杂性与随机性,虽然IPCC评估报告提出了很多种气候模式,但都是基于区域和全球尺度的,对于河段和流域尺度不太适合。因此,本次情景设计不考虑气候变化因素。未来20 a的气候情景则近似取用近20 a(1995—2014年)的逐日气候情景。在土地利用变化方面,未利用土地、草地和耕地的变化幅度较大,以2010年土地利用为本底数据,结合当年退耕还林还草政策和流域生态规划方案,设计了三种土地利用变化情景方案(见表7-1),并与现状实测进行对比。

表7-1 三种土地利用情景

方案	变化指标	未利用土地	耕地面积	植被(草地)	
				中覆盖度	低覆盖度
1	面积	不变	不变	不变	不变
	覆盖度			增加10%,达到30%	增加10%
2	面积	石嘴山—三湖河口段沿河区域减少10%	面积相应增加	不变	
	覆盖度	不变	不变		
3	面积	石嘴山—三湖河口段沿河区域减少10%(沿河沙地裸地)	面积相应增加(沿河)	不变	
	覆盖度	不变	不变	增加10%,达到30%	增加10%

(一)植被覆盖度增加情景方案

设置依据主要考虑内蒙古地区禁牧政策对风沙入黄过程的影响。禁牧主要是对草原草场进行封育,使其自然恢复。以往研究结果表明,草原沙漠化过程主要是由过渡放牧引起的。黄河十大孔兑和库布齐沙漠周边存在大片牧区,禁牧政策对风沙入十大孔兑过程应该有着比较明显的影响。并根据以往的研究,当植被覆盖度超过30%时,风蚀过程(风沙入黄)过程将被有效抑制。情景设计为:加强草地治理,平均将草地植被覆盖度增加10%;其中中覆盖度草地变为高覆盖度草地,使植被覆盖度达到30%,不发生风蚀;低覆盖度草地覆盖度增加10%。草地、未利用土地和耕地面积均不变。

(二)沿河耕地增加情景方案

设置依据主要考虑黄河周边沙地(裸地)的开发方案。在对黄河宁蒙河段的实地考察中,发现当地政府往往把沿河沙地(裸地)承包给私人开发,此现象在石嘴山—巴彦高勒段尤为突出。由于沿河灌溉条件较好,且在研究中,宁蒙河段农田的风沙释放量远小于草地和林地,因此沙地开发为农田能够大幅度减少风沙入黄量。但考虑黄河分水方案以及盐碱地改造利用的难度,仅在沙漠河段(石嘴山—三湖河口段)沿河10%的未利用土地(主要为沙地和裸地)转变为耕地,耕地面积相应增加,草地面积及覆盖度均不变。

(三)植被与耕地同时增加情景方案

结合前几期土地利用变化趋势、地区生态规划方案以及当地风沙防护工程的构建,考虑到风沙入黄过程主要发生在沿河沙地、裸地和草地区域,从最大拦减风沙量角度设置该方案。情景设计为:将石嘴山—三湖河口10%沿河未利用土地转变为耕地;将中覆盖度草地转变为高覆盖度草地,达到30%以上,低覆盖度草地覆盖度增加10%;剩余的未利用土地中的沙地、裸地植被覆盖度增加5%。

二、不同情景下宁蒙河段的风沙入黄量

利用 IWEMS 模型与 RWEQ 模型,计算了未来 20 a 不同土地利用情景下黄河宁蒙河段长河段及分河段的风沙入黄量(见图 7-1~图 7-5)。

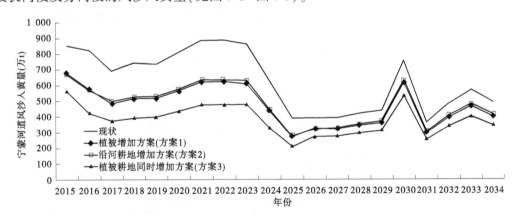

图 7-1　宁蒙河道(下河沿—三湖河口)各方案未来 20 a 逐年风沙量变化

由于三种情景设计方案均采用近 20 a(1995—2014 年)的气候条件,因此三种方案各河段风沙入黄量的变化趋势均表现出一致性,并且与现状实测方案趋势基本相同(见图 7-1)。与现状实测系列相比,可以看到植被增加情景方案、沿河耕地面积增加情景方案及植被覆盖度和沿河耕地均有增加方案的入黄风沙量均有不同程度的减少。植被增加情景方案(方案 1)主要由于草地植被覆盖度增加了 10%,中覆盖度草地基本发生风蚀,低覆盖度草地的风蚀量也有一定程度的减小,因此相比 1995—2014 年现状实测系列,宁蒙

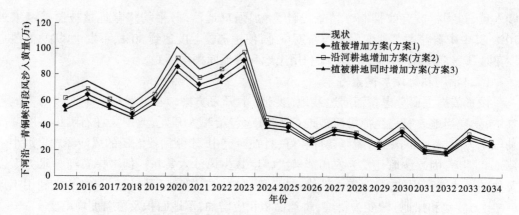

图 7-2　下河沿—青铜峡河段各方案未来 20 a 逐年风沙量变化

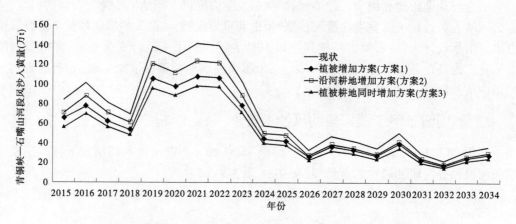

图 7-3　青铜峡—石嘴山河段各方案未来 20 a 逐年风沙量变化

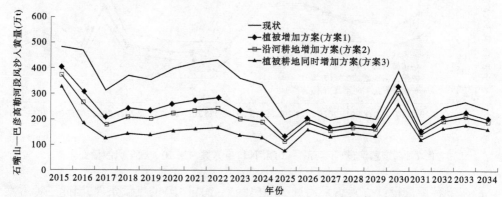

图 7-4　石嘴山—巴彦高勒河段各方案未来 20 a 逐年风沙量变化

河道长河段及分河段的风沙入黄量均有不同程度的降低(见图 7-1)。沿河耕地增加情景方案(方案 2),由于只有石嘴山—三湖河口沿河耕地增加,因此石嘴山—巴彦高勒、巴彦高勒—三湖河口这两个河段的风沙入黄量有明显降低(见图 7-4、图 7-5)。其他两个河段(下河沿—青铜峡、青铜峡—石嘴山)沿河耕地虽然没有增加,但土地利用方式沿用的是

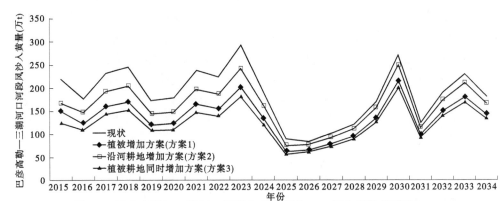

图 7-5 巴彦高勒—三湖河口河段各方案未来 20 a 逐年风沙量变化

2010 年的土地利用方式,而 1995—2004 年采用的则是 2000 年的土地利用方式,因此方案 2
条件下,下河沿—青铜峡和青铜峡—石嘴山河段前 10 a(2015—2024 年)风沙入黄量依然小
于 1995—2004 年的风沙入黄量(见图 7-2、图 7-3)。方案 3 中,植被覆盖度和沿河耕地面积
均有增加,因此各河段风沙入黄量均有减少,尤其是石嘴山—巴彦高勒、巴彦高勒—三湖河
口河段,在植被盖度和沿河耕地均有增加的影响下,风沙入黄的减小幅度最大。

计算结果(见表 7-2)表明,方案 1 和方案 2 相差不大,分别减少到 471.2 万 t 和 480.5
万 t,入黄量减少 25.3% 和 23.9%,说明增加沿河耕地面积和加强治理增加植被的方案减
沙效果基本相同;最好情景下(方案 3)宁蒙河段风沙入黄量减少到 378.8 万 t,较现状的
631.1 万 t 减少 40.0%。从各河段变化来看,主要减少在石嘴山—巴彦高勒河段,减少比
例为 49.2%;其他河段减少比例为 20.2%~33.8%。

表 7-2 三种情景下风沙入黄量

河段	项目	现状 (1995— 2014 年)	三种情景方案		
			植被 增加方案 (方案 1)	沿河耕地 增加方案 (方案 2)	植被耕地同 时增加方案 (方案 3)
下河沿—青铜峡	入黄风沙量 (万 t)	55.9	47.4	50.6	44.6
青铜峡—石嘴山		71.5	54.9	61.5	49.5
石嘴山—巴彦高勒		317.1	233.0	207.9	161.2
巴彦高勒—三湖河口		186.6	135.9	160.5	123.5
全河段		631.1	471.2	480.5	378.8
下河沿—青铜峡	与 1995— 2014 年 相比减少率 (%)		-15.3	-9.5	-20.2
青铜峡—石嘴山			-23.2	-14.0	-30.7
石嘴山—巴彦高勒			-26.5	-34.4	-49.2
巴彦高勒—三湖河口			-27.1	-14.0	-33.8
全河段			-25.3	-23.9	-40.0

从宁蒙河道干流入黄风沙量的过去、现状和未来来看(见图7-6),长时期宁蒙河道风沙量变化比较大,20世纪80年代以前风沙量确实比较大,其后呈明显的持续减少趋势;近期可以说是比较好的气候和下垫面条件,非常有利于风沙量的减小;在气候条件不发生大的改变情景下,未来风沙量仍有一定幅度的减少。但是预测结果表明,在气候条件较好的情景下,即使多种下垫面治理措施共同开展,干流风沙入黄量未来仍维持在300万~400万t,若气候条件转坏,风沙量还会增加,对河道淤积仍有一定影响,因此风沙入黄量的研究和治理不可忽视。

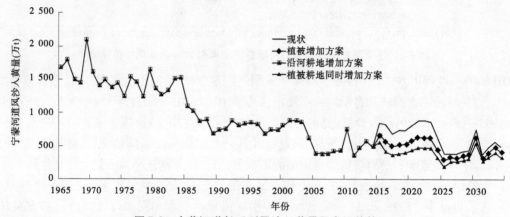

图7-6 宁蒙河道长系列风沙入黄量及发展趋势

第八章　主要认识

(1)1965—2014 年宁蒙河道入黄风沙量干流为 1 023 万 t,支流为 662 万 t,在整个宁蒙河道来沙量约 1.9 亿 t 中所占比例只有约 5%,相对来说并不大。

(2)长时期宁蒙河道风沙量变化比较大,干流 1965—1985 年平均约为 1 500 万 t,2006—2014 年在气候和下垫面都比较有利的条件下减少到不足 500 万 t。未来在气候条件较好的情景下,即使多种下垫面治理措施共同开展,干流风沙入黄量仍维持在 300 万~400 万 t。气候条件对入黄风沙量的影响约占总变化量的一半,因此若气候条件转坏,风沙量还会有较大增加。

第七专题　关于黄河流域推行河长制的建议

　　在学习和领会《中共中央办公厅 国务院办公厅印发〈关于全面推行河长制的意见〉的通知》(厅字〔2016〕42号)文件精神的基础上,了解江苏、江西、浙江等推行河长制试点省份的成功经验和存在问题,依据治黄需求,统筹考虑"黄河、地方、黄委"各方要求,以"河长制"为纽带,分析在治黄需求层面上亟待解决的问题,并提出相应的对策建议,对于完善黄河流域河长制,为黄委强化黄河管理制度建设,具有重要意义。

第一章 基本情况

一、河长制推行情况

(一)全国

1. 文件依据

中央全面深化改革领导小组第二十八次会议审议通过《关于全面推进河长制的意见》(2016 年 10 月 11 日)。

《中共中央办公厅 国务院办公厅印发〈关于全面推行河长制的意见〉的通知》(厅字〔2016〕42 号)(2016 年 11 月 28 日)。

水利部、环境保护部关于印发贯彻落实《关于全面推行河长制的意见》实施方案的函(水建管函〔2016〕449 号)(2016 年 12 月 10 日)。

《水利部办公厅关于印发〈全面推行河长制工作督导检查制度的函〉》(办建管函〔2017〕102 号)(2017 年 1 月 24 日)。

2. 主要进展

目前各省已全面推行河长制(见表 1-1),其中江苏、江西、浙江三省起步较早,运行较为成熟。七大江河流域机构中,太湖局印发了《关于推进太湖流域片率先全面建立河长制的指导意见》。

表 1-1 省级河长制工作方案制定情况统计(截至 2017 年 5 月 25 日)

已印发文件数(份)	已审议通过, 正在办理文件(份)	尚需党委、政府 审议文件(份)
29		3
25	4	
上海、湖北、陕西、湖南、福建、河北、江苏、安徽、浙江、重庆、海南、贵州、山东、西藏、山西、宁夏、云南、吉林、江西、四川、广东、天津、内蒙古已由省级党委、政府办公厅联合印发;辽宁由省政府办公厅印发;新疆生产建设兵团由兵团党委办公厅、兵团办公厅联合印发	河南、广西、黑龙江、青海	北京、新疆(已通过省级政府审议,尚需省级党委审议)、甘肃(省政府专题会议审议通过,尚需省政府常务会和省委常委会审议)

3. 任务要求

(1)加强水资源保护。落实最严格水资源管理制度,严守水资源开发利用控制、用水效率控制、水功能区限制纳污三条红线,强化地方各级政府责任,严格考核评估和监督。实行水资源消耗总量和强度双控行动,防止不合理新增取水,切实做到以水定需、量水而行、因水制宜。坚持节水优先,全面提高用水效率,水资源短缺地区、生态脆弱地区要严格限制发展高耗水项目,加快实施农业、工业和城乡节水技术改造,坚决遏制用水浪费。严格水功能区管理监督,根据水功能区划确定的河流水域纳污容量和限制排污总量,落实污染物达标排放要求,切实监管入河湖排污口,严格控制入河湖排污总量。

(2)加强河湖水域岸线管理保护。严格水域岸线等水生态空间管控,依法划定河湖管理范围。落实规划岸线分区管理要求,强化岸线保护和节约集约利用。严禁以各种名义侵占河道、围垦湖泊、非法采砂,对岸线乱占滥用、多占少用、占而不用等突出问题开展清理整治,恢复河湖水域岸线生态功能。

(3)加强水污染防治。落实《水污染防治行动计划》,明确河湖水污染防治目标和任务,统筹水上、岸上污染治理,完善入河湖排污管控机制和考核体系。排查入河湖污染源,加强综合防治,严格治理工矿企业污染、城镇生活污染、畜禽养殖污染、水产养殖污染、农业面源污染、船舶港口污染,改善水环境质量。优化入河湖排污口布局,实施入河湖排污口整治。

(4)加强水环境治理。强化水环境质量目标管理,按照水功能区确定各类水体的水质保护目标。切实保障饮用水水源安全,开展饮用水水源规范化建设,依法清理饮用水水源保护区内违法建筑和排污口。加强河湖水环境综合整治,推进水环境治理网格化和信息化建设,建立健全水环境风险评估排查、预警预报与响应机制。结合城市总体规划,因地制宜建设亲水生态岸线,加大黑臭水体治理力度,实现河湖环境整洁优美、水清岸绿。以生活污水处理、生活垃圾处理为重点,综合整治农村水环境,推进美丽乡村建设。

(5)加强水生态修复。推进河湖生态修复和保护,禁止侵占自然河湖、湿地等水源涵养空间。在规划的基础上稳步实施退田还湖还湿、退渔还湖,恢复河湖水系的自然连通,加强水生生物资源养护,提高水生生物多样性。开展河湖健康评估。强化山水林田湖系统治理,加大江河源头区、水源涵养区、生态敏感区保护力度,对三江源区、南水北调水源区等重要生态保护区实行更严格的保护。积极推进建立生态保护补偿机制,加强水土流失预防监督和综合整治,建设生态清洁型小流域,维护河湖生态环境。

(6)加强执法监管。建立健全法规制度,加大河湖管理保护监管力度,建立健全部门联合执法机制,完善行政执法与刑事司法衔接机制。建立河湖日常监管巡查制度,实行河湖动态监管。落实河湖管理保护执法监管责任主体、人员、设备和经费。严厉打击涉河湖违法行为,坚决清理整治非法排污、设障、捕捞、养殖、采砂、采矿、围垦、侵占水域岸线等活动。

(二)黄委

1. 任务要求

(1)大江大河、中央直管河道流经各省(区、市)的河段,要分级分段设立河长。

(2)坚持问题导向、因地制宜。立足不同地区不同河湖实际,实行一河一策、一湖一策,解决好河湖管理保护的突出问题。

(3)对跨行政区域的河湖要明晰管理责任,统筹上下游、左右岸,加强系统治理,实行联防联控。流域管理机构、区域环境保护督查机构要充分发挥协调、指导、监督、监测等作用。

2. 主要进展

已先后开展的工作包括召开了主任专题办公会,研究全面推行河长制工作(2017年1月4日);承办了水利部河长制工作专题培训(2017年2月28日);颁发了关于贯彻落实全面推行河长制的工作意见(2017年3月);组织开展了2017年第一次河长制工作督导检查(2017年4月);研究部署了黄河流域重点关注河(湖)纳入河长制工作河(湖)名录有关工作。

二、黄河特殊性分析

(1)管理体制特殊。历史上黄河治理都由中央政府直接管理,在全国七大江河流域机构中,黄委是唯一负责全河水资源统一管理、水量统一调度,直接管理下游河道及防洪工程的流域机构。

(2)滩区管理问题特殊。与其他江河流域不同,黄河下游河道内包含着大量的工程、村镇、自然景观,且居住着大量的人口,下游河道管理中出现了异于其他江河的一些突出问题,如片林、土地、自然保护区、生产、滩区补偿等。

(3)河道管理方式特殊。对不同河段采取了不同的管理模式,包括直接管理河段(小北干流、下游干流河段)、间接管理河段(三门峡库区和渭河下游河段)和宏观指导性管理河段(上游河段、中游河段禹门口以上和重要支流)。

第二章 河长制建立的主要成效和存在问题

一、主要成效

河长制最初的探索实践源于江苏省无锡市。2007年太湖蓝藻事件爆发后，无锡市力排众议，率先实行地方行政首长负责的河长制，由相关县（市、区）主要负责人担任所辖河段的河长，负责督办截污治污，并将河流断面水质的检测结果纳入政绩考核内容。无锡市印发的《河（湖、库、荡、氿）断面水质控制目标及考核办法（试行）》的出台，一般被认为是无锡市推行河长制的起源。通过实行河长制，全面加大了河道整治与管理的力度，使河道的水质水环境得到了显著改善。无锡市河长制经验不断推广，延伸到江苏全省及全国大多数地区。据资料显示，全国共有25个省（自治区、直辖市）开展了河长制探索，其中北京、天津、江苏、浙江、福建、江西、安徽、海南等8个省（直辖市）专门出台文件，在全辖区范围内推行河长制，其余17个省（自治区、直辖市）在不同程度上实（试）行了河长制，有的在部分市县实施，有的在部分流域水系实施。

实施河长制的大多数行政区域成立河长制管理领导小组，一般由党政主要负责人担任组长，并设立办公室，但牵头部门或人员有所不同，有的在水利部门，有的在环保部门，也有个别地区由政府分管领导牵头。担任"河长"的责任人，既有党委、政府、人大、政协负责人，也有管理部门负责人；既有水利、环保等主要涉水部门负责人，也有发改委、住建厅（局）等其他相关部门负责人；既有主要领导，也有分管领导。江苏省在全省推行河长制的同时，还在15条主要入太湖河流全面实行"双河长制"，每条河由省、市两级领导共同担任"河长"，"双河长"分工合作，协调解决太湖和河道治理；一些地方还设立了市、县、镇、村的四级河长管理体系，实现了自上而下对区域内河流的"无缝覆盖"，建立了一级督办一级的工作机制。浙江省6条跨市江河分别由6名省领导担任河长，市级领导也带头包河治水。江西省明确建立行政区域与流域相结合的河长制组织体系，由省、市、县党委和政府主要领导分别担任行政区域总河长、副总河长。

总结各地河长制实践，主要取得了以下成效：

一是促进掌握了主要河湖基本情况。实施河长制后，为了进一步弄清情况、研究对策，许多地区组织开展了较大规模的河道状况调查研究，许多河长亲临一线了解情况。有些河流建立了"一河一档"，制定了"一河一策"，"一档"指包括河道基本状况、水质情况、水环境与水生态情况等在内的档案资料；"一策"指包括如何开展综合整治、如何实施长效管理、河道水质与水环境改善的序时进度等在内的策略措施。

二是促进加大了整治力度。通过"河长"的协调和督促作用，对河湖的综合整治力度进一步加大。建立河长制的地区形成了河道综合整治的机制，取得了比较明显的成效。

三是促进落实了长效管理。推行河长制的地区积极明确长效管理措施，落实长效管理经费，加强长效管理队伍，强化行政督察与社会监督，在推行河长制的地方，不仅建立了相关的行政督察机制,而且形成了社会监督机制。

四是促进形成了治河合力。河道的综合整治和管理涉及多个部门,需要多部门的配合与合作。实施河长制后,党政领导出面协调,可以较好地解决部门之间的协调合作,在加强河道的整治与管理上做到协调一致、通力合作。

五是促进改善了水环境。推行河长制的地区加大了河道整治与管理的力度,使河道的水环境得到显著改善,一些多年未能整治且影响群众生产生活的河、塘、库得到整治,水体污染得到控制,河湖水质得到改善,河湖生态得到恢复,城乡人居环境显著改善。

二、存在问题

(一)跨行政区域协调困境

跨流域治理是困扰中国治水的难点之一。有些河流尤其是大型河流是跨行政区域的,环境污染也是跨区域性的,对于这类河流,河长如何履行自己的职责,如何考核其绩效,往往是难以统一协调的。如果跨流域大型河流缺少最高层级的河长,协调跨省的水量调度、水污染纠纷、水环境治理、水生态补偿、专项资金补助等重大问题就会有很大困难,例如难以制定上下游相对统一的规划、标准、政策及联动措施;难以监督考核重点流域各地河流治理工作;难以协调落实省部级河长联席会议制度议定事项;难以处理管理保护与开发利用关系;难以实现空间均衡系统治理规划约束;难以做到部门联动,履行跨行政区域管理责任;难以实现协调上下游、左右岸联防联控;难以系统治理维护水安全等。

跨行政区河流的利益分配难以协调。在河长制的实施方案中,固然强调通过消除行政权力分割进而解决外部性问题,但在克服外部性问题的具体实践过程中,有可能带来利益的再分配。譬如,通过对上游河段环境的治理,解决了对下游河段环境的外部性影响,其结果是增加社会总福利,但更多的福利或好处则体现在了下游,造成不平衡的发展,有碍社会福利的公平分配。这显然是河长制所面对的挑战。

如果处理不当,跨行政区域河流实施河长制可能会弱化河流治理的系统性。为此,在划分、确定河长职责范围的过程中,要充分遵循河湖自然生态系统的规律,忌一河多策;要把握河流的整体性,忌多头管理;要注重河流的整体属性,遵循河流的生态系统性及其自然规律,制定流域环境保护开发利用、调节与湖泊休养生息规划,合理分配流经区域地方政府的用水消耗量和污染物排放总量,实现发展与保护的内在统一;要合理设置断面点位,而目前断面点位的设置、划定基本是以各行政区域的交界处划分的,这种划分方式对上下游、左右岸管辖问题考虑较多,对河流系统性则考虑较少。断面点位设置要在统筹流域水系的基础上,充分考虑水流变化和流域工农业发展实际,合理划分河长们的职责范围。

(二)缺乏长效协调机制

河长一般都是当地党政一把手挂帅,可他们一般三至五年就要轮换或者交流,到更高的职位或者其他地方任职,而河流的环境污染治理和环境质量的改善,一般需要更长的时间,因此上任河长如何对下任河长负责,如何保持河长工作的连续性、稳定性是一个问题。

河长制有可能导致地方负责人根据地方利益进行随意性决策。河长制将水环境质量的改善与地方领导人的政绩挂钩,如果没有达到计划的治理目标,就要承担相应的责任,甚至是"一票否决制"。在这种压力下,主要领导人不得不重视水污染治理,水环境质量或许会得到很快的明显改善。但如果仔细思考,不难发现这在本质上是一种"人治"。由地方党政负责人兼任河长容易造成权力自我决策、自我执行、自我监督的状况,同时造成管理的混乱。另外,具有"人治"色彩的河长制有很大的随意性,水污染治理的好坏程度要取决于主要领导人的意愿。与"人治"对应的那就应该是法治了。相对于"人治"的随意性和结果不确定性,法治有其程序性、规范性等优势,这在一定程度上可以解决现存河长制的"人治"弊端。

(三)权责的合理配置问题

权力与责任是现代法治政府权能中不可分割的统一体。英国思想家斯图亚特·密尔在其所著的《代议制政府》一书中,反复强调了权力与责任相统一的原理。他认为,如果能够将权力和责任统一起来,那就完全可以放心地将权力交给任何一个人。但是,如果某件事你在管他也在管,责权不清、职责不明,也就容易沦为人人都管、人人都不管的尴尬境地。

各级河长既然要对自己负责的河流环境污染治理负责,那么责任和权力如何配置,可支配的各种资源如何调配,怎样才能做到有责有权,使他们能够充分地履行自己的责任,让自己负责的河流污染治理见实效,也可能还要在实践中探索着手修订相关法律法规,破解环境治理体系的权责对等难题。当前环境治理领域改革,一个主要任务就是完善各级党委政府和职能部门的环保职责,这也是各地在推行河长制实践中应着重解决的难点。但目前一些地方改革中多强调的是"应然",而如何实现"必然",更需要从法定授权予以解决。污染防治职能细化的同时,也要考虑赋予职能部门相应的权力和手段。如何实现权责对等,这是法律层面今后要着力解决的难题,否则河长制只能更多地依靠行政等手段去推行,生命力可能会大打折扣。

作为以行政问责制为基础的河长制,并不是要打破我国行政结构中"分工负责与层级负责相结合"的模式,更没有增加"县长"们的责任,也没有减少相关具体行政管理部门的责任。只是通过职责定位、责任考核、责任追究等方式,以效绩为基础,把各种环保法规中的"有关责任人员""有关监管人员"与环保责任一一对应到位,使整个环保监管过程职责对应。在河长制之下,并不等于是说某地环境污染沉疴难返便要开始期待地方主要领导批示或亲自过问,从而使问题得到最终解决,而是在日常行政过程中,通过"河长制"督促相应的行政分工和行政层级的负责人员正确、及时地行使行政权力,从而使短期的"领导批示或亲自过问"变成日常性的行政行为。

(四)公众参与和第三方服务存在困境,难以形成社会共治局面

公众对环境问题的质疑,在反映民众对良好环境质量期待的同时,也反映出一些政府部门公信力的下降。公众参与是消除信任危机、增强政府公共决策合法性的有效手段。一个成熟的社会治理结构,不仅要求政府各部门履行好职责,而且要能充分激发最广大民众的潜能。因此,《中华人民共和国环境保护法》把公众参与列为一项重要原则,《生态文明体制改革总体方案》也明确提出建立健全环境治理体系的重点之一是"共治"。不少地方在河长制推行过程中,引入民间力量参与的力度不足。河流治理与百姓生活密切相关,是看得见、摸得着的民生工程,因而也最能触动百姓痛点,同样也最能得到百姓认同。全

面推行河长制,必须着眼于如何从制度设计层面,让百姓能有更多、长效、固定的参与渠道,使之从受损者、旁观者、评论者成为受益者、参与者、监督者,形成政府、企业和社会共治格局,为环境治理体系改革提供示范样本。

(五)问责困难

河长制要真正问责,实现治理水源污染的目的,并不是喊个口号、立个责任书那么简单。

首先,一个没有明确责任体系的问责制度只是一种摆设,必须明确相关人员应该具体承担的是领导责任、直接责任、间接责任还是其他责任,以及不同层级之间、正副职之间的责任该如何确定,避免河长们和具体执行部门职责不清、权限不明,出现追究责任时互相推诿、互相扯皮的情况,以至于最后问责的效果大打折扣。

其次,由谁来"问责"是"河长制"的关键问题。就现有河长制的实践来看,问责的主体一般为责任主体的下级(多为环保部门)或责任主体的上级。就前者而言,在行政层级面前,下级如何为上级公正评核?又如何按照"一票否决制"实行问责?而后者,上级对下级的问责,在上级需要承担连带责任的情况时,也难以保证问责结果的公正性。

再次,"河长制"的问责,无论是被免职,还是引咎辞职,不能只是在行政层面进行,而应该依据专门的问责制法律作出。行政上的问责制度,虽然在一定程度上体现了责任政府理念,但由于没有相应的法律制度做支撑,往往导致在执行过程中存在不确定性。所有相关人员应负何责、受何处罚、问责程序怎样进行,都应该公之于众。很多时候,"问责"表面上是问出了一个大快民心的"责任",实际上却让公众一头雾水。这样缺乏程序公开与公正的"问责"不但难以确保问责的实效,而且也与依法行政的要求背道而驰。

(六)缺乏与现行水治理体制和管理制度的有机衔接

河长制提高了对水问题、水治理和水管理的重视程度,体现了地方政府实施水资源保护、水污染防治、水环境改善、水生态修复4项任务的决心和魄力,使水治理成为当地政府的工作重点,党政主要负责人实际上承担了职能部门的部分职责,势必对现有水治理制度体系形成一定冲击。现行水治理体制和管理制度是在多年实践基础上形成的,既存在问题,也颇有成效。推行河长制需要与现行水治理体制和管理制度形成有机衔接,避免造成新的制度问题。应在目前相关部门分工负责、流域管理与行政区域管理相结合等体制与管理制度的基础上,着力形成有利于综合实施4项任务的治水体制和管理制度,将维护河湖健康生命、实现河湖功能永续利用的目标落到实处。

"河长制"本身强调的是属地责任,行政首长负责制实质上强化了区域管理,从短时间来看,权力高压及"一票否决"监督之下,这一举措对水资源管理与保护会有较明显的成效,但"河长制"是在未改变流域管理与区域管理相结合的体制模式下带有缓冲色彩的制度设计,"河长制"形成的区域管理的强化与原有管理体制之间如何协调,特别是各省区"河长"与流域管理机构之间的关系如何理顺、事权关系如何界定等。必将成为今后运行过程中不得不面对的问题,是否会导致规则变迁或者触及体制层面的变化是未来需要考虑的重点课题。

(七)"河长制"的行政成本过高隐忧

"河长制"取得实效的关键保障在于党政一把手在河湖管理中的实际参与和干预,从制度设计形式上看,这样的安排可以发挥行政力量在河湖管理中的最大影响。然而,过度的行政依赖折射出现有涉水管理与保护法律法规和其他制度的运行并不能发挥应有效果。在水资源管理矛盾突出、水质危机的背景下,将河湖管理和治理的任务压在行政一把手身上短期内可以发挥成效,但行政一把手本身负责的任务和工作众多,水资源管理与保护原有各部门之间如何统一协调管理,"河长"要真正履行责任还需要进行一系列的监督和考核制度的设置,否则难免流于形式。

此外,现有的法律政策规定不可能完全规范"河长"的全部行为,也不可能完全明确"河长"下属职能部门的所有责任内容与责任界限。因此,在实践中,"河长"必然存在具有大量的行政自主权。当然,这既是"河长制"能够产生高效行为的主要依据,也往往是被作为"人治"或"权治"表现而饱受质疑与备受垢病的主要理由,过高的权利属性使得制度运行的行政成本太高。

第三章 河长制与流域治理的整合机制

黄河流域推行河长制,应结合流域自身情况,因地制宜地针对可能出现的问题,研究应对的策略。

一、建立跨行政区域协调机制

现行河长制所展现的制度优势在跨省河湖管理上并没有得以很好的体现,很多问题也无法解决。具体表现在难以处理管理保护与开发利用关系;难以空间均衡系统治理规划约束;难以做到部门联动;难以明晰跨行政区域管理责任;难以协调上下游、左右岸联防联控;难以系统治理维护水安全。因此,需要建立自上而下各层级、各部门领导负责的河长制,破解跨区域、跨部门协调难题。建议自上而下各层面都要建立河长制,明确涉水管理的各级负责人,分别担任超标的跨省界断面所在重点流域河流的河长,同时还要建立河长联席会议制度。最高层级河长专门负责协调跨省的水量调度、水污染纠纷、水环境治理、水生态补偿、专项资金补助等重大问题,负责制定上下游相对统一的规划、标准、政策及联动措施,负责监督考核重点流域各地河流治理工作等,负责协调落实省部级河长联席会议制度议定事项等。由此,改变目前存在的河长制与流域治理难以融合的困境,建立两者紧密融合的协调机制,实现区域空间协调、权责对等配置、法制监督问责和长效统一治理的目标(河长制实施与流域治理相融合的机制内涵见图3-1)。

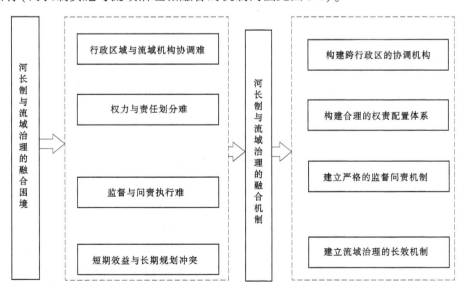

图3-1 河长制实施与流域治理相融合的机制内涵

(一)创新跨行政区域的协调机构设计

跨行政区域协调机构可以包括上、下两个层次,包含纵向机构和横向机构。上层次是中央政府设立的协调机构,可赋予其高于省级政府的权威性;下层次是相关各省级政府间共同建立的省际协调机构,此类机构有助于政府之间直接互动,相比上级协调减少了程序和时间成本。中央政府设立的协调机构的特殊地位,使其能够超脱地方政府利益争端,在地方政府的博弈中发挥信息沟通和冲突裁判的作用。省际协调机构是省级政府进行平等协商对话的主要平台。只有在省级政府间因环境治理冲突无法达成一致,或是某些地方政府做出严重损害环境的事件,中央政府设立的协调机构方出面解决。这种管理协调机构的构建方式有助于将上层次协调机构的权威性与下层次协调机构所具有的时效性结合起来。

协调机构具体的设置方式和职权范围的划分首先是建立国家层面的黄河流域协调机构(或称黄河总河长办公室)。该机构要履行指导、协调省级地方政府进行流域管理的职责,打破流域按行政区划实行地方和部门分割管理的状态,鉴于此,该机构应该具有很强的权威。因此,其行政级别不可低于水利部或环保部。应将其设在国务院,成为国务院直属机构,对国务院负责。即在国务院设立一个黄河流域综合管理机构,其职能应包括处理重大跨界环境纠纷、组织编制和监督实施黄河流域跨界污染防治规划、组织拟订跨行政区环境管理法规和规章、指导和管理黄河流域水环境管理机构。

以河长制为基础,建立黄河流域省际政府协调机构。该机构设置、人员安排及职能见表 3-1。

表 3-1　黄河流域省际政府协调机构设置、人员安排及职能

机构名称	人员组成	相关职能
联席会议	群众、专业协会代表,各省级河长	统筹管理黄河流域水环境事宜,拥有最高决策权
流域水环境协调小组	由各省级河长组成	统筹协调各职能机构工作
信息检测与通报机构	由各省级水利、环保部门代表组成	水环境信息检测及通报
联合规划机构	由各省级政府代表及相关专家或科研单位组成	流域水环境管理规划
监督机构	由群众、专业协会、媒体代表及黄委、环保局代表组成	监督环境法规和规划的实施,监督各省落实协议情况
应急机构	由各省级水利、环保局负责人组成	负责突发性跨区域性水污染事故的通报和处理
联合执法机构	由各省级水利、环保部门组成	对造成边界水污染的企业进行检查、监测及执法
仲裁机构	由黄河流域综合管理机构(即建议设立的国家级流域水环境协调机构)担任	对存有异议的联席会议的决策及有异议的联合执法行为进行仲裁,其仲裁结果具有法律效力

(二)建立省际协调机构的资金来源与使用协调机制

省际横向协调机构资金来源主要是省级政府财政横向支付。此种资金来源渠道单一,受省级财政支付能力的限制,因此需要拓宽资金渠道。中央政府应当设立专项流域水环境保护资金,建立专项资金的申请、使用、效益评估与考核制度,促进流域省级政府共同参与流域水环境保护。省际横向协调机构也可直接接受企业、环保组织及个人的捐款。除此之外,剥离省级政府水资源开发利用职能,最终形成独立的资金来源渠道,形成流域管理的独立格局,这将是流域水环境管理的重要发展方向。

资金使用的管理机制。河流整治、污水处理设施建设、水生态修复等水环境治理工程势必投入大量资金。因此,在资金分配使用上,要建立严格的管理制度,确保资金安全。要建立水环境治理的专项资金账户,建立资金报批制度、资金规范运作制度、资金使用监管制度。财政部门及时将专项资金使用、考核、验收等情况,在政府网站和公示栏予以公示,便于公众监督。

(三)建立健全黄河流域生态补偿协调机制

国家提出全面推行河长制,就是把生态自然资源利用过程中产生的社会成本,用行政手段实现内部化。通过行政权力分割和考核问责,解决上下游、左右岸的水环境治理成本外部性问题。在强化河长责任考核的同时,还需完善生态资金补偿机制。一个是纵向补偿,对那些为了保护生态环境而丧失许多发展机会、付出机会成本的地区,提供自上而下的财政纵向生态补偿资金,确保区域环境基础设施建设。另一个是横向补偿,重要的是要解决三个问题:谁补偿谁、补多少、如何补。谁补偿谁即补偿主体和客体的问题,应根据谁开发、谁保护、谁受益、谁补偿的原则,确定流域生态补偿主体和客体。补偿多少即补偿标准问题,补偿标准应该以流域生态服务价值的准确核算为基础,结合参考意愿支付法(WTP)和机会成本法(OC)确定。如何补偿即补偿方式问题,流域生态补偿方式应当多样化,包括资金补偿、实物补偿、智力补偿等。多样化的补偿方式有助于增强流域生态补偿的适应性、灵活性,进而使流域生态补偿更具有效性。

(四)建立信息沟通的联席机制

各级河长办公室要建立完善的信息交流、沟通、协调机制。对上级河长,要定期报告河湖管理、水环境治理目标任务进度等情况,落实上级政府水资源保护各项调控政策,执行水污染防治统一组织开展的各项专项行动;对下级河长,要定期督察水环境治理目标任务落实情况和河长履职情况,做好行政区域与行政区域之间、河段与河段之间的无缝对接,及时消除同级河长间的"真空地带""三不管河段";本级河长办公室要根据辖区的水环境污染状况,研究、制订整治方案,落实治理任务,组织开展水污染防治联合执法行动,切实改善区域环境质量。

建立有效的信息共享与披露机制。流域管理涉及面广、问题复杂,只有广泛的信息共享和披露,才能为流域决策提供有利的信息支持,才能避免流域内各地、各部门为获取有关信息而低水平重复建设、浪费资源,才能使流域内各利益相关方更好地参与,并更好地理解和支持流域管理决策,让各方面的代表充分参与流域管理。流域机构与地方政府之间增加工作透明度,资料共享,信息互通,应建立一定程度上的合作交流机制、信息通报制度。作为流域机构,应定期发布流域水资源管理公报,就流域内的水质、水量、水事、环境通告流域内的各行政主管部门。有关本流域内水资源及水工程的相关资料也应当共享，为实现水资源的统一管理和科学调度创造条件。

（五）完善纠纷调处制度

在河长制的推进过程中，跨域河流必然会涉及不同行政区域的利益纷争，流域管理机构可以发挥相对独立的优势，协调相关方的纠纷。由于流域机构和地方政府所处的位置不同，涉及具体利益时，地方往往基于本地区利益考虑，会与流域整体管理发生一些冲突。在流域管理过程中，一般来说，当整体利益与局部利益发生冲突时，当流域管理与行政区域管理发生矛盾时，地方都应服从全流域的整体需要，流域机构要坚持以大局为重，协调矛盾，灵活处理好各方面的关系。

纠纷调处应本着互谅互让、团结协作的精神协商解决。省际边界地区水事活动的监督、检查省际边界地区水事活动的管理是流域机构和地方水行政主管部门一项重要而复杂的工作，涉及相关地区的经济发展和社会稳定，应共同予以加强。这种边界地区的水事活动涉及上下游、左右岸的利益，流域机构必须按照统一规划的要求审查该地区的水资源开发利用项目，并征求有关地方水行政主管部门的意见。省际之间的水事纠纷调解不成的，由流域机构进行调处，调处后提出解决方案，报国务院水行政主管部门或流域协调、决策机构裁决。

二、建立健全监督问责机制

（一）健全权责清单制度

十八届四中全会强调依法全面履行政府职能，行政机关要坚持法定职责必须为、法无授权不可为，勇于负责、敢于担当，坚决纠正不作为、乱作为。健全权责清单有助于加快形成权界清晰、分工合理、权责一致、运转高效、法治保障的机构职能体系，也是顺利推进河长制的关键一环。

（1）责任范围的划分机制。河湖管理保护是一项复杂的系统工程。在划分、确定河长职责范围的过程中，要充分遵循河湖自然生态系统的规律，忌一河多策；要把握河流整体性，忌多头管理。要注重河流的整体属性，遵循河流的生态系统性及其自然规律。制定流域环境保护开发利用、调节与湖泊休养生息规划，合理分配流经区域地方政府的用水消耗量和污染物排放总量，实现发展与保护的内在统一。要合理设置断面点位，断面点位设置要在统筹流域水系的基础上，充分考虑水流变化和流域工农业发展实际，合理划分河长们的职责范围。

（2）治理目标的细化机制。在强化河长问责的同时，要细化治理目标，根据不同河湖、不同河段存在的问题，逐年确定分流域、分区域的年度目标，制订差别化的水污染防治计划，建立差异化的评价考核体系。各地要对辖区内的工业、城镇生活、农业、移动源等各类污染源开展调查，通过污染物统计监测，核实区域污染物排放总量，摸清水污染底数。要根据"水十条"对区域内各类水体水质开展生态监测，逐一排查达标情况。对江河湖库生态环境开展安全评估，对沿江河湖库工业企业、工业集聚区环境和健康风险进行评估。要开展水环境专项整治，在严厉打击环境违法行为的同时，深入调查辖区入河排污口情况，全面统计、清理非法排污口或设置不合理的排污口。要对水环境管理实行统一监测、统一执法。在对河湖流域管理中,要通过开展联合监测、统一检测方法等方式,确保河长们履职考核的公平性。

(二)完善绩效考核制度

要加强对河长的工作绩效考核。实施河长制的出发点和最终目标是水环境质量改善。所以,在政府出台具体规划方案的基础上,在政策与投入保障机制到位的前提下,要明确河长具体治水责任,并制定对河长的绩效考核机制,合理确定其工作考核指标与水质考核指标的关系,使河长的职、责、权达到一致,其考评结果要与干部的年度考核挂钩,以促使河长进一步强化守水有责意识,把保护水环境作为惠民工程抓紧抓好。

一是要解决考核谁的问题。要把河道治理落实到领导干部头上,一级抓一级,压实主体责任,出现问题时,直接问责河长,并严格追究相关责任人责任。

二是要解决考核什么的问题。要定期督查、研判治理成效,确保原来的"脏、乱、差"河道得到切实改善,水质明显提升,生态明显修复,用数据、用效果说话。

三是要解决谁来考核的问题。现在的考核评估是上级考核下级,着重于行政考核。也可以考虑让流域管理机构作为独立的第三方对流域内各河长的履职情况进行考核。适当的时候可以考虑开展"公众满意度"调查,并将调查结果纳入考核评估体系,促进考核体系多元化。

四是要解决如何应用考核结果的问题。在不断优化考核评估体系的基础上,要把河长制的考核结果作为地方党政领导干部综合考核评价的重要依据,促使领导干部主动作为,真正实现"河长制、河长治"的良好局面。造成生态环境损害的,要严格按照有关规定追究相关责任人的责任,也就是河长的责任。

(三)严格执行问责制度

河长制的本质是行政问责制,即指对现任各级行政主要负责人在所管辖的部门和工作范围内由于故意或者过失,不履行或者不正确履行法定职责,以致影响行政秩序和行政效率,贻误行政工作,或者损害行政管理相对人的合法权益,给行政机关造成不良影响和后果的行为,进行内部监督和现任追究的制度。河长制的突出特点在于把责任落实到党政的主要领导,由各级党委、政府主要负责人担任"河长、湖长、库长",把河流、湖泊、水库等流域综合环境控制等责任主体和实施主体明确到每位负责人身上,以确保水域水质按功能达标。

然而,河长制要真正"问责",实现治理水源污染的目的,并不是喊个口号、立个责任书那么简单。首先,一个没有明确责任体系的问责制度只是一种摆设,必须明确相关人员应该具体承担的是领导责任、直接责任、间接责任还是其他责任,以及不同层级之间、正副职之间的责任该如何确定,避免河长们和具体执行部门职责不清、权限不明,出现追究责任时互相推诿、互相扯皮的情况。其次,由谁来"问责"是河长制的关键问题。就现有河长制的实践来看,问责的主体一般为责任主体的下级(多为环保部门)或责任主体的上级。就前者而言,在行政层级面前,下级如何为上级公正评核?而上级对下级的问责,在上级需要承担连带责任时也难以保证问责结果的公正性。

就我国政府官员的产生而言,政府官员经过人大授权才拥有公共权力,其责任对象应是人民,官员问责的主体也应是人民。而且按照《宪法》的规定,人民代表大会是国家权力机关,行政机关、审判机关、检察机关都要对全国人民代表大会负责,全国人民代表大会代表有宪政至高无上的质询权。由全国人民代表大会对其监督、问责,不但是全国人民代表大会忠实履行自己职责的表现,也更有利于行政的公开、透明和公众监督。再次,河长制的问责,无论是被免职,还是引咎辞职,不能只是在行政层面进行,而应该依据专门的问责制法律作出。行政上的问责制度,虽然在一定程度上体现了责任政府理念,但由于没有相应的法律制度做支撑,往往导致在执行过程中存在不确定性。所有相关人员应负何责、受何处罚、问责程序怎样进行,都应该公之于众。

三、构建流域治理的长效机制

全面推行河长制,应将河长制由原来的被动应急机制转变为常态实施制度,应加强河长制制度的顶层设计,建立必要的管理和审批程序。应按照新的发展理念和系统治理的要求,做好以水资源保护、水污染防治、水环境改善、水生态修复为主要任务的综合治水总体规划,建立长效协调机制。

(一) 从"人治"向"法治"转变

(1)河长制本质是一种"人治"。河长制的主体即担任河长的地方各级党政负责人。但是,由地方党政负责人兼任河长容易造成权力自我决策、自我执行、自我监督的状况。另外,水污染治理的好坏程度要取决于主要领导人的意愿,这往往形成"人治"的局面。为此,建立相关的法治制度,从"人治"向"法制"转变,从而解决现存河长制的人治弊端。

(2)着手修订法律法规,破解环境治理体系的权责对等难题。当前环境治理领域改革,一个主要任务就是建立完善各级党委政府和职能部门的环保职责,这也是各地在推行河长制实践中着重解决的难点。在污染防治职能细化的同时,要考虑赋予职能部门相应的权力和手段。

首先,提升《环境保护法》位阶。利用修订《环境保护法》的有利时机,由全国人民代表大会将《环境保护法》作为国家基本法予以修改制定。将"流域管理"的概念明确写入《环境保护法》,并进行更为具体化规定。《水法》《水污染防治法》《水土保持法》《防洪法》等水事单行法据此进行修改,以达到现有相关水事法律法规的协调统一。

其次,制定专门的《流域管理法》,主要内容可包括流域管理的基本原则、流域监督管理、流域水资源开发利用的保护、流域水污染防治等。流域管理机构地位权限的重构、政府的管理职责,水事纠纷的处理步骤及程序在流域监督管理的部分做出具体的规定。《流域管理法》应重点体现出流域水环境管理机构的监督协调职责,强化对省级水行政主管部门的监督调控权,明确流域水资源管理机构与地方政府水行政主管部门的职权分工。考虑到《流域管理法》无法涵盖各个流域的特点,可依据《流域管理法》,结合流域的差异性制定专门性的流域管理法律法规,如黄河流域应以水土保持为重点。相关省(市、自治区)也应根据国家的法律制定在本行政区域内河流、湖泊水环境管理的规定。

(3)要建立完善环境保护公益诉讼制度。环境公益诉讼是指社会成员依据法律的特别规定,在环境受到或可能受到污染和破坏的情形下,为维护环境公共利益不受损害,针对有关民事主体或行政机关而向法院提起诉讼的制度。

(二) 从行政区域的河长管理向一体化的流域治理转变

黄河流域一体化管理可以更好地平衡和协调流域内与水相关的各利益主体,促进流域的水、土地及其相关资源的合理开发、高效利用,从而实现社会、经济、环境的可持续发展。下面以澳大利亚墨累–达令流域治理为例,探讨一体化流域治理对黄河流域治理的借鉴之处。

澳大利亚墨累–达令流域地域广阔,自然区域和行政区域跨度大,是澳大利亚重要的农业区和经济区。20世纪50年代,随着人口的增长和经济的发展,墨累–达令流域曾面临土地盐碱化、河流健康状况恶化、农田与湿地退化等系列问题,经过半个世纪的探索,逐步形成了独特的流域管理模式,基本上实现了流域一体化管理的目标,成为世界流域管理的典范。

通过多年的管理实践,墨累–达令流域逐渐认识到流域的水—土—植被是一个相互依存、相互制约的有机整体,如果单纯管理流域内的某一种资源是不可能的。为了促进流域一体化管理,流域实行联邦政府、州政府、各地水管理局三级管理体制,管理机构根据澳大利亚政府与新南威尔士、南澳大利亚、维多利亚、昆士兰4个州政府联合制定的墨累–达令流域协议设置而成,主要包括:

(1)决策机构。墨累–达令流域部长级理事会,由联邦政府、流域内4个州的负责土地、水利及环境的部长组成,主要负责制定流域内的自然资源管理政策,确定流域管理方向。

(2)执行机构。墨累–达令流域委员会,来自流域4个州政府中负责土地、水利及环境的司局长或高级官员担任,主要负责流域水资源的分配、资源管理战略的实施,向部长级理事会就流域内水、土地和环境等方面的规划、开发和管理提出建议。

(3)咨询协调机构。社区咨询委员会,成员来自流域内4个州、12个地方流域机构和4个特殊组织,主要负责广泛收集各方面的意见和建议,进行调查研究,对相关问题进行协调咨询,确保各方信息的顺畅交流,并及时发布最新的研究成果。

从流域管理体制来看,墨累–达令流域强调统一的流域管理机构在流域管理中的地位,注重流域管理机构与国家职能部门和地方政府的监督、协调相结合,以及部门间及区域间的合作与协调。目前黄河流域的多部门、多层次的管理体制则必定造成管理部门各自为政、分割管理的局面,不利于流域水资源的统一管理。

墨累–达令流域管理的各个方面始终贯穿一体化管理的理念,这也是该流域管理的成功经验。黄河流域管理应借鉴此经验,以一体化管理为指导,将传统的水资源管理与流域人口、资源、环境与经济等要素管理融为一体,在确保流域生态环境逐步改善的前提下,统筹考虑流域内全部自然资源,制订流域社会、经济发展规划。

就国际上通行的水资源管理的规律而言,水资源管理体制要从分散管理走向集中统一管理、从区域管理走向流域管理。河长制直接针对当前水资源管理制度中职能部门分工导致的"政出多门"的分散管理的弊病,本质上实现了统一管理。但是,当前河长制中省、市、县、乡(镇)等各级政府的党政主要负责人兼任河长实际上却不利于在水资源管理中对流域管理体制的实现。在自然环境中,流域是一个完整的生态系统,流域水资源保护法应以流域为一个整体,对其生态环境保护和污染防治相应也应注重流域统一性特点。

河长制的现实制度建构中一个隐含的前提和普遍的取向是注重本辖区内的河流水资源的保护和水污染的治理，这必然会导致对水资源流域统一性的漠视，流域被行政区划分割为不同管辖范围，由不同的主体分别行使管理权，但流域生态系统并不会因为行政区划而改变其发展规律，最终导致流域水资源污染和破坏积重难返。

（三）由以政府为治理主体向流域多方共治转变

公众参与机制是跨行政流域管理中采取的一种民主法律机制，也是世界一些国家流域管理的成功经验之一。黄河流域管理中应加强和完善公众参机制，可通过以下途径实现：

（1）黄河流域管理机构定期公开决策管理过程，定期公布流域管理的相关资料，并邀请利益相关人参与听证，保障公民的知情权。

（2）以流域的水利用为媒介建立利益共同体，遴选代表与政府、水管理部门的代表一起构成流域管理委员会，参与流域管理的决策，反映自己的意见与愿望，维护自己的权益等。

（3）通过法律手段，明确公众参与流域的权利和义务，以及参与程序。

（4）充分发挥媒体的宣传和监督作用，正确引导公众参与流域管理，利用舆论监督流域管理部门，确保流域管理的资源配置优化。

公民是水系流域治理的受益者，也是水环境恶化的直接受害者。流域治理需要社会全体民众的大力支持和公众主体的积极参与。公众对环境问题的质疑，在反映民众对良好环境质量期待的同时，也反映出一些政府部门公信力的下降。公众参与是消除信任危机、增强政府公共决策合法性的有效手段。一个成熟的社会治理结构，不仅要求政府各部门履行好职责，而且要能充分激发最广大民众的潜能。因此，《中华人民共和国环境保护法》把公众参与列为一项重要原则，《生态文明体制改革总体方案》也明确提出建立健全环境治理体系的重点之一是"共治"。不少地方在河长制推行过程中，一条成功的经验就是引入了民间力量参与。今后全面推行河长制，更要着眼于如何从制度设计层面，让百姓能有更多、长效、固定的参与渠道，为环境治理体系改革提供示范样本。

第四章 黄河流域河长制平台的建立

一、流域管理的方向

所谓流域管理就是以流域为单位,对人类经济和社会的部分或全部活动的管理。具体来说,流域管理指通过法律法规、政策制度、工程技术等综合措施,对流域内的自然生态资源进行保护,减缓流域内自然生态资源、环境的破坏和退化,促进流域内水资源、土地资源、森林资源、生物资源、矿产资源等自然资源的合理开发利用,其终极目的是维持全流域的可持续发展,促进流域内人们生产生活水平的不断提高。所以,建立跨区域流域管理模式,已成为世界各国开展流域治理的普遍趋势和途径。跨区域流域管理作为一种管理形式出现于20世纪初期,并以1933年成立的美国田纳西流域管理局(Tennessee Valley Authority,简称TVA)为标志,率先形成了流域自然资源统一管理的流域管理模式。其后,又先后出现了澳大利亚墨累-达令河流域的跨区域协商合作管理模式、日本的多政府部门共同协作治理模式,以及欧盟莱茵河流域采取的流域管理与区域管理结合的一体化管理模式等。未来,跨区域流域管理将向着管理手段智能化、管理方式生态化、管理机制一体化,以及运行模式市场化的方向发展(流域管理体系架构见图4-1)。

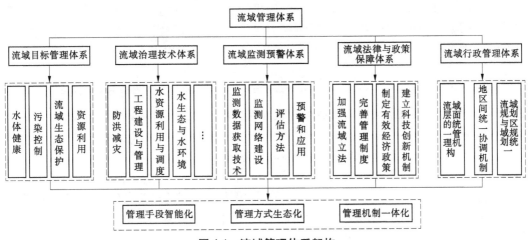

图 4-1　流域管理体系架构

二、黄河流域管理与区域管理的冲突及解决机制

(一)现状问题

2002年修订的《水法》第十二条规定:国家对水资源实行流域管理与行政区域管理相结合的管理体制。这在一定程度上明确了流域管理机构的法律地位,改变了过去分级、分部门的管理体制,理顺了水资源管理体制,强化了流域管理。但是也面临一些问题。

一是地方对流域管理认识的滞后性。《水法》规定,在重要江河、湖泊设立的流域管理机构,在所管辖的范围内行使法律、行政法规规定的和国务院水行政主管部门授予的水资源管理和监督职责,明确了流域管理机构的法律地位、法定职责和职能,流域管理机构的水行政执法地位实现了历史性突破。但是从实际进程和效果看,由于地方保护主义和认识的滞后性,流域管理的理念还没有完全被接受,现有的流域管理体制在实现《水法》所确定的法律地位与履行新《水法》所规定的执法职能上仍面临不少矛盾和困难。

二是现行流域管理与区域管理相结合的管理体制仍然存在着职能的分割和交叉。新《水法》强调的是行政区域内各级人民政府和水行政主管部门,在水资源的开发、管理的制度安排层面的职责。对于流域管理机构在流域水资源统一管理和统一调度等方面的规定,缺乏细化的制度安排,规定显得过于笼统。在实际管理过程中,流域管理机构和区域管理机构之间存在着事权不分问题,且流域管理相对薄弱,对流域统一管理的重要事项还不能落实,特别是在水行政执法方面的事权划分则基本上还是空白,在流域管理过程中难免会出现一些冲突和矛盾,如一方面是执法依据上的冲突,主要体现在水法律法规对有些问题规定与相关法律规定发生冲突,导致执法不能顺利开展。例如按照《水法》《防洪法》的规定,对河道管理范围内影响正常行洪的林木,流域管理机构或水行政主管部门应该责令林木所有人或者管理人将其砍伐,但是根据《森林法》的规定,如果要砍伐这些林木必须经过林业主管部门的批准,而这不利于河道清障工作的正常开展。另一方面执法主体和执法对象上的交叉,如上游河道采砂,国土、建设和水利部门都可以管,甚至还涉及政府,这就造成了政出多门,容易扯皮,不利于管理。

三是没有自主管理权。目前的流域管理机构缺乏较为独立的自主管理权,许多管理权的实施需要与中央和地方政府的行政权力捆绑才能发挥作用。由于缺乏沟通和协调,流域的管理工作相对滞后,流域机构在监督和执法过程中常出现手段无力、工作被动的情况。

四是缺少正式的沟通信息渠道。由于部门分割的原因,流域管理机构只能与上级主管部门进行单向信息交流,而与其他地方政府相关部门的信息交流则相当缺乏。

(二)冲突分析

流域管理与区域管理的冲突可归结为以下方面:

(1)目标冲突。流域资源开发利用预期利益/风险的不一致会导致利益相关者目标选择的差异,而目标的不一致又会导致流域资源开发失去利益相关者的支持,即难以建立权威的流域管理与区域管理相结合的机制。消除目标冲突需要建立一定的利益补偿机制,才能形成利益相关者良好的合作关系。

(2)政策法规冲突。流域资源开发会涉及国家政府、区域政府、能源、水利、航运、农业、旅游、林业、环境、国土等多个相关部门的政策,其中一些政策法规之间会存在冲突,这些冲突来源于国家与区域、流域与区域、行业与部门之间的利益冲突。政策法规在流域资源开发的重要领域缺失也是冲突的一种形式,例如水权制度的不完善就无法约束区域水资源的无序开发。政策法规冲突分析有利于综合各种信息和各方面的利益,形成更为合理的决策,完善我国流域管理与区域管理相结合的法规体系。

(3)体制结构冲突。流域是以水资源为纽带,由经济社会系统、生态环境系统和水资源循环系统构成的组合系统,有其特定的形成和发展规律。但是,一个完整的流域往往被多个行政区域分割。此外,流域也被不同的行业和部门分割。这些条与块之间由于利益分配的因素会产生众多冲突,例如区域只重视本地区的需求,而忽略流域整体上的需要及其他区域的需求,造成水资源不合理利用。此外,客观上区域政府只熟悉本行政区的水资源情况,对流域的整体环境缺乏了解,也容易导致水资源开发利用的随意性。

(4)责权冲突。我国《水法》规定的"流域管理与行政区域管理相结合的管理体制"含义依然需要进一步明确。流域管理与区域管理职能划分不明、责权关系不清,就会在执行过程中产生各种冲突。

(5)工作流程冲突。流域管理机构和区域管理机构往往只注重根据自身工作内容,为充分照顾自身利益设置工作流程,造成工作流程过于烦琐或管理机构之间工作环节搭接不上,从而导致在流域整体范围内横向和纵向沟通与协调效率低下。

(6)行为冲突。人的行为因素同样重要。利益因素会影响到人的态度(是否有合作的意愿),利益因素也会影响到是否兑现承诺、是否处事公正、能否形成信任关系等。即使有完善的工作流程,使用者如果没有使用的意愿,这些流程也会失去应有的效果,导致难以实现流域综合管理机制的高效协调。

(三)黄委需求分析

《水法》规定了流域管理与区域管理相结合的水资源管理体制,在流域管理上一直在探索流域管理与区域管理的结合点,黄委在全国唯一实行垂直管理的流域机构,黄委所属水管单位具有工程管理和水行政管理的职责。

河长制的推行,在一定程度上搭建了一个流域机构与沿黄政府沟通协调的平台,有力地促进了流域与行政区域的协同管理,有望实现流域网络化治理。

目前一些省搭建了河长制工作平台,建立起了横向沟通的平台,黄委下属河务局作为各省河长制的成员单位,能够进入各省河长制的工作平台上。在黄委系统如果也能建立一个网络平台,就可以畅通纵向沟通的渠道,使黄委能够掌握流域涉及各省河长的信息。这样也形成了一个纵横交错的网络治理系统,而各级河务局就是连接流域和地方政府的节点(见图4-2)。

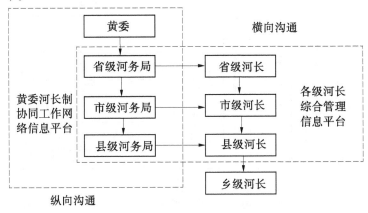

图4-2 河长制推行后流域网络治理沟通平台建设需求示意图

(四) 流域网络治理机制

所谓流域网络治理机制,是指纵向、横向政府之间以及政府与企业、第三部门等多元主体之间基于信任而开展的规范性合作,共同管理流域公共事务的过程,具有治理主体多元化、治理手段多样化和治理目标一致性等特点,基本框架是分层治理和伙伴治理的有机结合。所谓分层治理,就是按照流域统一管理的要求,由流域管理机构承担流域综合开发规划、统一执法和监督等职能,不同层级政府按照流域主体功能区划和行政首长环境责任制考核要求,承担行政区内流域治理的责任。所谓伙伴治理,是指流域上下游政府之间、政府各部门之间以及政府、企业和第三部门之间通过激励性约束政策安排,解决跨区域、跨部门的涉水问题。

因此,在流域管理的基础上,融合河长制的推进,进一步实现流域网络治理机制(见图 4-3)。

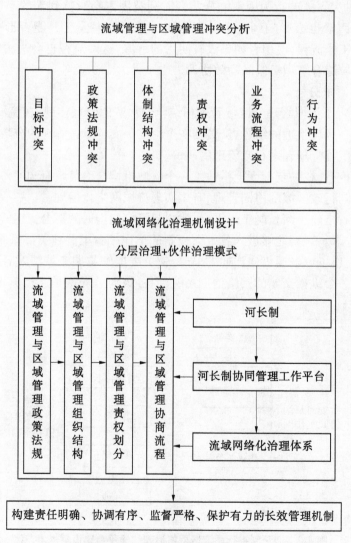

图 4-3　黄河流域网络治理机制

(1)从行政区分包治理向流域区际伙伴合作转变。流域是一个复杂的自然生态系统,河长制明确了各行政区的责任和目标任务,同时也需要上下游、左右岸、干流与支流等政府间协调配合。建立流域区际伙伴合作机制,包括依托互联网技术,建立跨区域、跨部门水质信息沟通,构建流域上下游水量水质综合监管系统、水环境综合预警系统,建立上下游联合交叉执法和突发性污染事故的水量水质综合调度机制等。综合考虑不同主体功能区生态功能因素与支出成本差异,切实加大对限制开发区域、禁止开发区域特别是重要生态功能区的财政支持力度,建立综合性的生态保护区域财政转移支付机制。按照成本共担、效益共享、共同而差别的原则,建立综合反映上下游水环境治理、森林生态保护、水土保持等综合效益的流域横向生态补偿机制。

(2)从政府单边治理向公私合作治理转变。流域治理属于区域公共治理的范畴。河长制具有政府单边治理色彩,企业和第三部门参与程度低。要加快由管理型政府向服务型政府转变。除国家法定职能不能外包外,要积极推进政府向社会组织购买生态公共服务机制。在流域水资源保护、水污染防治、水环境改善、水生态修复等领域采取 PPP 模式,运用市场手段推进流域生态环境治理。积极培养志愿性的环境组织,完善流域治理中第三部门的参与机制等。

三、河长制管理平台解决的问题

"河长制"是现有流域管理体制的有益补充,不能代替流域管理。行政区域管理以流域统一管理为基础,形成流域管理为主导、行政区域管理为管理体制(见图 4-4)。推行河长制后,需要的结果不能简单行政资源整合、权力的博弈,以实现单位或者部门利益的最大化为目的,更多的应考虑如何通过河长制平台更好地解决治河问题,实现治河为民。

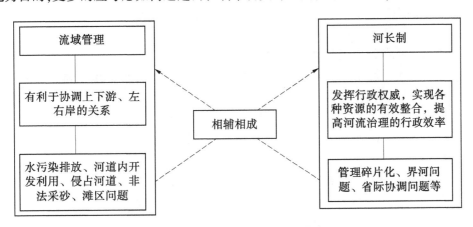

图 4-4 流域管理和河长制关系

河长制不能解决黄河流域管理的所有问题,流域管理中需要行政管理解决的问题应该放在河长制平台上解决。

(一)流域管理与区域管理协同工作网络平台

通过河长制,建立起流域机构和地方区域政府,以及行业管理部门、流域内公众的有效沟通协调的良性机制(见图 4-5),搭建网络管理平台。

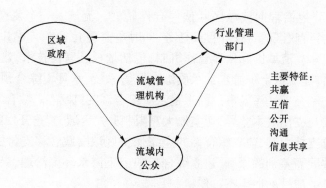

图 4-5　流域与区域协调机制

流域管理机构与政府之间建立多种纵向和横向的协调机制,包括各种交流方法和反馈渠道,以消除工作流程中的冲突环节。流程应设置合理,方法明确,并能使行业管理部门和流域内公众所提供的信息都能有效地进入决策环节,促进信息共享,以增加各项决策的价值和减少流域资源开发的各种风险。

流域的特点决定了流域管理机构与区域管理各级政府在空间上是分散的。要实现流域综合管理的高效目标,流域管理与区域管理协商工作必须在网络平台上进行。为此,应建立"流域管理与区域管理协同工作网络平台",用于支持各方的协同工作。该平台应具备如下功能:

(1)各方可在系统中设置流域事项管理的组织结构、工作流程和文件格式。

(2)支持各方在网络上高效协同工作。系统自动引导各方按预定的权限和工作流程,完成流域管理的各种信息(包括文档、图档和视频)的提交、审核、审批和浏览。

(3)各方可在网络上迅速找到已输入的流域信息及其各种关联信息。

(4)各方可在网络上对积累的信息进行图形化显示、统计和数据挖掘。

(二)水域岸线和滩区管理问题

解决滩区人水争地矛盾。提出滩区土地功能区划方案。在滩区土地利用变化模拟结果和滩区风险分析结果的基础上,对黄河下游滩区功能进行区划定位,明确管理责任主体,同时提出准入产业目录及考核评估标准。

通过河长制综合治理进一步调整产业结构和布局,有利于沿岸群众生产和生活质量的改善和提高。

(三)通过河长制平台建立准市场机制

"准市场"(quasi-markets)是西方国家在公共服务领域内的一项机制创新,可以理解为同时融合了政府规制和市场机制特点的混合模式,即"政府 + 市场"模式。准市场是一个有限竞争的市场,准市场机制不否认"政府"在公共服务领域中的主导地位,也不主张无政府状态下的自由市场经济模式,其核心思想就是"政府在转变职能"的前提下"有限"参与市场行为的过程。准市场机制作为一种除政府管制与市场治理外的第三种模式,更适合中国的基本国情。如跨区域的流域生态补偿机制、水权交易管理、水资源税征收等。

(四) 水质监测能力适应和提升

以"河长制"为契机,以水功能区监测为抓手,强化流域监测能力提升,提供可靠的基础技术支撑。组织开展重要水功能区监测及监督性监测。强化河长制实施情况的监督性监测,特别是加强跨界河流省界断面的监测;加强排污口监督性监测,摸清入河排污口的水质状况;加强水生监测网络体系建设。

第五章 建 议

（1）搭建黄河"互联网+河长制"管理平台，完成黄委"河长制"管理软件。

综合应用地理信息系统（GIS）、全球定位系统（GPS）、4G 网络/5G 网络、多媒体及 Web Sercice 等技术，以数据平台、网络平台和应用平台为框架，专门面向河流监管内容，实现数据初始化、业务流程化、评估智能化、通报自动化，真正提高河流保护各类问题的处理速度，增加"河长"考核透明度，有效解决了黄河河道管理中与沿黄政府沟通协调不通畅等问题，以及河长制管理中出现的"当月问题、下月报告"的通知整改时长问题。

（2）构建第三方评估考核机制。明确"河长"具体治水责任，并制定对"河长"的绩效考核机制，合理确定其工作考核指标与水质考核指标的关系，使"河长"的职、责、权达到一致，其考评结果要与干部的年度考核挂钩，以促使"河长"进一步强化"守水有责"意识，把保护水环境作为惠民工程抓紧抓好。

（3）逐步推进流域网络治理机制。通过河长制，建立起流域机构和地方区域政府，以及行业管理部门、流域内公众有效沟通协调的良性机制，搭建网络管理平台。

黄委与沿黄政府之间建立多种纵向和横向的协调机制，包括各种交流方法和反馈渠道，以消除工作流程中的冲突环节；流程应设置合理，方法明确，并使行业管理部门和流域内公众所提供的信息都能有效地进入决策环节，促进信息共享，以增加各项决策的价值和减少流域资源开发的各种风险。

参考文献

[1] 黄河上中游管理局西安规划设计研究院,内蒙古自治区水土保持工作站. 黄河内蒙古河段十大孔兑治理规划[R]. 西安,2009.

[2] 内蒙古自治区革命委员会水利局. 内蒙古自治区水文手册[Z]. 呼和浩特:内蒙古自治区革命委员会水利局,1977.

[3] 王平,侯素珍,张原锋,等. 黄河上游孔兑高含沙洪水特点与冲淤特性[J]. 泥沙研究,2013(1):67-73.

[4] 支俊峰,时明立. "89·7·21"十大孔兑区洪水泥沙淤堵黄河分析[A]. 汪岗,范昭. 黄河水沙变化研究(第一卷)[C]. 郑州:黄河水利出版社,2002.

[5] 万兆惠,沈受百. 黄河干支流的高浓度输沙现象,黄河泥沙研究报告选编[R]. 郑州:黄河水利科学研究院,1978.

[6] 刘晓燕,杨胜天,金双彦,等. 黄土丘陵沟壑区大空间尺度林草植被减沙计算方法研究[J]. 水利学报,2014,45(2):135-141.

[7] 刘晓燕. 黄河近年水沙锐减成因[M]. 北京:科学出版社,2016.

[8] 刘晓燕,党素珍,张汉. 未来极端降雨情景下黄河可能来沙量预测[J]. 人民黄河,2016,38(10):13-17.

[9] 钱宁,王可钦,阎林德,等. 黄河中游粗泥沙来源区对黄河下游冲淤的影响,河流泥沙国际学术讨论会论文集[C]. 北京:光华出版社,1980.

[10] 徐建华,吕光圻,张胜利,等. 黄河中游多沙粗沙区区域界定及产沙输沙规律研究[M].郑州:黄河水利出版社,2000.

[11] 黄河勘测规划设计有限公司.小浪底水利枢纽拦沙后期(第一阶段)运用调度规程[R].郑州:黄河防总办公室,2009.

[12] 王婷,李小平,任智慧. 2016年前汛期中小洪水调水调沙试验研究[R].郑州:黄河水利科学研究院,2016.

[13] 王婷,李小平,蒋思奇. 近期小浪底水库汛期调水调沙运用方式探讨[R].郑州:黄河水利科学研究院,2014.

[14] Allen R G, Pereira L S, Raes D, et al. Crop Evapotranspiration-Guidelines for Computing Crop Water Requirements. FAO. Rome, 1998.

[15] Du H Q, Xue X, Wang T. Estimation of the quantity of aeolian saltation sediments blown into the Yellow River from the Ulanbuh Desert, China[J]. Journal of Arid Land, 2014,6(2): 205-218.

[16] Du H Q, Xue X, Wang T, et al. Assessment of wind-erosion risk in the watershed of the Ningxia-Inner Mongolia Reach of the Yellow River, northern China[J]. Aeolian Research,2015(17):193-204.

[17] Fecan F, Marticorena,B, Bergametti G. Parameterization of the increase of the aeolian erosion threshold wind friction velocity due to soil moisture for arid and semi-arid areas[J]. Annales Geophysicae, 1999(17):149-157.

[18] Fister W, Ries J B. Wind erosion in the central Ebro Basin under changing land use management. Field experiments with a portable wind tunnel[J]. Journal of Arid Environments,2009(73):996-1004.

[19] Fryrear, D W, Saleh, A, Bilbro, J D,et al. Revised Wind Erosion Equation[R]. USDA, ARS, Technical Bulletin No. 1, June,1998.

［20］Liu L, Wang J,Li X,et al. Wind tunnel measured for wind erodible sand particles of arable lands［J］. Chinese Science Bulletin,1998(43):1163-1166.

［21］Oldeman L R. The global extent of soil degradation［C］// Greenland, D J, Szabolcs, I. (Eds.), Soil Resilience and Sustainable Land Use. CAB International, 1994,99-118.

［22］Owen R P. Saltation of uniform grains in air［J］. Journal of Fluid Mechanics, 1964(20): 225-242.

［23］Raupach M R, Gillette D A, Leys J F. The effect of roughness elements on wind erosion threshold［J］. Journal of Geophysical Research,1993,98 (D2): 3023-3029.

［24］Ravi S, D Odorico P,Breshears D D, et al. Aeolian processes and the biosphere, Reviews of Geophysics ［J］. 49, RG3001, doi: 10. 1029/2010RG000328.

［25］Shao Y P. A model for mineral dust emission［J］. Journal of Geophysical Research, 2001,106 (20): 239-254.

［26］Shao Y P、Physical and Modeling of Wind Erosion［M］. Berlin of Germany:Springer Press,2008.

［27］Sheikh V, Visser S, Stroosnijder L. A simple model to predict soil moisture: Bridging Event and Continuous Hydrological (BEACH) modeling［J］. Environmental Modelling & Software,2009(24): 542-556.

［28］Skidmore E L, Tatarko J. Stochastic wind simulation for erosion modeling［M］. Transaction of ASAE, 1990,33 (6): 1893-1899.

［29］Soranno P A, Hubler S L,Carpenter S R,et al. Phosphorus loads to surface waters: A simple model to account for spatial pattern of land use［J］. Ecological Applications, 1996(6):865-878.

［30］Ta W, Jia X, Wang H. Channel deposition induced by bank erosion in response to decreased flows in the sand-banked reach of the upstream Yellow River［J］. Catena,2013(105): 62-68.

［31］Sterk G, Raats P A C. Comparison of models describing the vertical distribution of wind-eroded sediment ［J］. Soil Science Society of America Journal, 1996,60 (6): 1914-1919.

［32］Stroosnijder L. Rainfall and land degradation in Sivakumar［C］// M. V. K. , N. Ndiang' ui (Eds.), Climate and land degradation. Springer, 2007,167-195.

［33］Wang X,Chen F, Hasi E,et al. Desertification in China: An assessment［J］. Earth-Science Reviews, 2008(88):188-206.

［34］Yao Z Y, Ta W Q,Jia X P,et al. Bank erosion and accretion along the Ningxia-Inner Mongolia reach of the Yellow River from 1958 to 2008［J］. Geomorphology, 2011(127):99-106.

［35］Youssef F, Visser S, Karssenberg,D, et al. Calibration of RWEQ in a patchy landscape: a first step towards a regional scale wind erosion model［J］. Aeolian Research,2012(3):467-476.

［36］Zobeck T M, Parker N C,et al. Scaling up from field to region for wind erosion prediction using a field-scale wind erosion model and GIS［J］. Agriculture Ecosystems & Environment, 2000(82):247-259.

［37］杜鹤强,薛娴,王涛,等. 1986—2013 年黄河宁蒙河段风蚀模数与风沙入河量估算［J］. 农业工程学报,2015(10):142-151.

［38］牛占.黄河流域的风沙活动［J］. 水文,1983(4): 20-25.

［39］杨根生,刘阳宣,史培军.黄河沿岸(北长滩—河曲段)风沙问题的初步探讨［J］. 中国沙漠,1987 (1):43-55.

［40］杨根生,刘阳宣,史培军. 黄河沿岸风成沙入黄沙量估算［J］. 科学通报,1988(13):1017-1021.

［41］杨根生,拓万全. 风沙对黄河内蒙古段河道淤积泥沙的影响［J］.西北水电,2004(3):44-49.

［42］中国科学院兰州沙漠所黄土高原考察队. 黄河沙坡头—河曲段风成沙入黄沙量的估算［J］. 人民黄河,1988(1): 14-20.